# レドックスフロー電池の開発動向

Development Trends of Redox Flow Battery

監修：野﨑　健，佐藤　縁
Supervisor：Ken Nozaki, Yukari Sato

シーエムシー出版

# はじめに

　地球温暖化が急速に進展する中，太陽光や風力など自然エネルギー（再生可能エネルギー）を十分に利用していくために，電力貯蔵技術としての二次電池（蓄電池）がますます重要になってきている。

　レドックスフロー電池は，鉛蓄電池，ニッケル水素電池，リチウムイオン電池，ナトリウム硫黄（NAS）電池などと共に電力貯蔵用二次電池として用いられる。それぞれ特徴があり，大型・大容量の蓄電池として使われるのは，リチウムイオン電池，NAS電池，レドックスフロー電池である。リチウムイオン電池はセル電圧が4Vと圧倒的に高いが，信頼性，寿命に難点が残されている。NAS電池は300℃ほどで作動する高温二次電池であり，エネルギー密度も高く採用数も多いが，金属Naの利用から火災が過去に起きたこともあり安全性と信頼性は今後も重要課題である。一方，レドックスフロー電池は，活物質（レドックスイオン）を含む溶液を正極・負極で酸化・還元するもので，電極そのものが変化するわけではなく正負極溶液の価数変化により蓄電・放電するシステムになっているので，タンクの容量を大きくすることで蓄電容量を増やすことができ，電極面積を増やすことで出力を増やすことができる，つまりこれらを独立に管理・調整できる二次電池である。また，反応系を高温に保つ必要もなく，多くの場合，水溶液の電解液を使用するので安全性がきわめて高く，電極そのものが変化するタイプの二次電池ではないので，サイクル寿命が極めて長い，などの特徴を有する。エネルギー密度が低いことなどがレドックスフロー電池の弱い点でもあるが，大型化する場合には問題とならない場合も多く，また，小型軽量化に関しても国外では電気自動車に搭載する具体的な動きもあり，研究が進んでいる様子が見られる。

　レドックスフロー電池は，1970年代より，米国とならんで日本が世界にさきがけて進めてきたものであり，40年以上の歴史がある。我が国では，2011年3月の東日本大震災の発生に関連して，再生可能エネルギーの積極的な導入とこれに伴う形で大型の電力貯蔵用二次電池が必要と認識され，レドックスフロー電池を含む，二次電池全体の研究開発が活発になったものと考えられる。国際的には，2011年頃から研究が活発化しているが，2010年頃の米国DOE（United States Department of Energy）の予算の動きの変化や，米国・欧州各国で2010年から新規に学会（International Flow Battery Forum（IFBF））が定期開催されるようになったこと，中国や韓国の研究者の躍進がめざましいことなどが，研究の活発化を盛り上げている。従来のバナジウムイオンを用いるレドックスフロー電池ばかりではなく，最近は新しいイオン種の組み合わせの系や，有機化合物を活物質に使う系も出てきており，研究動向に目が離せない状況である。

　2010，2011年頃から研究が活発化した欧米・中国等に比べて，我が国ではレドックスフロー電池の研究の盛り上がりは現時点でもまだまだ小さく，研究者層も極めて小さい。そのような中で，

大学，企業，国立研究所等のレドックスフロー電池に関係する研究者を集めて，再度レドックスフロー電池の研究が盛り上がることも期待して，40年以上前に米国NASA Taller博士と同時期に研究をスタートした旧電総研（現在産総研）OBの野﨑と，これを受け継いでレドックスフロー電池の研究に参画した佐藤（産総研）は本書の企画に賛同した。本書により従来全くと言ってよいほど報告が少なかった，我が国のレドックスフロー電池の技術水準の高さを確認できるものと期待している。執筆していただいた各位，シーエムシー出版・伊藤氏に心より感謝申し上げる。

2017年9月

野﨑　健，佐藤　縁

## 執筆者一覧（執筆順）

| | | |
|---|---|---|
| 野﨑 | 健 | 元 産業技術総合研究所 |
| 佐藤 | 縁 | 産業技術総合研究所　省エネルギー研究部門　エネルギー変換・輸送システムグループ　研究グループ長 |
| 津島 将司 | | 大阪大学　大学院工学研究科　教授 |
| 増田 洋輔 | | 古河電池㈱　技術開発本部　開発統括部　研究部 |
| 佐藤 完二 | | LE システム㈱ |
| 董 | 雍容 | 住友電気工業㈱　パワーシステム研究開発センター　二次電池部 |
| 片山 | 靖 | 慶應義塾大学　理工学部　応用化学科　教授 |
| 大原 伸昌 | | ㈱ギャラキシー　執行役員 |
| 中井 重之 | | ㈱ギャラキシー　代表取締役 |
| 塙 | 健三 | 昭和電工㈱　先端技術開発研究所　塙研究室　室長 |
| 市川 雅敏 | | 昭和電工㈱　先端技術開発研究所　塙研究室 |
| 井関 恵三 | | 昭和電工㈱　先端技術開発研究所　塙研究室 |
| 織地 | 学 | 昭和電工㈱　先端技術開発研究所　塙研究室 |
| 丸山 | 純 | 大阪産業技術研究所　環境技術研究部　生産環境工学研究室　研究主任 |
| 吉原 佐知雄 | | 宇都宮大学　大学院工学研究科　准教授 |
| 小林 真申 | | 東洋紡㈱　コーポレート研究所　革新電池材料開発グループ　部長 |
| 飯野 | 匡 | 昭和電工㈱　先端電池材料事業部　大川開発センター　開発2G　グループリーダー |
| 重松 敏夫 | | 住友電気工業㈱　フェロー　パワーシステム研究開発センター　担当技師長 |
| 内山 俊一 | | 埼玉工業大学　学長 |
| 鈴木 崇弘 | | 大阪大学　大学院工学研究科　助教 |
| 城間 | 純 | 産業技術総合研究所　電池技術研究部門　次世代燃料電池研究グループ　主任研究員 |
| 金子 祐司 | | 産業技術総合研究所　省エネルギー研究部門　テクニカルスタッフ　博士（理学） |
| 笘居 高明 | | 東北大学　多元物質科学研究所　准教授 |
| 本間 | 格 | 東北大学　多元物質科学研究所　教授 |
| 小柳津 研一 | | 早稲田大学　理工学術院　教授 |

# 目次

## 【第Ⅰ編　基礎】

### 第1章　レドックスフロー電池とは　　野﨑　健

1　はじめに……………………………3
2　RFBの原理…………………………4
3　RFBの原理的特長と難点…………5
4　RFBの構成要素……………………7
　4.1　電解液………………………7
　4.2　電極材料……………………10
4.3　隔膜…………………………10
4.4　その他のRFB構成材料………12
5　RFBの用途とコスト………………12
6　RFBの用語について………………14
7　おわりに……………………………15

### 第2章　レドックスフロー電池の国内外研究動向　　津島将司

1　はじめに……………………………17
2　セル（流路構造）…………………20
3　電極…………………………………21
4　隔膜…………………………………23
5　電解液およびレドックス反応系…23
6　実証事業など………………………24
7　まとめ………………………………24

## 【第Ⅱ編　要素技術】

### 第3章　レドックスフロー電池およびレドックスキャパシタへの電池用セパレータ適用　　増田洋輔

1　はじめに……………………………29
2　電池材料のコスト…………………29
3　汎用電池用セパレータ適用可能性の検討……………………………30
　3.1　原理…………………………30
　3.2　セパレータの種類とコスト…31
3.3　小型セルによる充放電試験……31
4　考察…………………………………33
5　応用例………………………………35
　5.1　レドックスフロー電池………35
　5.2　レドックスキャパシタ………36
6　総括…………………………………37

# 第4章　電解液

1　バナジウム電解液 ………**佐藤完二**…39
  1.1　はじめに ………………………… 39
  1.2　レドックスフロー電池の電解液開発経緯 ………………………………… 39
  1.3　バナジウム電解液の特徴と性質 ………………………………………… 40
    1.3.1　バナジウム電解液の酸化還元反応 ……………………………… 40
    1.3.2　電極との電子交換反応速度 ………………………………… 42
  1.4　火力発電所燃焼煤からの電解液原料バナジウム回収 ……………… 42
    1.4.1　原料バナジウムの市況価格の推移 ………………………………… 42
    1.4.2　オリマルジョン燃焼煤 ……… 43
    1.4.3　スートマンプロセスによるメタバナジン酸アンモニウムの回収 ……………………………………… 44
    1.4.4　石油コークス（PC）焚き火力発電所の燃焼煤 ………………… 45
    1.4.5　LEシステムの下方流燃焼炉によるバナジウムの回収 ………… 46
  1.5　バナジウム電解液製造法 ………… 46
    1.5.1　鹿島北共同発電の電解液製造法 ………………………………… 46
    1.5.2　LEシステムの電解液製造 …… 48
  1.6　バナジウム電解液のエネルギー密度向上に向けた新しい動き ………… 49
2　チタン・マンガン系電解液 …………………………**董　雍容**…52
  2.1　はじめに ………………………… 52
  2.2　チタン・マンガン系電解液の開発 ………………………………………… 53
    2.2.1　電解液の要求事項 …………… 53
    2.2.2　チタン・マンガン系電池の動作原理，課題 ……………………… 54
    2.2.3　チタン・マンガン系電解液の基本特性 ………………………… 54
  2.3　電池性能向上 …………………… 59
    2.3.1　抵抗成分 ……………………… 59
    2.3.2　電極の表面処理 ……………… 59
    2.3.3　電流−電圧特性と出力特性 … 60
    2.3.4　小型電池の試験結果 ………… 61
  2.4　おわりに ………………………… 61
3　イオン液体 ……………**片山　靖**…63
4　高濃度バナジウム電解液 …………………**大原伸昌，中井重之**…71
  4.1　まえがき ………………………… 71
  4.2　VRFB電解液 高濃度化の試み …… 72
  4.3　新規な電解液としての高濃度電解液 ………………………………………… 75
  4.4　おわりに ………………………… 85

# 第5章　電極材料

1　VGCF® 電極を使った高出力RFB
  ………**塙　健三，市川雅敏，井関恵三，織地　学**…87
  1.1　はじめに ………………………… 87
  1.2　VGCF® の特性紹介 ……………… 87
  1.3　VGCF® シート …………………… 89
  1.4　VGCF® シートをつかったRedox Flow Battey ……………………… 89

1.5 おわりに …………………… 93
2 ポーラスカーボン電極表面におけるレドックス反応 …………… 丸山 純 …95
　2.1 はじめに …………………… 95
　2.2 酸素含有官能基を付与した炭素表面におけるジオキソバナジウムイオン還元反応機構 ………………… 95
　2.3 Fe-$N_4$サイト含有炭素薄膜の被覆によるジオキソバナジウムイオン還元反応の促進 ……………… 98
　2.4 3次元網目状構造を有する酸化黒鉛還元体におけるバナジウムイオン酸化還元反応 …………………… 100
　2.5 おわりに …………………… 103
3 ボロンドープダイヤモンド電極および活性炭繊維電極 ………… 吉原佐知雄 …105
　3.1 ボロンドープダイヤモンド電極 …………………………… 105
　　3.1.1 概説 ………………… 105
　　3.1.2 BDD電極の製膜と作製 … 105
　　3.1.3 基板の前処理 ………… 105
　　3.1.4 マイクロ波プラズマCVD法 ……………………… 105
　　3.1.5 製膜したBDDの観察 …… 106
　　3.1.6 BDD電極の作製 ……… 106
　　3.1.7 電解液の作製 ………… 108
　　3.1.8 セルの作製 …………… 110
　　3.1.9 酸素終端処理と水素終端処理 ……………………… 110
　　3.1.10 バナジウム溶液における BDD電極の電気化学特性 …110
　　3.1.11 コバルト溶液中におけるBDD電極の電気化学特性 ……… 113
　　3.1.12 まとめと考察 ………… 116
　3.2 活性炭繊維電極—フローセルにおける性能評価 …………… 117
　　3.2.1 活性炭繊維 …………… 117
　　3.2.2 概説 ………………… 117
　　3.2.3 電解液の作製 ………… 117
　　3.2.4 セルの作製 …………… 117
　　3.2.5 定電流充放電試験 …… 120
　　3.2.6 結果と考察 …………… 120
　　3.2.7 まとめと考察 ………… 123
　3.3 総括 ……………………… 124
4 炭素電極 ………………… 小林真申 …126
　4.1 炭素電極の要求特性 ……… 126
　4.2 炭素電極の導電性と電極活性 … 128
　4.3 炭素電極の通液性と組織構造 … 133
　4.4 炭素電極の耐久性 ………… 135
　4.5 双極板一体化電極 ………… 135
　4.6 薄型電極 ………………… 136

# 第6章 双極板　　飯野 匡

1 はじめに …………………… 138
2 双極板の種類 ……………… 139
　2.1 不浸透性カーボン ………… 139
　2.2 膨張黒鉛系 ……………… 140
　2.3 プラスチックカーボン ……… 140
3 要求特性 …………………… 143
　3.1 電気特性 ………………… 143
　3.2 耐久性 …………………… 145
　3.3 不純物 …………………… 145
　3.4 機械的特性 ……………… 146
　3.5 成形加工特性 …………… 146
4 最近の技術動向 …………… 147

5　おわりに……………………148

# 第7章　システム設計

1　大規模レドックスフロー（RF）電池
　………………重松敏夫…150
　1.1　大規模蓄電池に要求される特性
　　　………………………………150
　1.2　レドックスフロー電池の基本システム構成………………151
　　1.2.1　システム構成要素…………151
　　1.2.2　システム設計………………154
　　1.2.3　電気システムとしての構成
　　　………………………………155
　1.3　大規模レドックスフロー電池の設計例……………………155
　　1.3.1　需要家設置の例……………155
　　1.3.2　電力系統での実証試験例…156
　1.4　課題と今後の展開………………160
2　多目的レドックスフロー電池
　………………内山俊一…162
　2.1　まえがき……………………162
　2.2　緒言…………………………162
　2.3　多目的レドックスフロー電池…164
　　2.3.1　埼玉工業大学レドックスフロー電池………………………165
　　2.3.2　多目的レドックスフロー電池—レドックスキャパシタとしての利用—………………170
　2.4　レドックスフロー電池技術の新展開
　　　………………………………172
　2.5　結言…………………………174
3　第2世代レドックスフロー電池
　………………津島将司, 鈴木崇弘…176
　3.1　はじめに……………………176
　3.2　第2世代レドックスフロー電池の電極流路構造……………177
　3.3　まとめ………………………183
4　レドックスフロー電池の応用としての間接型燃料電池…………城間　純…185
　4.1　「間接型燃料電池」の概念……185
　4.2　固体高分子型燃料電池の原理と課題
　　　………………………………186
　4.3　固体高分子型燃料電池の課題解決の一手段としての間接型燃料電池
　　　………………………………189
　4.4　間接型燃料電池の開発課題………190
　4.5　アノード（燃料極）側の間接化の研究動向…………………191
　4.6　カソード（酸素極）側の間接化の研究動向…………………191
　4.7　間接型燃料電池システム全体に関連する研究動向……………192

# 第8章　評価手法

1　レドックスフロー電池のSOCの計測方法………………金子祐司…194
　1.1　電流積算法によるSOCの計測…194
　1.2　OCVからSOCの計測…………196
　1.3　分光法によるSOCの計測………200
　1.4　クーロメトリーによるSOCの計測

　　　　　　………………………201
2　レドックスフロー電池の電解液の連続測
　　定………………佐藤　縁，野﨑　健…205
　2.1　はじめに………………………205
　2.2　RFBの基本設計に必要な電解液の物
　　　性値………………………………205
　　2.2.1　セルスタックのシャント電流損
　　　　　失とポンプ動力損失………205
　　2.2.2　セル性能に及ぼす電解液の特性
　　　　　………………………………207
　2.3　RFBの運転制御とモニタリング
　　　　………………………………210
　2.4　RFBの電極材料の評価手法と電解液
　　　　………………………………211
　2.5　おわりに………………………215

## 【第Ⅲ編　新規レドックスフロー電池の開発】

### 第9章　有機レドックスフロー電池　　　佐藤　縁

1　はじめに………………………………221
2　有機レドックス種として用いられる分子
　　類………………………………………222
　2.1　キノン類………………………222
　2.2　TEMPO, MVなどの利用………223
　2.3　フェロセンなどの有機金属錯体の利
　　　用…………………………………224
　2.4　その他…………………………225
　2.5　生体関連分子から……………225
3　電極材料と隔膜………………………226
4　問題点・課題・今後の展開…………228

### 第10章　スラリー型レドックスフロー電池/キャパシタ
　　　　　　　　　　　　　　　　　笘居高明，本間　格

1　はじめに………………………………230
2　セミソリッドフロー電池……………230
3　電気化学フローキャパシタ…………231
　3.1　カーボン材料の高濃度化………231
　3.2　レドックス反応容量利用………234
4　有機レドックスフローキャパシタ…234
5　結言……………………………………241

### 第11章　レドックスポリマー微粒子を活物質として
　　　　　　用いたレドックスフロー電池　　小柳津研一

1　はじめに………………………………244
2　有機レドックスフロー電池の構成…244
3　高密度レドックスポリマーの電荷貯蔵特
　　性………………………………………245
　3.1　レドックス活性基………………245
　3.2　主鎖構造…………………………247
　3.3　高密度レドックスポリマー層のレ
　　　ドックス応答……………………248

4 レドックス活性微粒子を用いたフロー電池 …………249
　4.1 ポリマー微粒子のレドックス過程 …………249
　4.2 レドックスフロー活物質として働く微粒子 …………250
5 おわりに …………252

# 第Ⅰ編 基礎

# 第1章　レドックスフロー電池とは

野﨑　健*

## 1　はじめに

「レドックス（redox）」とは還元（reduction）と酸化（oxidation）を組み合わせて作られた用語で，1974年に米国NASAのL. H. ThallerがFe$^{2+}$やFe$^{3+}$のいわゆる「金属レドックスイオン」の水溶液をタンクに貯蔵しておき，ポンプで「流通型電解槽（フローセル）」に供給して充放電する電池を"redox flow cell"と命名したのが最初であるが[1]，最近は"redox flow battery（RFB）"と呼ばれることが多くなった。一般に電気化学では「電池」を"cell"と書き，鉛蓄電池（lead acid storage battery）などの「実用電池」は蓄電池（storage battery）というが，レドックスフロー蓄電池とは書かない。他の電力貯蔵用蓄電池については成書を参照されたい[2]。なお，本章では簡略のためレドックスフロー電池をRFBと略記する。

乾電池のように使い捨てで充電しない電池を「一次電池」，充電して繰り返し使用する電池を「二次電池」，電池外部からエネルギー源となる物質を供給して発電する電池を「燃料電池（fuel cell）」という。化学的あるいは電気的に充電できる燃料電池を「再生型燃料電池（regenerative fuel cell）」といい，我が国でも芦村らが1960年代から「redox型燃料電池に関する研究」を発表していた[3]。また，2010年頃英国のAcal Energy社が車載用燃料電池の正極にPOM（polyoxometalate）をメディエーター（mediator）として用いる方法を提案し[4]，わが国の自動車会社も特許出願したが[5]，これも再生型燃料電池に分類され，本書7章4節の間接型燃料電池も再生型燃料電池である。このほか電解質-電極界面の電気二重層を利用する「電気二重層キャパシター」が普及しつつある。以上を要約すると表1のようになる[6]。なお，表1のタイトルにある化学電池とは太陽電池のように化学反応を伴わない物理電池と区別するための用語である。

表1　化学電池と電気化学キャパシター[6]

|  | エネルギー源を<br>セル内部に保持 | エネルギー源を<br>セル外部から供給 |
| :---: | :---: | :---: |
| 放電のみ<br>（使い捨て） | 一次電池<br>（乾電池など） | 燃料電池 |
| 充放電可能<br>（繰り返し使用） | 二次電池<br>（蓄電池） | 再生型燃料電池<br>レドックスフロー電池 |
| 電気二重層容量<br>（DLC） | 電気化学キャパシター<br>（EDLC） | レドックスキャパシター<br>（液静止RFB） |

\* Ken Nozaki　元 産業技術総合研究所

さらに，最近 Science や Nature 誌で有機レドックス化合物が話題になっており[6]，本書では9章で解説される。

## 2　RFBの原理

現在，大型化および商業化が最も進んでいるバナジウムレドックスフロー電池（VRFB）を具体例として RFB の原理を説明する。

電池反応（電極反応）を行う「流通型電解セル」（"flow cell"，「フローセル」あるいは「流通型電解槽」と呼ぶこともある）に，正負極タンクに貯蔵した RFB の反応物質（「活物質」，"active material"）を，それぞれのポンプで供約して充放電するのが RFB の原理である[7]。なお，電池一般についての用語と解説は引用文献2の第7章にまとめられている[8]。

流通型電解槽は図1では単にセルと書かれているが，+極（正極，positibe electrode）と−極（負極，negative electrode）があり，正・負極で生ずる反応を示すと次のようになる。

正　極：$VO_2^+ + 2H^+ + e^- \Leftrightarrow VO^{2+} + H_2O$　　　　($E^\ominus = 1.00$ V)　　　(1)

負　極：$V^{2+} \Leftrightarrow V^{3+} + e^-$　　　　($E^\ominus = -0.26$ V)　　　(2)

全反応：$VO_2^+ + V^{2+} + 2H^+ \Leftrightarrow VO^{2+} + V^{3+} + H_2O$　($\Delta E^\ominus = 1.26$ V)　(3)

ここで，$e^-$ は電極反応に関与する電子であり，負極から外部回路（図中の交直変換装置）を経由して正極に戻るので，全反応には現れない。電子は負電荷であるから電流の向きは逆になる。英語では電池の放電時に外部回路に対して電流が流れ出す電極を cathode，流れ込む電極を anode と書く。つまり，「正極（+極）」は cathode，「負極（−極）」は anode になる。また，

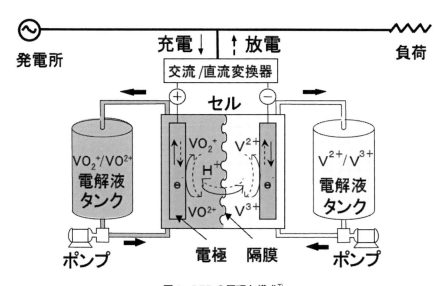

図1　RFBの原理と構成[7]

二次電池を充電する場合，放電時と逆方向に電流が流れるので，英語の定義では充電時 anode は正極，cathode は負極と呼ぶことがある[8]。このような電極の呼び方の混乱を避けるため二次電池の放電時の呼び方，すなわち，＋極を cathode，－極を anode と呼ぶ方法で統一する方法も提案されている（この場合，充電時も＋極を cathode，－極を anode と呼ぶ）。放電しかしない「燃料電池」の分野では，現在も正極を cathode，負極を anode と書くことが広く用いられている。古くからわが国では「陽極」を anode，「陰極」を cathode と呼ぶ用語が使われてきたが，日本化学会と電気化学会は，上記の混乱を避けるため，例外を除いて「陽極」「陰極」の使用を控えるようにしている。なお，二次電池でも過放電すると電池の＋－が逆転して，電池が破損する場合がある。

通常，VRFB は 3.5〜5 M（モル，mol·dm$^{-3}$ のこと）の硫酸水溶液を使用しており，正極液には $VO^{2+}$ と $VO_2^+$，負極液には $V^{3+}$ と $V^{2+}$ のイオンが共存している。本章では正，負極液それぞれのレドックスイオン（ここではバナジウムイオン）の組合せ，すなわち，$(VO_2^+|VO^{2+})$，$(V^{3+}|V^{2+})$ を「レドックスイオン対（redox ion couple）」，両者の組み合わせ $(VO_2^+|VO^{2+})-(V^{3+}|V^{2+})$「レドックス系（redox system）」と呼ぶことにする。便覧などでは，水溶液などのレドックスイオン対の標準電極電位（$E^{\ominus}$）が表にまとめられているので，レドックス系の起電力（electro motive force, emf）を簡単に推定できる。バナジウムの場合，式（1）〜（3）から，正極 $(VO_2^+|VO^{2+})$ の $E^{\ominus}$ = 1.00 V，負極 $(V^{3+}|V^{2+})$ の $E^{\ominus}$ = −0.26 V であり，両者の差（$\Delta E^{\ominus}$ = emf）は 1.26 V である。ところが，実用化された VRFB セルの「開路電圧（open circuit voltge, OCV）」は 1.4 V である[7]。emf は熱力学的な計算値で OCV は実際の電気化学的測定結果から導かれた値であるので，多少の差は許容できるが，上述の OCV と emf の差 0.14 V は相当大きく，次のように説明される。まず，$E^{\ominus}$ はレドックスイオン濃度が 1：1，すなわち，正，負極液の「充電状態 SOC（state of charge）」が 50％の時の値であるが，実用電池の「公称電圧（nominal voltge）」は，SOC 50％に決められていない点に注意すべきである。さらに充放電に伴う隔膜（イオン交換膜）の「膜起電力」の補正も必要である。なお，RFB の電極電位，起電力は熱力学変数であるから活量で表し，SOC は電気量に関係するから実濃度で表す事にも注意すべきである。ここでは記述を簡略にするため「　」で示したいくつかの用語を説明なしで用いているが，6 節で用語について解説するので参照されたい。

## 3　RFB の原理的特長と難点

図 1 で示した RFB の基本構成から，次のような RFB の原理特長が導かれる[7,9,10]。
① 電池反応が電解液中のレドックスイオン（主に金属イオン）の価数の変化のみであるため，電解液は原理的に無限に再利用可能であり，リサイクルが容易で環境に優しい。さらに，極板が活物質で構成されている鉛蓄電池などと異なり，RFB の電極（活物質）は「深い放電」や「不規則充放電」によって劣化しないので，「再生エネルギー」などの効果的利用に適している。

② 電池出力（kW）を決定する「流通型電解槽（flow cell）」と貯蔵エネルギー（kWh）を決定するタンク（電解液量）が図1のように分離しているので，用途に応じて適切な電池出力（kW）/電池容量（kWh）の設計が可能であり，タンクを地下のデッドスペース（ビルなどのドライエリアに）設置するなどのフレキシブルなレイアウトができる。なお，電池の分野では「電池容量（capacity of battery）」はエネルギー（Wh）よりも電気量（Ah）で表すのが習慣である。

③ 「流通型電解槽」の構造を図2に，断面構造を図3に示す[7]。RFBではセルを図3に示すように「双極板（bipolar plate）」を介して直列に接続して「スタック（stack）」を構成する。なお，「スタック」を「セルスタック」と呼ぶこともある。スタック内の各セルに供給される電解液は共通なので，各セルのSOCを管理する必要がなく，電解液の電位などをモニターすることで運転中でもRFBのSOCを容易に計測でき，運転制御だけではなくRFBの信頼性，寿命が大幅に向上する。

④ 電解液が正負極それぞれのタンクに貯蔵されているので，スタックの部分に残った液を除いて，待機時や停止時の自己放電がない。

⑤ 電解液を送液する際に熱交換機により放熱ができるので活物質が電池内部に保持される通常の蓄電池に比べて熱管理が著しく有利である。

⑥ 通常の蓄電池も同様であるが，RFBはミリ秒レベルの瞬時応答が可能で，短時間であれば「定格出力（rated power）」の数倍の高出力で充放電できるので，再生可能エネルギーなどの不規則かつ短時間周期の出力変動の吸収に適している。

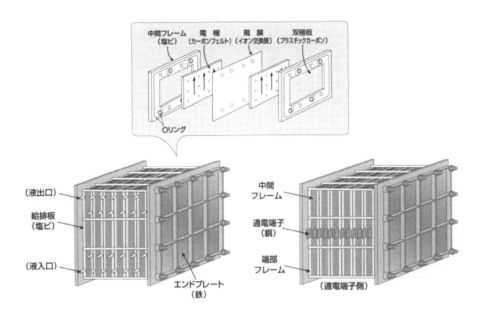

図2　セルスタックの構成例[7]

第1章 レドックスフロー電池とは

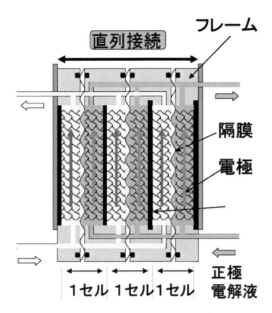

図3 セルスタックの断面構造[7]

一方，RFBの欠点は次の通りである[9,10]。

① レドックスイオンの「溶解度（solubility）」に限界があり，タンクの体積が大きくなるため，「エネルギー密度（$kWh/m^3$, energy density）」が小さく，エネルギー密度の大きい電池に比べて多くの設置面積を必要とする。

② 電解液を循環させるためのポンプ動力とスタック内の各セルに電解液を供給するため「マニホールド（manifold）」を介して漏れ電流「シャント電流（shunt current）」が生じる[7]。通常，ポンプ動力とシャント電流による損失は最適設計されるが，これがRFBの充放電エネルギー効率が低い原因の一つとなっている。

## 4 RFBの構成要素

### 4.1 電解液

電解液については本書の4章で各論的に詳しく述べるので，ここでは基本的問題点を整理する。まず，前述のように，レドックスイオンの溶解度の限界ぎりぎりで電解液を使用すること，すなわち，非常に濃厚な溶液を使用しているため，教科書的な化学あるいは電気化学の理論では説明できないさまざまな現象がRFBの電解液で生じていることに注目しなくてはならない。

初期のRFBは金属イオンのレドックス系の水溶液を使用していたが，RFBの研究の進展と共に様々なレドックス系が採用されるようになり，最近では，"Redox flow batteries: from metals to organic redox active materials" と題される総説も報告された[11]。このように，RFBのレドックス系が金属イオンに限定されなくなったのが最近の傾向である。さらに，レ

ドックスイオンを溶解する溶媒も水（水溶液）から，非水溶媒，低温溶融塩，イオン性液体などに広がりを見せている[12]。このうちイオン液体については4章3節，有機レドックス系は9章で記載される。

金属イオン水溶液を用いたレドックス系については，バナジウム系が本書の4章1節，4節で，チタン・マンガン系が4章2節で記述されているので，本章では各種レドックス系を選択する際の基本的な考え方について以下で説明する。

筆者が初めてRFBに接したのは1974年のThallerのproceedingsであった[1]。この時，筆者は「このようなタンクとポンプを使用する化学プラントのような電池が本当に実用化するのだろうか？」と素直に思った。そこで，化学プラントメーカーの知人の協力を得て，1975年に「レドックス型二次電池による電力貯蔵の可能性」という報告を電気学会の研究会で発表した[13]。この報告では，電解液のレドックスイオンの濃度が4M（モル濃度，$mol\ dm^{-3}$のこと）以上，レドックス系のemfが1V以上であれば，RFBに使用可能であるという結論であった。ここで，1Mのレドックス系正負極液の電極反応の電気量を$Q$，反応電子数を$n$，ファラデー定数を$F$，濃度を$C$とすれば，ファラデーの法則により，$Q = nFC$である。$Q$を電池容量（Ah）とすれば，$Q = nFC/3600$になり，MKS単位系では1Mの正極液あるいは負極液の容量は電解液$1\ m^3$あたり26.8 kAhになる。筆者が試算した（Fe/Cr）系の起電力は1Vであるから，鉄-クロム系RFBの「体積あたりの理論エネルギー密度」は$26.8\ kWhm^{-3}$であり，他の二次電池と比べて相当に低いが，3節でも述べたように他の特長を考察すると実用化の見通しが得られる。後述するようにRFBの場合は電解液の理論エネルギー密度（濃度）であることに注意すべきである。RFBのエネルギー密度と用途の問題は4章4節，7章1節，2節で考察されるであろう。

さて，RFBの実用化にはレドックス系の濃度すなわちレドックスイオンの溶解度と標準電極電位をデータ集で調べて比較検討することが重要であると判断されたので，筆者らは1977年に図4, 5に示すように，横軸をレドックスイオンの標準電極電位$E^{\ominus}$，縦軸を貯蔵可能電気量でプロットとした[14]。実用化されたRFBのレドックス系（$Cr^{3+}|Cr^{2+}$）-（$Fe^{3+}|Fe^{2+}$）と（$V^{3+}|V^{2+}$）-（$VO_2^+|VO^{2+}$）について比較検討する。なお図中では便宜的にレドックスイオン対を$Cr_{3-2}$，$V_{5-4}$というようにそれぞれの価数で記載してある。通常，各蓄電池の性能は理論エネルギー密度で比較するので，図中のレドックス対，例えば$Fe_{3-2}$と$Cr_{3-2}$の2点とx軸から成る面積を比較すればよい。すなわち，図2の$Cr_{3-2}$と$Fe_{3-2}$の2点の縦軸の値の調和平均，約$23\ kAhm^{-3}$が鉄-クロムRFBの理論電池容量，emf（$\Delta E^{\ominus}$）は約1Vであるので，出力エネルギー密度は$23\ kWm^3$になる。なお，レドックスイオンの溶解度は硫酸と塩酸で大幅に異なるので，鉄-クロム系の場合，塩酸水溶液の値を用い，$Cr^{2+}$の溶解度が便覧には無かったので実際に小型フローセルによる実験結果に基づく値2Mを計算に用いた。また，VRFBの溶解度は鉄-クロム系と大差なく，emfが1.26Vであるので理論エネルギー密度は約$30\ kWhm^{-3}$になる。

一般に電池の理論容量は活物質の分子量から計算し，二次電池の場合は充電状態の活物質の分

第1章 レドックスフロー電池とは

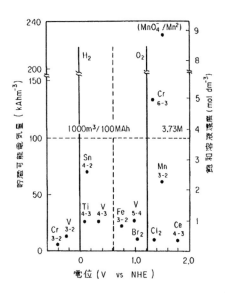

図4 レドックス対の電位と溶解度（硫酸水溶液）[6]

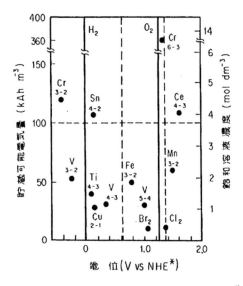

図5 レドックス対の電位と溶解度（塩酸水溶液）[6]

子量を用いるので[15]，鉄-クロム RFB は $FeCl_3$ と $CrCl_2$，VRFB では $VO_2 \cdot \frac{1}{2}SO_4$ と $VSO_4$ が該当する分子量である。ところが，RFB は電解液の濃度から計算しているので，他の電池と比較する場合は，例えば，VRFB の「電解液の理論容量」又は，「電解液の理論エネルギー密度」と書くべきであろう。

表2 レドックス対の組み合わせと有望なレドックス系[6]

| レドックス対<br>($E^⦵$) | $Ce^{4+}/Ce^{3+}$<br>(1.8) | $Cl_2/Cl^-$<br>(1.38) | $Mn^{2+}/Mn^{3+}$<br>(1.3) | $Br_2/Br^-$<br>(1.1) | $VO^{2+}/VO_2^+$<br>(1.0) | $Fe^{2+}/Fe^{3+}$<br>(0.6) | 備考 |
|---|---|---|---|---|---|---|---|
| $Cr^{2+}/Cr^{3+}$<br>(−0.5) | $Cl_2$発生↑ | [1.88] | $Cl_2$発生↑ | 【1.6】 | 1.5 | [1.1] | $Cr^{3+}$は$Cl^-$,<br>$Br^-$で活性,<br>水素発生 |
| $V^{2+}/V^{3+}$<br>(−0.26) | 【2.06】 | [1.64] | 【1.56】 | [1.36] | 【1.26】 | 0.86 | 炭素電極使用,<br>高価 |
| $Ti^{3+}/TiO^{2+}$<br>(0.0) | [1.8] | [1.38] | 【1.3】 | [1.1]? | [1.0]? | 0.6 | 炭素電極使用,<br>Vより安価 |
| $H_2/H^+$<br>(0.0) | [1.8] | [1.38] | [1.3] | [1.1] | [1.0]? | 0.6 | 水素燃料電池,<br>水素ガス対策 |
| 備考 | 高電位<br>黒鉛劣化 | 高電位,塩素<br>の貯蔵方法,<br>黒鉛劣化 | 炭素電極<br>使用,<br>$MnO_2$析出 | 炭素電極使用,<br>$Br_2$の貯蔵方法 | 炭素電極<br>使用 | 低電位<br>安価 | |

【 】内のEMFがVRFRB以上で有望な系,[ ] EMFからは有望,
[ ]? VRFBにおよばないかも知れない系

## 4.2 電極材料

筆者らは1975年の研究開発当初から炭素繊維をRFBの電極材料に採用することに決定し,各種炭素繊維電極の評価手法の確立とスクリーニングを進めてきた[16,17]。RFBの研究開発の進展により,電極材料や隔膜に関する総説も報告されている[18]。本書では5章4節に実用的なRFBに使われている炭素電極材料が,さらに最近論文などで話題になっている新しい炭素電極材料としてカーボンナノチューブ電極が5章1節,ポーラスカーボンが5章2節,ボロンドープダイアモンドが5章3節に記載されている。

## 4.3 隔膜

RFBの要素材料は非常に重要であるが,3章でVFRへの「汎用セパレーター」の摘要が記載されているのみである。ここで云う汎用セパレーターとは鉛蓄電池などの安価なセパレーターを意味しており,数年前まで非常に発表の多かったイオン交換膜[18]についての記述は少ないので,VRFBを例にイオン交換膜の基本的な問題点を説明する。

VRFBを充電する時の正・負極液のイオンの組成と陽イオン交換膜のイオン透過性の関係を図示したのが図6である。図6では陽イオン交換膜の水素イオン透過性が非常に良く,他のイオンの透過は無視できると仮定している。正・負極の電極反応は,前述の式(1),(2)を用いると電子($e^-$)は−極から外部回路を介して+極に流れ,水素イオン($H^+$)は隔膜を透過して正極から負極に向かって流れる。図中に硫酸の酸解離(反応)を示してある。これにより電解液中のイオンの電気的中性が保たれる。ここで,図6の正・負極の左右の配置が図1と逆になっていることに注意して欲しい。どちらが正しいかは一概に言えないが,学術的には図6の書き方が多い[19]。

第1章　レドックスフロー電池とは

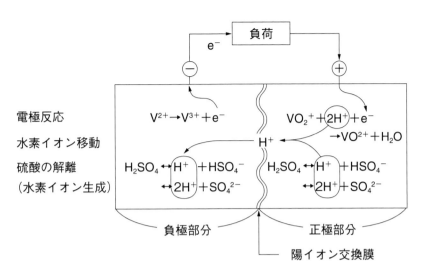

図6　VRFB 充電時のイオンの移動

表3は RFB を充電させて SOC を 0%, 50%, 100% に変化させた時の正・負極のイオン組成である。表中で $H^+$ 濃度は記載されていないが，図6に示した硫酸の解離反応により膜移動した $H^+$ のイオン収支が成立する。次に電極反応 (1), (2) の電極電位 (平衡電極電位) はネルンストの式により,

$$E = E^{\ominus} - (RT/nF)\ln(a_{Red}/a_{Ox}) \tag{4}$$

であり，電池の起電力 (emf) は，VRFB の場合，

$$\Delta E_{VRFB} = \Delta E^{\ominus} - (RT/nF)\ln(a_{V^{2+}}/a_{V^{3+}})(a_{VO_2^+}/a_{VO^{2+}})(a^2_{H^+}/a_{H_2O}) \tag{5}$$

となる。さらに，それぞれのイオンの活量を濃度に近似して，$H^+$ と水の活量変化を充放電によりあまり変化しないと仮定すると，

$$\Delta E_{VRFB} \fallingdotseq \Delta E^{\ominus} - (RT/nF)\ln([V^{2+}]/[V^{3+}])([VO_2^+]/[VO^{2+}]) \tag{6}$$

表3　VRFB の SOC を変化させる時の VRFB のイオン組成の変化

| SOC | 負極液 | | | 正極液 | | |
|---|---|---|---|---|---|---|
| 0% | 2 M<br>1.5 M<br>3.75 M | $V^{3+}$<br>$SO_4^{2-}$<br>$H_2SO_4$ | −<br>− | 2 M<br>2 M<br>3.0 M | $VO^{2+}$<br>$SO_4^{2-}$<br>$H_2SO_4$ | −<br>− |
| 50% | 1 M<br>0.75 M<br>3.5 M | $V^{3+}$<br>$SO_4^{2-}$<br>$H_2SO_4$ | 1 M<br>1 M | $V^{2+}$<br>$SO_4^{2-}$ | 1 M<br>1 M<br>3.5 M | $VO^{2+}$<br>$SO_4^{2-}$<br>$H_2SO_4$ | 1 M<br>0.5 M | $VO_2^+$<br>$SO_4^{2-}$ |
| 100% | −<br>−<br>3.25 M | <br><br>$H_2SO_4$ | 2 M<br>2 M | $V^{2+}$<br>$SO_4^{2-}$ | −<br>−<br>4 M | <br><br>$H_2SO_4$ | 2 M<br>1 M | $VO_2^+$<br>$SO_4^{2-}$ |

となり,

$$\mathrm{SOC} = [\mathrm{V}^{2+}]/([\mathrm{V}^{2+}]+[\mathrm{V}^{3+}]) = [\mathrm{VO}_2^+]/([\mathrm{VO}_2^+]+[\mathrm{VO}^{2+}]) \tag{7}$$

を代入して,

$$\Delta E_{\mathrm{VRFB}} \fallingdotseq \Delta E^{\ominus} - (RT/nF)\ln(\mathrm{SOC}/(1-\mathrm{SOC}))^2 \tag{8}$$

となる。つまり,

$$\mathrm{SOC} = 50\% (=0.5) \tag{9}$$

のとき

$$\Delta E_{\mathrm{VRFB}} \fallingdotseq \Delta E^{\ominus} \tag{10}$$

となるので,基礎的な実験ではSOC = 50%で電解液組成を調整することが多い。VRFBのOCVとSOCの関係については,第8章1節で記述する。

陰イオン交換膜を使用する場合どうなるか興味を持たれる読者が多いと思うが,VRFBの場合水素イオン透過性はあまり変わらない。その理由は酸性水溶液では,陰イオン交換膜も$H^+$を良く通す(つまり選択がない)からである。なお,最近の有機レドックス系のように,中性あるいはアルカリ性電解液を使用する場合(第9章参照),陰イオン交換膜の方が膜抵抗が低くなる。隔膜についてVRFBメーカーには,さまざまなノウハウや技術情報が蓄積されているが,秘密保持のためほとんど公開されないので注意が必要である。

### 4.4　その他のRFB構成材料

図2の流通型電解槽(フローセル)の構成材料について,BPP(双極板)については6章で記載されている。また,2010年代のフローセルの性能向上とBBP形状について7章3節で触れられる。残るフローセルの構造と材料についてはメーカーのノウハウもあり,あまり公表されていないが,通常は硬質塩化ビニル等が使用されているようで,耐熱性塩化ビニルの耐熱温度が60℃程度であるので,VRFBの運転温度も60℃程度が上限になる。

## 5　RFBの用途とコスト

RFBのコストは次の2つに大別される。①RFB出力あたりの価格(円/kW)と②経費,すなわち,RFB設備の運用コスト(円/kW年)である。なお,RFB価格を貯蔵エネルギー(電池容量)当たりの価格(円/kWh)で表す場合や運用コストを年間ではなく時間あたり(円/kWh)で表示することもあるので注意が必要である。さらに,RFBの価格を建設費,すなわち,RFBの製造原価で考える場合とRFBの売買価格(市場価格)で考える場合で相当に異な

## 第1章　レドックスフロー電池とは

る。多くの場合，研究開発関連の論文や報告ではRFBの建設費が，最終的な経済性を検討する場合はRFBの予想販売価格をベースにした経費が用いられるようである。これは電力会社などで設備計画と運用計画を別に立案するのと同じである。

　現在，RFBの用途とコストを考える上で重要なのは，当面のRFBの価格の予想である。RFBを含む電力貯蔵設備は，従来の研究開発段階から実用化あるいは商業化の段階に到達しつつあり，特にリチウムイオン電池（LiB）の動向から目が離せない。米国では，電力貯蔵用二次電池の価格はDOEの目標値であるが＄100/kWhが主流となりつつあり，RFBもこの目標の達成が要求される。わが国でも，為替レートの問題があるが，従来の，2～3万円/kWhから1万円/kWhに近づくものと予想される。なお，RFBのコストについてはJSTより調査報告が出版されている[20]。

　RFB構成要素の技術課題を抽出するためVRFBのコストについて検討したのが図7である[6]。横軸は出力1000 kWのVRFBシステムの貯蔵エネルギー（kWh），縦軸はコスト（＄）である。4.3項の隔膜の項でも触れたが，メーカーはVRFBの構成要素の具体的なデータを公表していないので，図5の作製に使用したデータはPNNLの報告に基づいている[21]。PNNLは米国の国立研究所であるので，上述の米国DOEの目標値＄100/kWhと比較すると興味深い。図7の縦軸の内訳は，貯蔵エネルギー量に応じて変化する変動費（図では比例すると仮定）と変化しない固定費に大別され，変動費はバナジウム電解液，固定費はフローセルが大きな割合を占める。RFB以外の蓄電池は固定費は差程大きくなく，電力制御装置（PCS，図1の交直変換装置

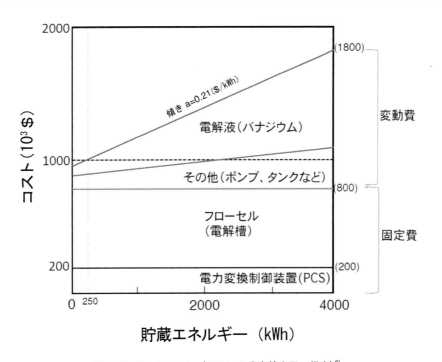

図7　VRFBのコスト（PNNLの公表値を元に推定）[6]

が該当）はどの蓄電池でも共通なので，コスト比較の際，電池コストから省くことが多い。図7の固定費はフローセルの割合が大きいので，これが技術開発課題になる。このため，① フローセルの出力を増大させる方法[22]と，② フローセルの構成材料のコストを低下させる方法が考えられる。① の燃料電池の技術を利用した溝付BPPによるVRFBの高出力化は米国Tenessie大学のグループが発表して注目されたが[23]，どうも大元はUTRC（United Technologies Research Center）にあったのかも知れない[24]。フローセルの最適化による高出力化については7章3節で解説される。② の構成材料については，図7のPNNLのデータではイオン交換膜の占める割合が大きいので注目される[21]。しかし，4.3項でも述べたように，企業秘密の壁が厚く，Nafion®（Dupont）かセレミオン$^{TR}$（旭硝子）が文献等に報告されることが多い[18]。隔膜の経済性の問題は一見重要そうな技術開発課題に思われるが，筆者の私見だが意外に高性能の膜が量産化などで安価に利用可能になる可能性が高い。

## 6　RFBの用語について

　本書における用語の問題は非常に難しい。というのは，本書の内容が，学術的に高度な内容から企業の技術者が現場で使用している各企業の「方言」に近い用語まであり，対象とする分野も電気化学，電気工学，材料技術，等，多岐にわたるからである。しかも，読者と執筆者の専門分野が異なる場合，執筆者にとって自明のことであっても，読者には理解困難で異和感を感じる事もあるであろう。良い例が化学や物理の分野ではキャパシターと書くが，電気工学ではキャパシタと書く。また，日本語では「電力貯蔵」と書くが，英語ではelectric energy storgeと書き，power storageとは書かない[8]。電力（kW）と電気エネルギー（kWh）があいまいな場合もある。同様に電池の容量（Ah）も誤解されやすい用語で，（充放電）時間率は筆者でも間違うことがある。電気自動車用二次電池では出力密度（kW/kg）やエネルギー密度（kWh/kg）が良く用いられるが，自動車や航空機などの分野では比出力，比エネルギーと書くのが一般的である。ただし，これは重量あたりの場合であって，体積あたりについては出力密度やエネルギー密度を使用する。密度は体積（面積，長さ）あたりの値であって，重量あたりではなく，体積あたりの重さを水の密度と比較して比重と言うのと同じである。このような用語の解説は学生に教育するための教科書には応しいが，本書の様な技術書には適さないであろう。2節でanodeとcathodeの問題を少々長く取りあげたのは，燃料電池に慣れた読者が混乱することが多いからである。

　最後に，判りにくい専門用語なしで電力貯蔵用電池を解説した好例を紹介しよう。最近の電気評論の特集で[25]，京都大学の小久見先生らが「二次電池の研究開発と利用の動向」という総論を書いているが，通常二次電池で使用するSOC（充電状態）という用語を一切使用していない。恐らく経験的に電気工学分野の読者には無用の混乱を招く概念だと理解されているのであろう。この特集にはRFBも掲載されており[10]，さらに他の二次電池やグローバル認証基盤整備事業などの話題も取り上げられており，工学的知識の少ない意思決定者にも有益であろう。

## 第1章　レドックスフロー電池とは

## 7　おわりに

「レドックスフロー電池とは」というタイトルで後続の章，節の理解の助けになるように解説に努めて来た。RFB の技術開発は現在も急進展しつつあり，とくに第3編を中心とする革新的 RFB が次々と提案されている状況である。また，第2章では「RFB の内外の研究動向」が，第2編では「要素技術」として RFB の技術開発が各論的に解説されるので参照されたい。

### 文　　献

1) L. H. Thaller, Proceeding of 9th IECEC, NASA TM X-71540 (1974)
2) 電気化学会エネルギー会議電力貯蔵技術研究会（編），大規模電力貯蔵用蓄電池，日刊工業新聞社（2011）
3) 芦村進一，三宅義造，電気化学会誌（現 Electrochemistry），**31**, 598, ほか (1963)
4) R. Singh, A. A. Shah, A. Potter, B. Clarkson, A. Creeth, C.Downs, and F. C. Walsh, *Journal of Power Sources*, **201**, 159 (2012)
5) 公開特許公報，P2016-9573A，P2015-207483A，P2012-226974A，P2012-P226972A
6) 佐藤縁，Electrochemistry, **85**，レドックスフロー電池の展望，147 (2017)
7) 重松敏夫，文献2）大規模電力貯蔵用蓄電池，第3章「レドックスフロー電池」，p63-76
8) 野崎健，文献2）大規模電力貯蔵用蓄電池，第7章「各種蓄電池の用語と横断的解説」，p189-205
9) 佐藤縁，野崎健，「定置型電力 / エネルギー貯蔵システムの導入効果」，S&T 出版，p.85 (2015)
10) 重松敏夫，電気評論，**18**, 12 (2016)
11) T. Zawodzinski and Matt Mench, The flow cells for energy storage workshop, March, 2012, in Washington D.C
12) J. Winsberg *et al.*, *Angew. Chen. Int.Ed.*, **56**, 686 (2017)
13) 野崎健ほか，電気学会電気化学・電熱研究会報告書，CH-75-3 (1975)
14) 金子浩子ほか，電子技術総合研究所彙報，**41**, 877 (1977)
15) 野崎健，文献2），表 7.1
16) 野崎健ほか，電気化学会誌，**51**, 189 (1983)，**55**, 229 (1987)
17) 高須芳雄ほか（編著），電極触媒科学の新展開，北海道大学図書刊行会 (2001)，根岸明ほか，第13章「レドックス電池用炭素電極と計測用電極」，p.283
18) M. Ulaganathan *et al.*, *Adv. Mater. Interfaces*, **3**, 1500309 (2016)
19) 玉虫伶太，高橋勝緒，エッセンシャル電気化学，p.5, 東京化学同人 (2000)
20) ST/LCS，蓄電池システム（Vol.4），―レドックスフロー電池システムの構成解析とコスト評価―(2017), LCS-PY2016-PP-02

21) V. Viswanathan *et al.*, *Journal of Power Sources*, **247**, 1040 (2014)
22) M. L. Perry and A. Z. Weber, *J. Electrochem. Soc.,* **163**, A5064 (2016)
23) Q. H. Liu *et al.*, *J. Electrochemi. Soc.*, **159**, A1246 (2012)
24) M. L. Perry *et al.*, *ECS Transactions*, **53**(7), 7, (2013)
25) 小久見善八ほか，電気評論，**12**, 7 (2016)

# 第2章 レドックスフロー電池の国内外研究動向

津島将司*

## 1 はじめに

　レドックスフロー電池に関する文献数(学術誌掲載論文,国際会議発表論文,総説など)の2016年までの推移を図1に示す(ここでは,文献データベースScopusを用いて,"flow battery"を検索語とした場合の文献数を示した)。文献数は2005年頃から増え始め,2011年頃より急増していることがわかる。さらに,図2は2016年,2006年,1996年における文献数を国/地域別に示したものである。20年前には,日本,オーストラリア,ドイツのみであったが,10年前には,中国からの文献数が日本を上回り,さらに2016年には,米国,韓国からの報告が増加し,全体の文献数も400件余りにまで急増している。本章では,このような背景を踏まえ,レドックスフロー電池の研究開発の進展から最近の国内外における研究動向について概説してみたい。

　レドックスフロー電池の原理的な提案は1974年のNASAによるものとされており,研究開発の歴史については,野崎[1]や重松[2]の解説に詳しく述べられている。NASAでは主に鉄(Fe)/クロム(Cr)系の研究が進められた[3]。これらの反応式は次のとおりである[4]。

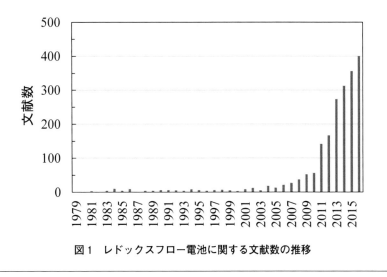

図1　レドックスフロー電池に関する文献数の推移

* Shohji Tsushima　大阪大学　大学院工学研究科　教授

レドックスフロー電池の開発動向

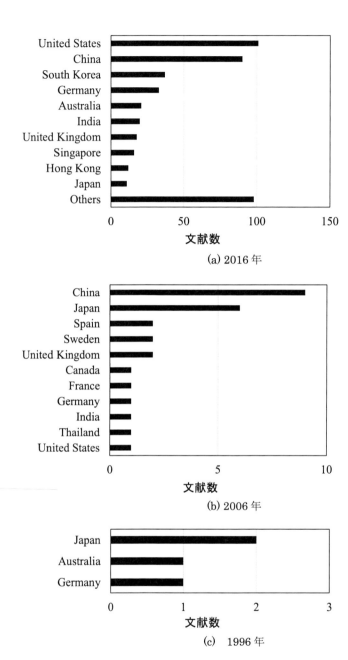

図2 レドックスフロー電池に関する国/地域別の文献数

正　極：$Fe^{3+} + e^- \Leftrightarrow Fe^{2+}$　　　　　　　　($E^\ominus = +0.77\ V$)　　　　　　(1)

負　極：$Cr^{2+} \Leftrightarrow Cr^{3+} + e^-$　　　　　　　　($E^\ominus = -0.41\ V$)　　　　　　(2)

全反応：$Fe^{3+} + Cr^{2+} \Leftrightarrow Fe^{2+} + Cr^{3+}$　　($\Delta E^\ominus = 1.18\ V$)　　　　　　(3)

## 第2章　レドックスフロー電池の国内外研究動向

　1984年にプロジェクトは終了したが，様々な電極とセル構造についての検討が行われた。カーボンフェルトを電極として採用し，フロースルー構造（流通型）としたセル構成は今日に至るまで引き継がれており，第1世代と呼べるものである。Fe/Cr系は電極反応が遅いこと，活物質イオンの隔膜を介した混合（クロスオーバー）により電池容量が低下すること，などの課題が指摘されたが，原料コストが低いという利点を有している。

　1985年頃には，オーストラリアのNew South Wales大のグループがバナジウム（V）を活物質イオンとして用いるV系レドックスフロー電池を発表した。反応式は次のとおりである。

$$\text{正　極}: VO_2^+ + 2H^+ + e^- \Leftrightarrow VO^{2+} + H_2O \quad (E^\ominus = 1.00\ V) \quad (4)$$

$$\text{負　極}: V^{2+} \Leftrightarrow V^{3+} + e^- \quad (E^\ominus = -0.26\ V) \quad (5)$$

$$\text{全反応}: VO_2^+ + V^{2+} + 2H^+ \Leftrightarrow VO^{2+} + V^{3+} + H_2O \quad (\Delta E^\ominus = 1.26\ V) \quad (6)$$

　正負極にバナジウムイオンを供給することから，隔膜を介したイオンの混合による電池容量の減少が生じないという特徴を有する。さらに，実際のシステムにおける起電力は約1.4 Vとなり，電極反応も早いため，電池出力の点からFe/Cr系よりも優れており，国内外で研究開発が進められ，現在にまで至っている。我が国では，住友電気工業㈱が実用機を開発し，2001年の時点で納入実績を有している。

　2005年頃までの国内外においては，レドックスフロー電池の用途は，昼夜間の電力負荷の平準化，瞬低補償用途，非常用，などがメインターゲットであり，いくつかの民間企業と限られた研究機関および大学が研究開発を進めるのみの状況であった。2005年以降からは文献数が少しずつではあるが増加する傾向が見て取れる。これは，負荷平準化に加えて太陽光発電などとの連携が視野に入ってきたことが背景にあるものと考えられる。しかしながら，この時点では，米国の研究者の参入はほとんど見られない。

　この状況が2009年頃に一変する。すなわち，オバマ政権下の2009年に「米国復興・再投資法（The American Recovery and Reinvestment Act, ARRA）」が成立し，再生可能エネルギーならびに送電技術への研究と投資が図られ，エネルギー省（DOE）がエネルギー貯蔵実証事業（Energy Storage Demonstration Program）として16の課題を採択した[5]。そのうちのいくつかは，レドックスフロー電池に関わるものであり，2008年に設立されたEnervault Corp.は，米国カリフォルニア州エネルギー委員会とDOEの支援の下に，250 kW-4 h（1 MWh）級のFe/Crレドックスフロー電池の実証試験を行っている[6]。米国カリフォルニア州では州法AB2514を2010年に制定し，州内の電力会社に表1に示すように計1,325 MWの大規模電力貯蔵の導入目標を設定した[7]。2020年をマイルストーンとして，順次，調達が進められるため，レドックスフロー電池についても民間企業の参入と市場形成を促す駆動力となっているといえる。"学"においても，米国国立科学財団（Nation Science Foundation, NSF）が2010年において，水素（$H_2$）/臭素（Br）系可逆燃料電池に関する研究提案を採択していることは注目に値する。

表1 カリフォルニア州法AB2514における電力貯蔵の導入目標

単位：MW

|  | 2014 | 2016 | 2018 | 2020 | 合計 |
|---|---|---|---|---|---|
| Southern California Edison | | | | | |
| 　送電側 | 50 | 65 | 85 | 110 | 310 |
| 　配電側 | 30 | 40 | 50 | 65 | 185 |
| 　需要側 | 10 | 15 | 25 | 35 | 85 |
| 　小計 | 90 | 120 | 160 | 210 | 580 |
| Pacific Gas and Electric | | | | | |
| 　送電側 | 50 | 65 | 85 | 110 | 310 |
| 　配電側 | 30 | 40 | 50 | 65 | 185 |
| 　需要側 | 10 | 15 | 25 | 35 | 85 |
| 　小計 | 90 | 120 | 160 | 210 | 580 |
| San Diego Gas & Electric | | | | | |
| 　送電側 | 10 | 15 | 22 | 33 | 80 |
| 　配電側 | 7 | 10 | 15 | 23 | 55 |
| 　需要側 | 3 | 5 | 8 | 14 | 30 |
| 　小計 | 20 | 30 | 45 | 70 | 165 |
| 合計 | 200 | 270 | 365 | 490 | 1,325 |

　これらの状況が産官学を問わず米国の研究者らがレドックスフロー電池の研究に参入することを促したとみられる。米国における2011年頃からの文献数の急増は，このような社会的，政策的状況と一致する。あわせて注目すべきは，この時期から現在に至る数年の間に，レドックスフロー電池の性能向上や用途拡大に関わる，いくつもの新たなコンセプトや提案がなされている点である。これらは，従来型のレドックスフロー電池（第1世代）が抱えていた課題を解決へと導くものであり，新たな研究分野を拓くものでもある。筆者は，この時期に提案され，現在，活発な研究開発が進められているレドックスフロー電池を第2世代と呼ぶべきものだと考えている。以下では，第2世代型の特徴に着目して，最近の国内外の研究動向とともに示すこととする。

## 2　セル（流路構造）

　従来のレドックスフロー電池の流路構造は，多孔質電極の端から端に電解液を供給し貫流するフロースルー（Flow-through）構造（図3（a）），多孔質電極に沿うように電解液を供給するフローバイ（Flow-by）構造（図3（b））が採用されてきた。しかしながら，近年，図3（c）に示すような双極板に流路構造を埋め込んだセル構造により，大幅な性能向上が報告された[8~10]。テネシー大学のグループは蛇行流路[8]を採用し，筆者らのグループは第7章3節で示すように櫛歯流路によりセル性能が向上することを報告している[10]。United Technologies Research Centerのグループも櫛歯構造によりセル抵抗を大幅に低減できることを指摘している[11]。

第2章　レドックスフロー電池の国内外研究動向

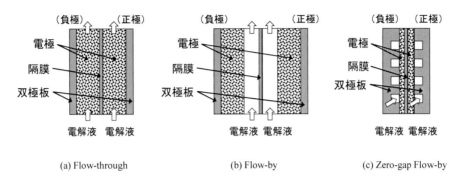

(a) Flow-through　　　(b) Flow-by　　　(c) Zero-gap Flow-by

図3　レドックスフロー電池の流路構造

　ここで注意すべきは，流路構造は多孔質電極とのマッチングにより決定されるべきものであり，これらの報告では，後述するように，従来とは異なる多孔質電極が採用されている。このような流路構造と多孔質電極の採用は，固体高分子形燃料電池で培われた要素技術が展開されたものであり，従来型とは異なるという点で第2世代型として特徴づけられる。第2世代型の流路構造の最適化は，電極構造を含めたセル全体における，電解液，イオン，電子，の輸送を考慮する必要があり[12,13]，蛇行流路[14]，並行流路，櫛歯流路，螺旋流路[15]，波状流路[16]など，様々なものが検討されている。

## 3　電極

　レドックスフロー電池において電極材料は最も重要な構成材料の一つといえる。図4は充放電時の電流電圧特性を模式的に示したものである。

　放電時のセル電圧 $V$ は次式で表される。

$$V = E_{eq} - \eta_{act} - \eta_{ohmic} - \eta_{conc} \tag{7}$$

　ここで，$E_{eq}$ は平衡起電力であり，両極の電気化学反応における活物質とその濃度により決まる。充放電時にはエネルギー損失が生じ，放電時のセル電圧は平衡起電力よりも低下する。この差を過電圧と呼ぶ。過電圧の要因として，電気化学反応に伴う電子移動に起因する活性化過電圧 $\eta_{act}$，イオンおよび電子の輸送に起因する抵抗過電圧 $\eta_{ohm}$，活物質の濃度低下に起因する濃度過電圧 $\eta_{conc}$，がある。充電時には，平衡起電力に加えて，これらの過電圧に相当するエネルギーを外部電源から与える必要があるため，印加電圧は平衡起電力よりも大きくなる。

　レドックスフロー電池の性能向上とは，いかにこれらの過電圧を低減できるか，ということであり，電極材料の影響が極めて大きい。すなわち，活性過電圧を低減するためには，①電気化学反応活性を大きくすること，②電気化学反応面積を増大すること，が必要である。抵抗過電圧の低減は，③イオンおよび電子輸送を促進または輸送距離を短くすること，が有効であり，濃度過

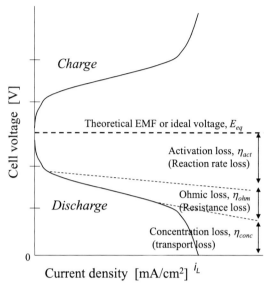

図4 充放電時の電流電圧特性の模式図

電圧の低減は，④活物質輸送を促進すること，により実現される。第2世代のレドックスフロー電池において飛躍的な性能向上が実現されたのは，従来とは異なる「薄型多孔質電極」を適用したことに負うところが大きい。詳しくは第7章3節で述べられるが，セル内への組付け時に従来のカーボンフェルトほどの圧縮を必要としないこと，電極が薄いためイオン輸送距離を短くできること，などの要因が挙げられる。

電極材料の研究開発の動向としては，反応活性の向上と反応表面積の増大に注力されている。反応活性については，従来から酸処理や熱処理が効果的であることが知られているが，様々な分析技術を駆使して，電極表面の官能基と電気化学反応活性の関係の解明が試みられている[17]。反応活性については，正極と負極で異なることが指摘されており，電気化学的に過電圧分離を行った報告も見られる[18]。筆者らのグループにおいても，高出力密度のレドックスフロー電池における過電圧分離計測を実施し，電極熱処理によるV系レドックスフロー電池の性能向上は，負極の反応活性の向上と正極の反応表面積の増大への寄与によるものであることを明らかにしている[19]。一方，反応表面積の増大については，炭素ファイバー径の細線化[20,21]やCNT付与[22]などのアプローチが試みられている。従来の多孔質炭素電極におけるファイバー直径は10 $\mu$m程度であるが，電界紡糸法を用いて数 $\mu$m程度にまで細線化した電極の作製に成功している。ファイバーの細線化は電解液の流動抵抗の増大を招くため，空隙率の最適化など，今後，レドックスフロー電池の電極材料としての研究開発が期待される。CNT付与は通常の炭素電極表面上に成長させるため，表面積増大の効果が得られるが，気相成長時に必要となる触媒粒子の除去や付与するCNTの表面密度や長さなど，電池性能に与える影響は十分に明らかではなく，さらなる検討が求められる。

第 2 章　レドックスフロー電池の国内外研究動向

## 4　隔膜

　隔膜は，充放電に伴う両極間のイオン輸送を担い，高いイオン伝導率と薄膜化は抵抗過電圧の低減に寄与する。膜材料としての詳細は 3 章に述べられるが，多くの文献において，パーフルオロスルホン酸膜である Nafion® が用いられている。レドックスフロー電池の性能向上という点から薄膜化の影響についての報告[23]がなされており，その効果が認められている。しかしながら，電解質膜の薄膜化は，両極間での活物質イオンのクロスオーバーの増大を招くため，現状では制約があり，選択透過性を有する隔膜の開発が求められる。

## 5　電解液およびレドックス反応系

　エネルギー密度，出力密度の改善については，レドックス対ならびに電解液の組成と供給形態など，様々な観点からの探索が進められている。硫酸と塩酸を混合した電解液中ではバナジウム析出が抑制されることをパシフィックノースウェスト国立研究所（PNNL）は見出し，電解液中のバナジウム濃度を 2.8 M にまで高め，$-5～50℃$ の環境でも作動することを実証し，DFT 計算や NMR 計測などにもとづく検討を行っている[24]。

　レドックス対としては，水素（$H_2$）-臭素（Br）系を用いてアルカリ型とすることで起電力が約 1.9 V にまで向上している[25]。チタン（Ti）-マンガン（Mn）系はバナジウム系よりも起電力が高く，かつ安価であり，実用化に向けて期待される反応系である[26]。ハーバード大のグループは，従来の金属イオンではなく，安価な有機分子であるキノン-臭素系のフロー電池を 2014 年に Nature 誌[27]に発表して注目され，その後，出力密度が $1000\ mW/cm^2$ に向上したことを報告しているが，電解液流量が極端に大きい条件での結果である[28]。電極材料としてキノンを用いる検討は，リチウム電池に関して 1980 年代に報告されており[29]，我が国でも 2010 年に産総研のグループが高容量電極材料として報告を行っていることは注目すべきである[30]。セル電圧の増大という観点では，非水系電解液の採用は有効であり，活物質の探索とフロー電池の構築に向けた研究が進められている。近年，テトラフルオロほう酸テトラエチルアンモニウム（$TEABF_4$）を支持塩としたアセトニトリル（$CH_3CN$）中で，バナジウム，クロム，マンガン，などのアセチルアセトン錯体に関する電気化学特性が調べられている[31]。我が国では，すでに 1980 年代後半にルテニウム錯体を用いたフロー電池の研究が報告されている[32]。電解液中に固相活物質を混入して，固液懸濁液を供給する半固体（Semi-solid）またはスラリー（Slurry）タイプのレドックスフロー電池の提案もなされている[33,34]。固相活物質はエネルギー密度が高く，非水系電解液との組み合わせでセル電圧の増大が可能となるため，新たな可能性を開くものとして期待される。活物質としてイオン液体を用いるアプローチが米国サンディア国立研究所から報告されている[35]。従来のレドックスフロー電池では溶解度の制約から活物質濃度を高めるのが困難であったが，イオン液体では，その制約がなく，エネルギー密度を高めるのに有効であるが，低粘性と高イオン

伝導などの特性が求められるため，新たなイオン液体の材料設計が要求される。これらの新規なレドックスフロー電池については，第3編において述べられている。

## 6 実証事業など

新規なレドックスフロー電池の研究開発に加えて，ここ数年で進められている大規模実証事業についても記しておく必要があろう。大規模電力貯蔵システムの設置状況および導入計画については，米国エルギー省が運営する Web 版データベース[36]が便利である。

第7章1節で示されるように，我が国では，住友電気工業㈱が大規模実証事業（北海道南早来，米国カリフォルニア州）を進めている。特に，経済産業省大型蓄電システム緊急実証事業として，北海道電力と共同で 15MW-4h の V 系レドックスフロー電池を設置し，2015 年より安定稼働している[37]。米国では，大規模電力貯蔵への社会的要請をいち早く察知して，関連したベンチャー企業がいくつも立ち上がっており，競争的環境とともに活発な研究開発が進められている。中国では Rongke Power 社が大型実証設備の納入で中国，ドイツ，米国での実績を上げている。中国はバナジウムの資源国であり，2000 年頃から V 系レドックスフロー電池の研究開発が進められてきている。

レドックスフロー電池に関する新たなアプリケーションとしては，IBM Zurich が PSI, ETH などと共同して，電気回路駆動と冷却の同時実現を目的として，REPCOOL というプロジェクトを立ち上げている[38]。

## 7 まとめ

本章では，近年のレドックスフロー電池関連の文献数の増大とその社会的，政策的背景について概観した。現在は，第1世代から第2世代へ移行する過渡期にあるといえ，流路構造と電極材料の研究開発がこの状況を牽引していることを示した。新規な反応系についても活発な研究開発が展開されていることを述べ，国内外の研究動向について概説した。

## 文　献

1) 野崎健，レドックスフロー電池，電気学会誌，**103**(8), 783 (1983)
2) 重松敏夫，電力貯蔵用レドックスフロー電池，SEI テクニカルレビュー，179, 7 (2011)
3) Hagedorn, N. H, DOE/NASA/12726-24, NASA TM-83677 (1984)
4) Ponce de Le'on, C., *et al.*, *J. Power Sources* **160**, 716-732 (2006)

5) Bender, D. *et al.*, SAND2015-5242 (2015)
6) Craig, H. *et al.*, California Energy Commission. Publication number: CEC-500-2015-051 (2014)
7) AB2514-ASSIGNED COMMISSIONER'S RULING PROPOSING STORAGE PROCUREMENT TARGETS AND MECHANISMS AND NOTICING ALL-PARTY MEETING-65706057.
8) Aaron, D. S. *et al.*, *J. Power Sources*, **206**, 450-453 (2012)
9) Perry, M. L. *et al.*, *ECS Trans.*, **53**(7), 7-16 (2013)
10) Tsushima, S. *et al.*, *Proc.* 15th Int. Heat Trans. Conf., IHTC15-9326 (2014)
11) Darling, R. M. *et al.*, *J. Electrochem. Soc.*, **161**(9) A1381-A1387 (2014)
12) Zhou, X. L. *et al.*, *J. Power Sources*, **339**, 1-12 (2017)
13) Arenas, L. F. *et al.*, *J. Energy Storage*, **11**, 119-153 (2017)
14) Zeng, Y. K. *et al.*, *J. Power Sources*, **324**, 738-744 (2016)
15) Dennison, C. R. *et al.*, *J. Electrochem. Soc.*, **163**(1) A5163-A5169 (2016)
16) Lisboa K. M. *et al.*, *J. Power Sources*, **359**, 322-331 (2017)
17) Cao, L. *et al.*, *J. Electrochem. Soc.*, **163**(7) A1164-A1174 (2016)
18) Aaron, D. *et al.*, *ECS Electrochem. Lett.*, **2**(3) A29-A31 (2013)
19) Tsushima, S. *et al.*, *232th* ECS meeting (to be presented)
20) 山本耕平ら，第53回伝熱シンポジウム，B312 (2016)
21) Liu, S. P. *et al.*, *ECS Trans.*, **75**(18), 15-25 (2017)
22) Dowd, R. P. *et al.*, *J. Electrochem. Soc.*, **164**(6) F564-F567 (2017)
23) Liu, Q. H. *et al.*, *J. Electrochem. Soc.*, **159**(8), pp. A1246-A1252 (2012)
24) Li, L. *et al.*, *Adv. Energy Mater.*, **1**(3), 394 (2011)
25) Nguyen, T. L. *et al.*, ECS 226th Meeting, abst. 615 (2014)
26) 董雍容ら，SEIテクニカルレビュー，**190**, 27 (2017)
27) Huskinson B. *et al.*, *Nature*, **505**, 195 (2014)
28) Chen, Q. *et al.*, *J. Electrochem. Soc.*, **163**(1), A5010 (2016)
29) Foos, J. S. *et al.*, *J. Electrochem. Soc.*, **133**(4), 836 (1986)
30) Yao, M. *et al.*, *J. Power Sources*, **195**, 8336 (2010)
31) Sleightholme, A. E. S. *et al.*, *J. Power Sources*, **196**, 5742 (2011)
32) Matsuda Y. *et al.*, *J. Appl. Electrochem.*, **18**, 909 (1988)
33) Duduta, M. *et al.*, *Adv. Energy Mater.*, **1**, 511 (2011)
34) Petek, T. J. *et al.*, *J. Electrochem. Soc.*, **163**(1), A5001 (2016)
35) Staiger, C. L. *et al.*, Electrical Energy Storage Applications & Technologies (EESAT) Conference (2011)
36) http://www.energystorageexchange.org/
37) 矢野敬二ら，SEIテクニカルレビュー，**190**, 15 (2017)
38) Ruth, P. *et al.*, Int. Flow Battery Forum (2015)

# 第Ⅱ編

# 要素技術

# 第3章 レドックスフロー電池およびレドックスキャパシタへの電池用セパレータ適用

増田洋輔[*]

## 1 はじめに

　レドックスフロー電池には，大型化が容易，高率充放電が可能，長寿命，安全性が高いなどの多くのメリットがあり，海外を中心に再生可能エネルギー貯蔵等の産業用大型蓄電池としての用途がある[1,2]。しかしながら，レドックスフロー電池は導入及び運用コストが大きく[3]，さらには，セル構成材料であるイオン交換膜に代表されるような隔膜が現状では非常に高価であり，普及の大きな妨げとなっている。

　弊社では，このような事情を鑑み，レドックスフロー電池ならびに液静止型のレドックスキャパシタのコストダウンの一環として，イオン交換膜の代替品として電池用セパレータが本電池系に適用可能かどうかを検討した。さらに，この検討結果をもとに，電池用セパレータを用いたフロー電池およびレドックスキャパシタを試作し，実際に作動させた例についても紹介する。

## 2 電池材料のコスト

　表1に各電池のコストを示す[3]。鉛蓄電池，NAS電池，Ni-MH電池は約50円/Whであるのに対し，レドックスフロー電池は600円/Wh，3Ahのレドックスキャパシタは1,000円/Wh以上と非常に高コストであることがわかった。また，レドックスキャパシタの各部材のコスト（表2参照）は，陽イオン交換膜が部材コストの半分以上を占めており，大幅な隔膜コストの削減が必要であることもわかった。

　検討に際し，イオン交換膜の種類を変更することによるコストダウンも考えたが，種類によって差はあるものの，どの種類のイオン交換膜であっても高価であることに変わりはないため，大

表1　各電池のコスト

| 電池の種類 | コスト（円/Wh） |
|---|---|
| 鉛蓄電池 | 30～50 |
| NAS電池 | 30 |
| Ni-MH電池 | 50 |
| レドックスフロー電池 | 600 |
| レドックスキャパシタ | 1000以上 |

---

[*] Yosuke Masuda　古河電池㈱　技術開発本部　開発統括部　研究部

表2 レドックスキャパシタの各部材のコスト

| 各部材 | コスト比（%） |
|---|---|
| イオン交換膜 | 60 |
| 電極板 | 30 |
| 極液 | 10 |

※3Ahレドックスキャパシタの場合

幅なコストダウンは期待できない。このため，イオン交換膜以外の安価な材料を用いた方法はないかと考え，弊社ではイオン交換機能を有しない電池用セパレータを用い，その可能性について検討を行うに至った。

## 3 汎用電池用セパレータ適用可能性の検討

### 3.1 原理

図1にセパレータ適用の原理を示した模式図を示す。レドックスフロー電池にはプロトン以外の化学種を通さないイオン選択透過性を持った陽イオン交換膜が一般に用いられ，全ての化学種が通過可能な電池用セパレータとは機能が異なる。このため，本電池系への電池用セパレータ適用は理論上不可能であり，これまで検討されなかった経緯がある。

しかしながら，実際にはプロトン以外を完全にシャットアウト可能な陽イオン交換膜は存在せず，クロスオーバー抑制に関する研究がなされているのが現状である[5~7]。このため，実際には化学種の通過の程度に違いがあるのみで，陽イオン交換膜も電池用セパレータも役割としては大きな差はなく，この点が電池用セパレータ適用可能性を議論する上での鍵となる。なお，化学種の通過の程度は，電池の内部抵抗ならびに自己放電特性に直接的な影響を及ぼす重要な因子である。詳細は後述するが，電池の使用条件および仕様に合わせた隔膜の選択が求められる。

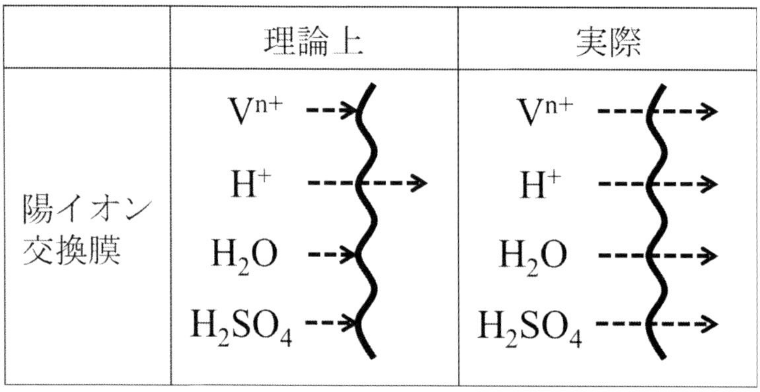

| | 理論上 | 実際 |
|---|---|---|
| 陽イオン交換膜 | $V^{n+}$ --→<br>$H^+$ --→<br>$H_2O$ --→<br>$H_2SO_4$ --→ | $V^{n+}$ ---→<br>$H^+$ ---→<br>$H_2O$ ---→<br>$H_2SO_4$ ---→ |

図1 セパレータ適用の原理

第3章　レドックスフロー電池およびレドックスキャパシタへの電池用セパレータ適用

## 3.2 セパレータの種類とコスト

表3に実際に購入した価格をもとに算出した隔膜のコストの比較を示す。購入数量により多少の変動があると思われるが，電池用セパレータのコストは，フッ素系陽イオン交換膜の1％にも満たないほど安価である。このため，レドックスフロー電池に一般的に使用されているフッ素系陽イオン交換膜を汎用電池用セパレータに置き換えることにより，隔膜にかかるコストを無視できるほど大幅なコスト削減効果が見込める。

表3　セパレータのコストの比較

| セパレータ | 用途 | コスト比 |
|---|---|---|
| フッ素系陽イオン交換膜 | 燃料電池 他 | 100 |
| 炭化水素系陽イオン交換膜 | 燃料電池 他 | 12 |
| シリカ充填パルプセパレータ | 鉛蓄電池 | 0.4 |
| 多孔性ポリエチレンセパレータ | 鉛蓄電池 | 0.05 |
| ポリオレフィン不織布 | ニカド電池 | 0.1 |
| 多孔性ポリエチレンセパレータ | リチウムイオン電池 | 0.2 |

※フッ素系陽イオン交換膜を100とした場合

## 3.3 小型セルによる充放電試験

電池用セパレータが本電池系に適用可能かどうかを確認するため，試験用小型セルによる充放電試験を行った。外観を写真1，仕様を表4に示す。試験は，表5に示すサンプルを用いたセルをそれぞれ作製し，表6に示す条件にて行った。

充放電試験結果を図2，表7に示す。リチウムイオン電池用セパレータを用いたセルは，高抵抗のため充放電ができなかったが，それ以外の水準は全て充放電可能であった。特に，鉛蓄電池用セパレータを用いたセルは，充放電効率も陽イオン交換膜を用いたセルと遜色ない結果であ

写真1　試験用小型セル

り，これらの電池用セパレータを用いることによるレドックスフロー電池およびレドックスキャパシタの構築の可能性を示唆する結果と考えられる。

表4 試験用小型セルの仕様

| 電池形式 | 小型フローレス |
|---|---|
| セル数 | 1 |
| 電極－隔膜間距離（mm） | 3.0 |
| 反応面積（cm²） | 25（5 cm × 5 cm） |
| バナジウム濃度（mol/L） | 2.4 |
| 注液量（片極）（ml） | 10 |

表5 試験水準

| 水準 | 用途 |
|---|---|
| 炭化水素系陽イオン交換膜 | 燃料電池 |
| Si添加パルプセパレータ | 鉛蓄電池 |
| 多孔性ポリエチレンセパレータ | 鉛蓄電池 |
| ポリオレフィン不織布 | ニカド電池 |
| 多孔性ポリエチレンセパレータ | リチウムイオン電池 |

表6 試験条件

| No. | モード | 電流（mA/cm²） | 終止条件 |
|---|---|---|---|
| 1 | 充電 | 30 | 1.7 V/セル |
| 2 | 休止 | - | 10分 |
| 3 | 放電 | 30 | 1.0 V/セル |

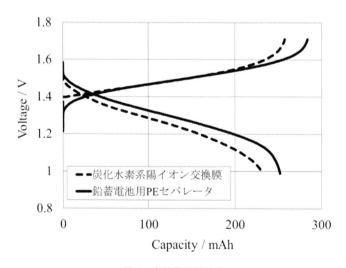

図2 充放電試験結果

第 3 章　レドックスフロー電池およびレドックスキャパシタへの電池用セパレータ適用

表7　充放電試験結果

| 水準 | 放電平均電圧 (V) | 放電容量 (mAh) | 充放電効率 (%) |
|---|---|---|---|
| 炭化水素系陽イオン交換膜 | 1.26 | 231 | 90 |
| パルプセパレータ | 1.23 | 250 | 89 |
| 鉛蓄電池用 PE セパレータ | 1.29 | 252 | 83 |
| ポリオレフィン不織布 | 1.28 | 108 | 38 |
| LIB 用 PE セパレータ | 放電不可 | — | — |

## 4　考察

充放電試験においてセパレータの種類を変えたときに充放電効率に違いがみられたが，その理由について考察する。まず，リチウムイオン電池用ポリエチレンセパレータを用いたセルは，充電開始直後に上限電圧カットに達してしまい試験ができなかった。リチウムイオン電池用セパレータは，有機電解液成分の浸透性を良くするため表面は疎水性となっており，かつ細孔径が小さいため，水溶液系のバナジウム極液はセパレータに浸透できなかったと考えられる。写真2は，リチウムイオン電池用セパレータに極液を滴下して1時間放置後に極液を除去した状態の写真であるが，極液がセパレータに浸透した形跡は見られず，上記考察を裏付ける結果が得られている。結果として，リチウムイオン電池用セパレータを用いたセルでは，極液がセパレータに浸透しないため導電パスを形成できず，充放電ができなかったと推察される。

充放電効率の低かったニカド電池用ポリオレフィン不織布は，リチウムイオン電池用セパレータとは逆に，表面は親水性で細孔径が大きい特徴があり，バナジウム極液の透過性が非常に高いことが予想される。このため，セパレータは正負極液を隔てる役割を果たすことができず，正負極液混合による自己放電反応が起きていたと考えられる。写真3は，ニカド電池用ポリオレフィン不織布に極液を滴下した写真であるが，極液は滴下後すぐにセパレータに浸透してしまい，上記考察を裏付ける結果となった。

結果の良かった鉛蓄電池用セパレータは，いずれも硫酸水溶液を扱うようにできており，表面

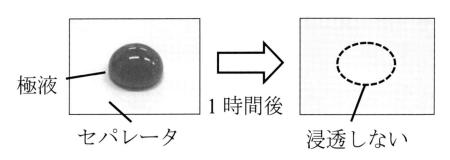

写真2　リチウムイオン電池用セパレータの極液浸透の様子

レドックスフロー電池の開発動向

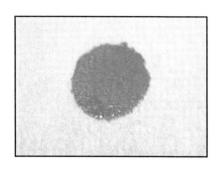

写真3 ニカド電池用ポリオレフィン不織布（極液滴下直後）

は親水化処理がなされている。写真4は2種類の鉛蓄電池用セパレータについて検討した結果の写真であるが，いずれもバナジウム極液がセパレータ内に浸透した痕跡がみられた。しかし，ニカド電池用ポリオレフィン不織布の場合と異なり，滴下後すぐに浸透することはなく，1時間後も極液はセパレータ上に残っていた。本試験水準では，セパレータ内へ極液が浸透するため，充放電は可能である。その上，過度な極液の透過もないため，両極液が混合することによる自己放電も少ない。さらに詳細には，ポリエチレンセパレータは，材料自体の液浸透性が低く厚みがない特徴があり，逆にパルプセパレータは材料自体の液浸透性は高いが厚みがある特徴をそれぞれ有する。結果として，いずれの鉛蓄電池用セパレータも，極液の透過性が適度な材料であり，本電池系に適している。

炭化水素系陽イオン交換膜では，写真5に示されるように，浸透した痕跡は見られるものの，極液の透過は見られなかった。このことより，<u>極液は浸透しなければならないが，透過するほど</u>

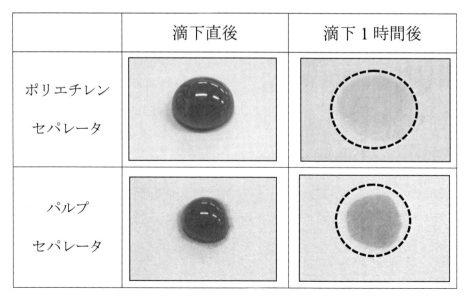

写真4 鉛蓄電池用セパレータの極液浸透の様子

第3章　レドックスフロー電池およびレドックスキャパシタへの電池用セパレータ適用

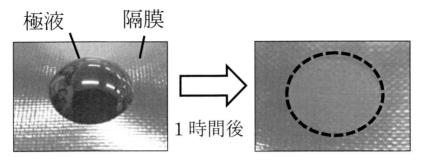

写真5　炭化水素系陽イオン交換膜

であってはならないという絶妙なバランスがセパレータに求められることがわかる。

## 5　応用例

### 5.1　レドックスフロー電池

　小型セルによる試験結果を踏まえて，鉛蓄電池用のポリエチレンセパレータを用いたレドックスフロー電池を作製し（写真6参照），充放電試験を行った。

　結果を図3に示す。フロー電池とした場合でも問題なく充放電は可能であり，鉛蓄電池用セパレータをイオン交換膜の代わりに用いたレドックスフロー電池の構築が可能であること示唆する結果と考えられる。

　なお，電池用セパレータを用いた場合，自己放電の影響がイオン交換膜を用いた場合より大きく出ることが予想されるが，レドックスフロー電池では，セル内の極液以外は基本的に自己放電

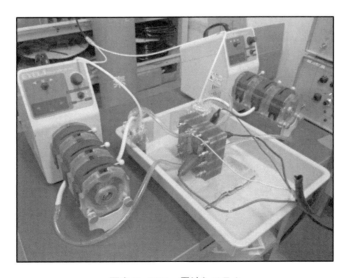

写真6　フロー電池システム

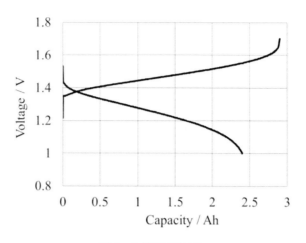

図3 充放電試験結果

には関与しない。このため，フロー電池全体に占めるセル内の極液量の割合の小さい大規模電池により好適と考えられる。

## 5．2 レドックスキャパシタ

小型セルによる試験にて，鉛蓄電池用ポリエチレンセパレータが適用可能であることを示唆する結果が得られたので，より実用的な形であるラミネート型レドックスキャパシタを作製し（写真7参照），1Cサイクル試験（SOC 0-100％，充放電間休止 10 sec.）を行った。

結果を図4に示す。500サイクルに到達しても初期と遜色ない容量を示した。水溶液系電池では，1C，SOC 0-100％という厳しい試験条件にて上記結果が得られる例はほとんどなく，サイクル特性に優れていることを裏付ける結果といえる。しかしながら一方で，図4からもわかる通り，電池用セパレータを用いたレドックスキャパシタでは，液浸透性に起因する自己放電の影

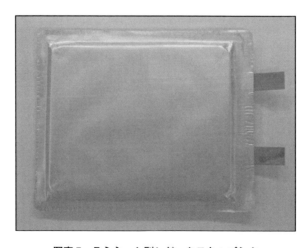

写真7 ラミネート型レドックスキャパシタ

第 3 章　レドックスフロー電池およびレドックスキャパシタへの電池用セパレータ適用

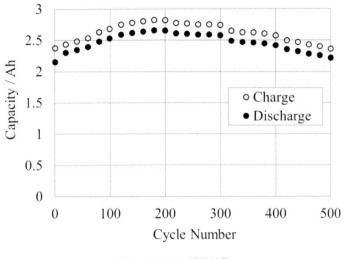

図 4　サイクル試験結果

響が避けられない。この影響は休止時間が長いほど大きいため，上記試験条件のような，高率かつ休止時間の短い条件での使用が求められる。

## 6　総括

本報では，レドックスフロー電池およびレドックスキャパシタのコストダウンの一環として，イオン交換膜の代替品として電池用セパレータが適用可能であるかどうかを検討した。主な結果を以下に示す。

・小型セルを用いた試験にて，水溶液系電池用セパレータであれば電池として機能することを確認。特に，鉛蓄電池用のポリエチレンセパレータとシリカ充填パルプセパレータを用いたセルは，炭化水素系陽イオン交換膜を使用した時と遜色ない結果となった。
・リチウムイオン電池用ポリエチレンセパレータは本電池系には使用できなかった。
　極液がセパレータに浸透しなかったことが原因と考えられる。
・ニカド電池用ポリオレフィン不織布を用いた際に，充放電効率が低い結果となった。
　液浸透性の高さに起因する正負極液の混合が起き，自己放電の形で試験結果に現れたことが原因と考えられる。
・鉛蓄電池用のポリエチレンセパレータを用いたレドックスフロー電池を作製し，問題なく作動することが確認された。
・鉛蓄電池用のポリエチレンセパレータを用いたレドックスキャパシタのサイクル試験において，500 サイクル後も初期と遜色ない容量を示した。

以上より，レドックスフロー電池およびレドックスキャパシタへの電池用セパレータの適用は可能であり，その隔膜にかかるコストを現行の 100 分の 1 以下にすることが可能な見通しを得た。しかしながら，液透過性に起因する自己放電の影響が大きく出るため，使用条件，要求スペック，製造コスト等を総合的に鑑みた上で本法を適用すべきかどうかを判断すると良いと思われる。

文　　献

1) 電気化学会エネルギー会議 電力貯蔵技術研究会，大規模電力貯蔵用蓄電池，p.63, 日刊工業新聞社（2011）
2) 住友電工 HP, http://www.sei.co.jp/products/redox/
3) 電力中央研究所 HP, http://criepi.denken.or.jp/result/event/forum/2010/pdf/SD06.pdf
4) H. Ju *et al, Electrochimica Acta*, **177**, 310（2015）
5) J. P. Meyers *et al, ECS Trans.*, **50**, 61（2013）
6) E. C. Kumbur *et al, J. Electrochem. Soc.*, **163**, A5244（2016）
7) T. Zawodzinski *et al, J. Electrochem. Soc.*, **160**, A697（2013）

# 第4章　電解液

## 1　バナジウム電解液

佐藤完二[*]

### 1.1　はじめに

レドックスフロー電池に使用可能なレドックス対は数多く検討されてきたが，バナジウムをレドックス対に使う全バナジウムレドックスフロー電池（以後VRFB）は，技術的に最も進んでおり実用的にも最も信頼性および環境適合性が高い蓄電技術とされている。しかしながら電解液原料のバナジウム資源が偏在し，市況価格が大きく変動し高止まりをしているため，電解液コストを引き上げ電池システムのコスト低減を妨げている。本稿では，バナジウム電解液の安定供給およびコスト低減に向けた動きを中心に紹介する。

### 1.2　レドックスフロー電池の電解液開発経緯

レドックスフロー電池とは正極と負極に電位の異なるイオン対を用いた電解液流通型電池のことであり，鉄―クロム系の電解液を使った電池は，1979年米国NASAのルイス研究センターの研究[1]を手始めに，次に電子技術総合研究所（現産業技術総合研究所）が研究を行い，NEDOのムーンライト計画では60 kWまでスケールアップされた。しかし極液混合による性能低下，充電状態で副反応により正極と負極の充電バランスが崩れること，エネルギー密度が低いことから60 kWの段階で開発が中断された[2]。

一方，バナジウムイオンのみのVFRBは，1984年豪州ニューサウスウェールズ大学のカザコス教授によって開発され，同教授がVFRBにより鉄―クロム系の問題点が大幅に改善されることを報告した[3,4]。工技院電子技術総合研究所でも1988年頃から研究を開始し，同様の結果が得られたが，バナジウムが高価格で入手が困難なため，電解液使用量の少ない，時間率の小さい電力貯蔵用電池に向くと報告された[5,6]。

鹿島北共同発電株式会社では，バナジウム含有量がC重油の5倍以上のベネゼエラのエマルジョン燃料であるオリマルジョンの世界初の商業燃焼に成功し，火力発電所のオリマルジョン燃焼煤からバナジウム他の有価物を回収するスートマンプロセスの開発により大量のバナジウム化合物を回収することが可能となった[7,8]。

鹿島北共同発電では燃焼煤から回収されるバナジウムの活用方法としてバナジウム電池に着目した。1990年から電子技術総合研究所の技術指導をうけ，図1に示すように火力発電所から排

---

[*]　Kanji Sato　LEシステム㈱

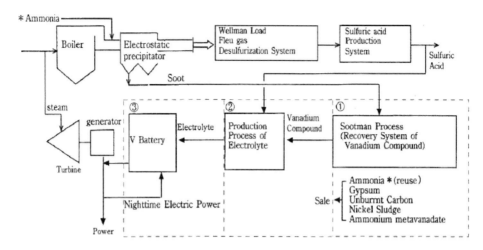

**図1 省資源リサイクル型バナジウムレドックスフロー電池**

出する燃焼煤からバナジウムを回収し，このバナジウムと排煙脱硫装置から回収される硫酸を用いた電解液製造技術を開発した。そして発電所の余剰電力をこの電解液を使ったバナジウムレドックスフロー電池に蓄電するシステムの開発を行った[9～11]。

1992年からは基本特許を有する豪州ニューサウスウェールズ大学と独占ライセンス契約および共同研究を行い，また1993年から5年間NEDOのニューサンシャイン計画の受託研究を経て[12]，1997年にはオリマルジョン燃焼煤から回収したバナジウムを原料とした600 m³/年の電解液製造設備と200 kWの大型電力貯蔵用実証装置の運転に成功した[13～15]。これにより電解液のコスト低減と安定供給の道が開けたが，当時の電力貯蔵市場の未成熟さもあり事業化の見通しが立たず，2001年住友電気工業への技術移転にて事業化は終息した。

一方，2009年にLEシステム㈱は独自にバナジウムレドックスフロー電池の開発を開始した。鹿島北共同発電OBの協力もあり，2014年からはNEDOの補助金を受けて，石油コークスの火力発電所燃焼煤からバナジウム電解液を製造する新たな技術研究開発を行っている。現在，年間最大300 m³製造能力のパイロットプラントを稼働開始し，さらに実用化に向けた大型装置の事業化を計画している。新たなバナジウム源からのバナジウム電解液の安定に低価格で供給する計画の実現が待たれる。

## 1. 3 バナジウム電解液の特徴と性質

### 1. 3. 1 バナジウム電解液の酸化還元反応

バナジウムレドックスフロー電池は，正極液に4価のバナジウムと負極液に3価のバナジウムの硫酸溶液を使用し，タンクに貯蔵した両極液をポンプでスタックに送液・循環しながら充放電する。スタックは，カーボンプラスチックのバイポーラ板，カーボンフェルトからなる正極および負極，イオン交換膜を積層して構成されるセルを多数積層して構成される。カーボンフェル

## 第4章　電解液

トの正・負極上でバナジウムのイオンは次のような電極反応を行う。

正　極：$VO^{2+} + H_2O \Leftrightarrow VO_2^+ + 2H^+ + e^-$
負　極：$V^{3+} + e^- \Leftrightarrow V^{2+}$

ここで，左から右の反応は充電，逆は放電を意味する。充電時に正極で発生する水素イオンは，イオン換膜を通って負極側に移動して電解液の電気的中性条件を満たす。充電により正極液はV(V)に，負極液はV(Ⅱ)に変換され，供給された電力が貯蔵され，放電では逆の反応が起こり，貯蔵した電気エネルギーを取り出すことができる。

電解液はバナジウムの硫酸水溶液であり，バナジウムイオンの酸性の電解液中では $[V(Ⅱ)(H_2O)_6]^{2+}$，$[V(Ⅲ)(H_2O)_6]^{3+}$，$[V(Ⅳ)O]^{2+}aq$，$[V(V)(O_2)]^+aq$ の主要なイオン4種類の状態がある。その概要は次の通りである[16〜18]。

本稿では表現の簡略化のため $[V(Ⅱ)(H_2O)_6]^{2+}$，$[V(Ⅲ)(H_2O)_6]^{3+}$，$[V(Ⅳ)O]^{2+}aq$，$[V(V)(O_2)]^+aq$ を $V^{2+}$，$V^{3+}$，$VO^{2+}$，$VO_2^+$ と記述している。

・$[V(Ⅱ)(H_2O)_6]^{2+}$：紫色水溶液，強い還元性を有し酸素により容易に酸化され，部分的には $VO^{2+}$ への直接酸化を生じ，$VOV^{4+}$ タイプの中間体が生成される紫色水溶液である。

・$[V(Ⅲ)(H_2O)_6]^{3+}$：緑色水溶液，部分的に加水分解して $VO^+$ と $V(OH)_2^+$ が生成する。また，$V^{2+}$ と $VO^{2+}$ の溶液を混合すると $V^{3+}$ を生じるが，このとき上述のオキソ橋を持った中間体 $VOV^{4+}$ が生成する。$[V(Ⅲ)(H_2O)_6]^{3+}$ は緑色水溶液である。

・$[V(Ⅳ)O]^{2+}aq$.：青色水溶液，酸性で $[VO(H_2O)_5]^{2+}$ イオンを生じる。なお，$VO^{2+}$，オキソバナジウム（Ⅳ）イオンをバナジルイオンと言うことがある。pH4では褐色溶液となり，$V_{18}O_{26}^{12-}$ のようなポリイオンを生じる。このため，オキソバナジウム（Ⅳ）の溶解度はpH5付近が最低で，これより酸性では $VO^{2+}$，アルカリ性では $H_2V_2O_5^-$ として存在し溶解度が上昇する。

・$[V(V)(O_2)]^+aq$：黄色水溶液，五酸化バナジウム（$V_2O_5$）を水酸化ナトリウム水溶液に溶解して生じるバナジン酸ナトリウム $NaVO_2$ の水溶液（無色）を酸で中和するとpHにより，各種の複核錯体を生じ，pH2〜6では橙色のバナジン酸イオン $V_{10}O_{28}^{6-}$ とそのプロトン付加体を生成する。さらに，強酸性では cis-$[VO_2(H_2O)_4]^+$ イオンが生成し，硫酸中では $SO_4^-$ あるいは $HSO_4^-$ イオンが配位水分子と置換し，アニオン錯体を形成する可能性があると考えられている。バナジン酸の溶解度もバナジルと同様にpH2付近が最低で，酸性では $VO_2^+$ アルカリ性では $H_3V_2O_7^-$ として存在する。

これら4種のイオンとそのほかのイオン種の標準電位を図2に示した。バナジウムのレドックス対は水素発生電位と酸素発生電位の領域には共に入っておらず，酸素と水素の発生なしに高い起電力を出すことが可能であることがわかる。また，同じ金属イオンを使うためイオン交換膜を透過して起こる正極液成分と負極液成分のクロスコンタミネーションによるイオン混合が問題にならないなど非常に有利である。

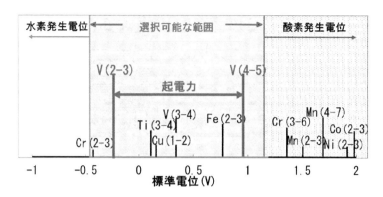

図2 希硫酸溶液中の各イオンの標準電池（炭素繊維電極）

### 1.3.2 電極との電子交換反応速度

イオンの電極との電子交換反応速度定数に関して表1[19]に示すようにバナジウムの4価と5価の正極反応は他のイオン対に比較し非常に早く，高電流密度にできる可能性を示している。一方2価と3価の交換反応速度定数は低いことから，高電流密度を可能とするためには負極反応速度の向上がポイントとなる。

表1　フロー電池のイオン電極との電子交換反応速度定数

| Redox couple | $\alpha$ | $k_0$ (cm/s) | Electrode | Reference |
|---|---|---|---|---|
| $Fe^{3+}/Fe^{2+}$ | 0.59 | $2.2 \times 10^{-5}$ | Au(poly) | [89] |
|  | 0.55 | $1.2 \times 10^{-5}$ | Au(lll) | [62] |
| $Cr^{3+}/Cr^{2+}$ | ~0.5 | $2 \times 10^{-4}$ | Hg | [90] |
| $VO_2^+/VO^{2+}$ | 0.42 | $3.0 \times 10^{-7}$ | Graphite | [91] |
|  | 0.3 | $1\text{-}3 \times 10^{-6}$ | Carbon | [92] |
| $V^{3+}/V^{2+}$ | ~0.5 | $4 \times 10^{-3}$ | Hg | [90] |
| $Ce^{4+}/Ce^{3+}$ | ~0.5 | $1.6 \times 10^{-3}$ | Pt | [84] |
| $Br_2/Br^-$ | 0.35 | $1.7 \times 10^{-2}$ | Pt(poly) | [93] |
|  | 0.46 | $5.8 \times 10^{-4}$ | Vitreous carbon | [94] |

Supporting electrolyte in most cases is 1 M $H_2SO_4$ or $HClO_4$; concentration of redox species is $10^{-3}$ to $10^{-2}$ M

### 1.4 火力発電所燃焼煤からの電解液原料バナジウム回収

### 1.4.1 原料バナジウムの市況価格の推移

バナジウム電池の量産時のコスト試算を行うとバナジウム電解液のコストは7～8割を占め，このコスト低減が大きな課題となっている。バナジウム資源は一部の国に遍在して市況価格が大幅に変動するためバナジウム電解液の価格は大きく影響される。図3にバナジウム（フェロバナ）の市況価格の推移を示す。住友電気工業㈱がレドックスフロー電池の事業化を開始した2000年においてはバナジウムの価格が10 \$/kg以下であったが，2005年には5倍以上に跳ね上がり現在でも20 \$/kg～30 \$/kgの間で高止まりしている。バナジウム電解液のコストはレドッ

第4章　電解液

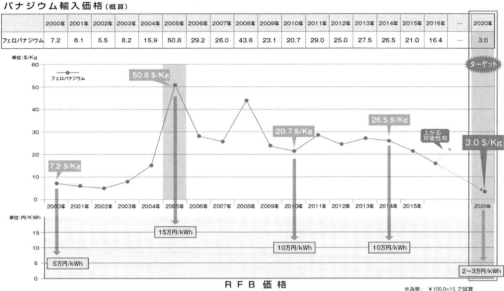

図3　バナジウム（フェロバナジウム）の輸入価格の推移

クスフロー電池システムのコストの40％を占め，この電解液のコスト低減がレドックスフロー電池の目標コスト2.3万円/kWhを達成する上で最大の課題となっている。

### 1.4.2　オリマルジョン燃焼煤

鹿島北共同発電㈱の佐藤らは南米のベネズエラのオリマルジョンを火力発電所で燃焼した煤の中に大量のバナジウムが含有していることに着目し，工業技術院電子技術総合研究所の技術指導を受けバナジウム電解液を安価に安定して製造する技術を確立した[20]。

南米ベネズエラのオリノコ川北部流域には天然オリノコタールが原始埋蔵量1兆2千億バーレルの膨大な量が埋蔵されているが，高粘度のため利用が限られていた。ベネズエラは1985年に英国BPリサーチと共同で天然オリノコタールに30％の水と微量の乳化剤を加えエマルジョン化した新燃料オリマルジョンを開発した。その性状はC重油と比較すると総発熱量が70％と低く，硫黄分，窒素分，灰分が多いが非石油であり，価格が石炭並で安価であることから石油代替燃料として注目された。

鹿島北共同発電は1991年11月に日本で最初にオリマルジョンを導入し，燃焼量は発蒸量650 t/hのボイラー2缶で年間40万トン，1997年12月まで累計200万トンを燃焼した。結果は，環境規制の厳しい茨城県の鹿島地区の規制値を完全にクリアーし，オリマルジョンの世界初の商業燃焼に成功した[7,8]。

オリマルジョンは鹿島北共同発電の導入に続き，三菱化成（現三菱ケミカル）水島，さらに関西電力の大阪火力発電所の実証試験，北海道電力知内発電所で導入されたが，残念ながら2007年ベネズエラの政変によりオリマルジョンの生産が中止された。そのため鹿島北共発ではオリマ

ルジョン焚きを2007年に推定累計約600万トン燃焼で中止した。オリマルジョンに代わり2009年から石油コークスに転換し，2015年にさらに石油ピッチの導入も行っている。オリマルジョンの燃焼煤中のバナジウム量はC重油の3～4倍も多く，2000年のオリマルジョンの需要予測1,400万トン中には，約9,000トン（$V_2O_5$換算）のバナジウムが含有されており，1991年の世界のバナジウム需要量38,000トンから見ても，かなりの量が新たに資源として出現する事が期待されたが，残念ながら断念せざるを得なかった。

### 1.4.3 スートマンプロセスによるメタバナジン酸アンモニウムの回収

鹿島北共同発電のバナジウム回収装置スートマンプロセスを紹介する。スートマンプロセスは同社内小集団活動により開発された，石油火力発電所のボイラー燃焼煤（電気集塵機煤，EP煤）の完全リサイクル処理技術で，1980年に研究に着手して1987年に本格プラントが完成した。現在は重油EP煤の処理量が年間約10,000トン，石油コークス煤で13,000トンであり約700トンのメタバナジン酸アンモニウム（鉄鋼，特殊鋼の添加剤）の他，カーボン（セメント燃料，還元剤），アンモニア（ボイラー煙道の排ガス中和剤），石膏（セメント添加剤），ニッケルコンポ（ステンレス用Ni源）と資源の100％回収と再利用を達成している。本プロセスの特徴は化学的湿式処理法にあり，従来のアルカリ焙焼法に比較し装置が簡単で，有価物の回収が容易であることが特徴である。プロセスフローを図4に示す。

溶解工程ではEP煤から水中で可溶性塩及び金属を溶かし出す。次にバナジウムを空気酸化及び加熱し溶解性を高めた後，遠心分離機でカーボンを分離する。分離後のろ液は冷却され，メタバナジン酸アンモニウムを晶析分離する。分離後の液には石灰スラリーが注入され，ストリッパーでアンモニアと石膏スラリーに分離される。その後石膏を分離し，最後にニッケルコンポと水に分離した後，水はリサイクルされる。

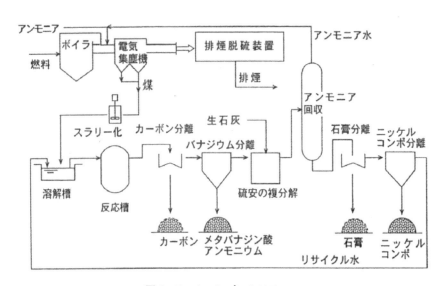

図4 スートマンプロセスフロー

第4章　電解液

　このプロセスにより電解液原料のメタバナジン酸アンモニウムを安定して安価に製造することに目途が立ったが，しかしながら，バナジウムレドックスフロー電池の市場がまだ未成熟で小さいため，回収したバナジウムの価格も用途の大半を占める鉄鋼用の市況価格に影響される状況から脱皮することはできず，現状では当初考えた電解液コストの大幅低減への寄与は大きくはない。

1.4.4　石油コークス（PC）焚き火力発電所の燃焼煤

　石油コークスは近年の軽質油の需要増加および油田の重質油化に伴い精製工程から得られる，アスファルト級の重質油をコーキング装置で熱分解した際の残渣分で40〜80%の炭素分の他バナジウムやニッケル，硫黄等が含まれる。石油コークスは炭素分が多いため石炭と同等のカロリーを有し，火力発電所の燃料やセメントキルンの燃料等に使われる。PCの燃焼煤には1〜2%程度のバナジウムが含まれこの燃焼煤は有用なバナジウム源と考えることができるが，大半は産業廃棄物として廃棄され活用されていない。このPC燃焼煤を有効活用することは過去のオリマルジョン以上にバナジウムの原料として有望である。

　図5に日本に導入されているPC焚きボイラーの設置状況とPC消費量およびその中に含有しているバナジウムの推定値を示したが，この推定バナジウム量2,456トンは現在の日本のバナジウム需要量5,500トン/年の40%にも相当し，この量からは年間約60万kWhの電解液が製造可能である。このPCは石炭より炭酸ガスが少ない，燃焼灰が少ないことから石炭代替燃料として今後も需要の増加が見込まれている。

図5　日本の石油コークスボイラーの稼働状況

## 1．4．5　LE システムの下方流燃焼炉によるバナジウムの回収

LE システムではバナジウム電解液のバナジウム源として PC 火力発電所の PC 燃焼煤に注目し，2014 年から下方流燃焼炉の開発に着手した。現在では関東経産局の補助金（サポイン）を受け 25 kg/hr の燃焼速度のパイロット設備の運転を実施中である。本装置は通常使用されているロータリーキルン炉に比べ，

- a. 構造が簡単で小型で安価，
- b. 補助燃料不要で低温燃焼が可能，
- c. 排ガス処理が簡単，
- d. アルカリ焙焼の反応制御が容易など，省エネかつ低コストの特徴を持つ。

図 6 に下方流燃焼炉のパイロット装置の写真を掲載した。

本装置は空気を上方から吸引し，上段の炉で PC 煤を燃焼させ，下段でアルカリ焙焼反応を行うことができる。PC 煤の供給量と空気吸引量で燃焼温度の制御が可能で炉の外形 900 mm，高さ 4200 mm，設置面積 6 m × 6 m と小型の装置となっており，今後，実用化に向けスケールアップを継続中である。

図 6　下方流燃焼炉パイロット装置

## 1．5　バナジウム電解液製造法
## 1．5．1　鹿島北共同発電の電解液製造法

鹿島北共同発電㈱は，ボイラー燃焼煤からスートマンプロセスにより回収したバナジウム（メタバナジン酸アンモニウム）を使い電解液を製造することを試みた。硫酸はボイラーの排煙中の亜硫酸ガスをウェルマンロード排煙脱硫装置で回収し，硫酸製造装置で製造した硫酸を使用した。製造法は回収メタバナジン酸アンモニウム（$NH_4VO_3$）を高温水で溶解し，ポリバナジン酸を生成して精製し，これを減圧乾燥しロータリキルンで焼成して高純度五酸化バナジウム（$V_2O_5$）を生成する。次に水素還元により三酸化バナジウムを生成させる。この三酸化バナジウ

## 第 4 章　電解液

ムと五酸化バナジウムを加熱硫酸に混合溶解することで 3 価 4 価の当モル混合バナジウム電解液を製造した。この方法により高純度で高濃度の安価なバナジウム電解液の製造が可能となり[20~23]，3 m³/日　製造能力の製造設備で製造した電解液を使い 200 kW の電力貯蔵実証電池の 4 年間の連続運転に成功した。この電解液の製造フローの概要を図 7[13]に詳細を図 8 に示した[14]。

この方法ではメタバナジン酸アンモニウムのポリバナジン酸アンモニウムを生成させることで不純物を除去しこのポリバナジン酸アンモニウムを焼成して五酸化バナジウムとする。これをロータリキルン内で水素により高温還元し三酸化バナジウムを生成する。最後に五酸化バナジウムと三酸化バナジウムを高温の硫酸に溶かす操作を行うことで高純度のバナジウム電解液を安定して製造することができた。これによりオリマルジョンの燃焼煤から安価なバナジウム電解液の

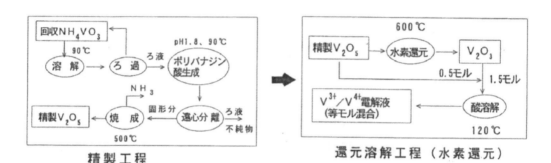

図 7　電解液製造概略フロー

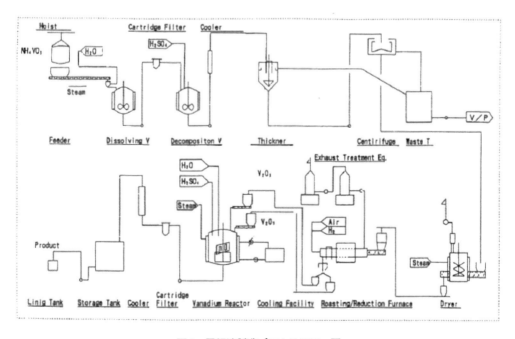

図 8　電解液製造プロセスフロー図

生産が可能となったが，量産化にむけ製造の過程で粉体の五酸化バナジウムと三酸化バナジウムを取り扱う操作上の難しさと高温で反応させるため装置コストが高くなるため，如何に低減するかが課題として残った。

### 1.5.2 LEシステムの電解液製造

LEシステム法ではPC煤を新開発の下方流燃焼炉で燃焼とアルカリ焙焼を行うことでPC煤を1/5に減容することができる。これによりバナジウムの精製工程の装置を小型化し設備費の削減が可能となる。アルカリ焙焼後のPC煤から水に可溶なバナジン酸ナトリウムを溶出させ，高純度化とバナジウム還元のため硫化物沈殿を行う。生成した沈殿物を水洗し高純度硫化バナジウムの沈殿を得る。

硫化物沈殿剤の添加量によりバナジウムの価数は4価あるいは3.5価（バナジウム4価とバナジウム3価の等量混合物）に調整可能である。この沈殿を硫酸に溶かし価数を電化還元槽で調整し3.5価の電解液が得られる[24]。この間の操作はすべて常温・常圧の湿潤状態で行い。鹿島北共発法のような高温操作，五酸化バナジウムの粉塵操作が無い，非常に改良された装置費の安いプロセスとなっている。

この高純度の硫化Vスラッジを乾燥し，600℃で焼成することで高純度五酸化バナジウムが得られ，同じく溶融塩電解法（北海道大学との共同研究）で処理することで高純度の金属バナジウムが得られる[25]。このプロセスはPC燃焼煤のアルカリ焙焼煤のみならず純度の低いメタバナジン酸アンモニウムや五酸化バナジウムにも対応可能である。

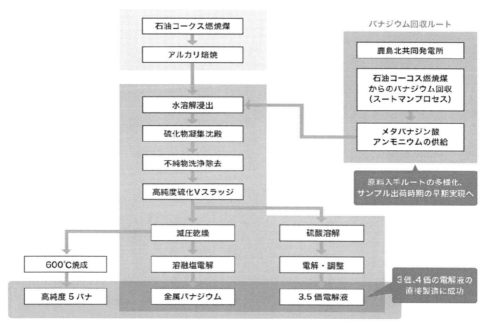

図9　LEシステムのPC煤からのバナジウム電解液製造フロー

# 第4章　電解液

　現在，茨城県つくば市に最大 300 m³/年能力の電解液製造パイロットを稼働中であり，装置はすべて樹脂製で装置コストの低減とスケールアップが容易なため，量産時には現状コストの 1/2 の電解液の製造を目標としており，VRB システムのコストの大幅低減に貢献できると自負している。図9にプロセス概要を示した。

## 1.6　バナジウム電解液のエネルギー密度向上に向けた新しい動き

　バナジウムレドックスフロー電池は Li-イオン電池に比較して低いエネルギー密度にもかかわらず，その優れた特性により，複数の国が実用化に向けた開発を続けている。しかしながら，エネルギー密度を向上する努力も同時に行われており，その実現を阻んでいるのが価数の異なるバナジウムイオンの安定性（析出）である。この安定性を向上する今までの試みを紹介する。

　現行のVRFBはバナジウム濃度 1.6 M～2 M，硫酸イオン濃度 4 M～5 M で操作されている。バナジウム濃度を 2 M 以上にすることはエネルギー密度の増加に繋がるが，5～40℃の温度域外での各バナジウムイオンの安定性の問題によりこの濃度が限界とされている。V(Ⅱ)，V(Ⅲ)，V(Ⅳ) イオンの硫酸溶液は温度の上昇に伴い溶解度が向上するが，V(Ⅴ) イオンは次の反応式のように五酸化バナジウムを生成し析出する[26]。

$$[VO_2(H_2O)_3]_2SO_4 \rightarrow V_2O_5 + H_2SO_4 + 5H_2O$$

　そのため，無機や有機のバナジウムと錯体形成を行う安定化剤を添加し，電解液の可使温度の拡大と高濃度化が行われている。豪州 NSW 大の Kazacos ら[28]は硫酸濃度を 7 M まで増加した 5.4 M V(Ⅴ)/7 M $SO_4^{2-}$ では 50℃で 2 か月以上析出しなかったが，V(Ⅵ) は高硫酸濃度では低温で析出した。3％のヘキサメタリン酸ナトリウム（SHMP）の添加により 4M VOSO4/3M H2SO4 が 4℃でも安定に存在できたと報告している[27]。

　Jianlu Zhang らは，電解液に 7 wt％ $CH_3SO_3H$ と 0.4 wt％ポリアクリル酸を添加することで硫酸濃度 5 M において，V(Ⅱ)，V(Ⅲ)，V(Ⅳ) は 2 M まで，V(Ⅴ) は 1.8 M まで -5～40℃の温度範囲で安定化できた。その他，ポリエチレングリコールや DMSO 等の有機化合物の添加によっても安定性が向上した例も報告されている[29]。このような安定化剤の添加ではなくバナジウムに対する溶解性の高い臭化水素を使用したバナジウム臭素系[30]や硫酸と塩酸の混合系[31]でバナジウムの高濃度化や安定性を図ろうとする技術も開発されている。しかし，添加する安定化剤が有価化合物の場合充放電中に分解し効果が低下する点や，過充電の状態では有害な臭化水素や塩酸ガスが排出する危険性があり，まだまだ改良の余地がある[32]。

　最近，NSW 大学の Kazacos らが安定化剤の添加でリン酸 1％と硫酸アンモニウム 2％添加により 3 M のバナジウム電解液が 90 サイクル充放電可能との報告がされているが[32]，長期運転のためには充放電レベルを SOC10～20％に抑え，運転温度も 30℃以下にするなど，まだまだ実用に向けた改良が必要である。

## 文　　献

1) L. H. Thaller, Proc.9th lntersoc. *Energy Conv. Eng. Conf*, p.924 (1974)
2) New Energy and lndustrial Technology Development Organization (NEDO), The Development of Advanced Battery Electric Energy Storage System, Tokyo, Japan (1987)
3) E. Sum, M. Skyllas Kazacos, *J. Power Sources*, **15**, p.179 (1985)
4) M. Skyllas-Kazacos, M. Rychck and R. Robins, U. S. Patellt 4786567 (1988)
5) H. Tasai, K. Nozaki, H. Kaneko, A. Negishi, Y. Wada and T. Horigome, Proc. 30th Battery Symposium in Japan, 19 (1989)
6) H. Kaneko, K. Nozaki, Y. Wada T. Aoki, A. Negishi and M. Kamimoto, *Electorochim, Acta*, **36**, 1191 (1991)
7) 佐藤完二, 工業 レアメタル, **No.106**, 30 (1993)
8) 佐藤完二, 資源テクノロジー, **No.257**, 38 (1995)
9) K. Sato, M. Najima, H. Kaneko, A. Negishi and K. Nozaki, The First West Pacific Electrochemistry Symposium Proc., 365 (1992).
10) M. Nakajima, T. Akaboshi, M. Sawahata, Y. Nomura and K. Sato, *U. S. Patent,* **5**, 587, 132 (1996).
11) K. Sato, 24th Spring Lecture Meeting of Japanese Society of Applied Science Proc., 11, (1), 28 (1997).
12) 平成8年度 新エネルギー・産業技術総合開発機構委託研究成果報告書『太陽光発電システム実用化技術開発，太陽光発電利用システム，太陽光発電用レドックス電池の研究開発』平成9年
13) 佐藤完二, 澤幡政利, 宮林光孝, 景山芳輝, 中島正人, ソーダと塩素., 11, (149), 4, (1998)
14) M. Nakajima, K. Sato, *DENKI KAGAKU*., **66**, 6 (1998)
15) A, Shibata, K. Sato, *Power Engineering Journal*, **13**, 3, (1999)
16) FA. Cotton and G Wilkinson (中原訳)：無機化学 (原著 第4版), p703, 培風館 (1988)
17) Y. Israel and L. Meites:Vanadium (in A J. Bard (ed.)：Encyclopcdia of Electrochemisty of the Elemcnts, Vol Ⅶ l), p293, (1976)
18) J. O. Nriagu (ed)：Vanadium in the Environmcnt, Part l, pp l, 73 (1988)
19) Adam Z. Weber *et al., J. Appl. Electrochme.*, **41**, 1137 (2011)
20) 中島正人, 赤星俊明, 澤幡政利, 野村豊, 佐藤完二「高純度バナジウム電解液の製造法」特開平8-146177
21) A. Shibata, K. Sato, M. Nakajima, First World Conference on Photovoltaic Energy conversion, p.950 (1994)
22) 中島正人, 澤幡政利, 野村豊, 古里洸一, 佐藤完二「バナジウム電解液の製造方法」特開平11-067257
23) 澤幡政利他「高純度バナジウム電解液の連続製造方法」特開平9-101286
24) 佐藤, 佐久間他「レドックスフロー電池用のバナジウム電解液の製造方法」PCT/JP2016181188
25) 鈴木亮輔, 佐藤完二「金属バナジウムの製造方法」PCT/JP2015/000594

26) Vijayakumar M, Li L, Graff G, Liu J, Zhang H, Yang Z, Hu J (2010) J Power Sources. doi:10.1016/j.jpowsour. 2010.11.126
27) Skyllas-Kazacos M, Peng C, Cheng M, *Electrochem Solid State Lett.*, **2**, 121 (1999)
28) Skyllas-Kazacos M, Menictas C, Kazacos M, *J. Electrochem. Soc.*, **143**, L86 (1996)
29) Jianlu Zhang, Liyu Li, Zimin Nie, Baowei Chen, *J. Appl. Electrochem.*, **41**, 1215-1221 (2011)
30) Helen Vafiadis and Maria Skyllas-Kazacos, "Evaluation of membranes for the novel vanadium bromine redox flow cell," *J. Membrane Sci.*, **279**, 394 (2006)
31) Liyu Li, Soowhan Kim, Wei Wang, M. Vijayakumar, Zimin Nie, Baowei Chen, Jianlu Zhang, Guanguang Xia, Jianzhi Hu, Gordon Graff, Jun Liu, and Zhenguo Yang, A Stable Vanadium Redox-Flow Battery with High Energy Density for Large-Scale Energy Storage, *Advanced Energy Materials*, **1**, 394 (2011)
32) Sarah Roe, Chris Menictas, and Maria Skyllas-Kazacos, *Journal of The Electrochemical Society*, **163** (1) A5023-A5028 (2016)

## 2 チタン・マンガン系電解液

董　雍容*

### 2.1　はじめに

　低炭素社会の実現に向けて，風力や太陽光などの再生可能エネルギーが世界規模で急速に導入されている。しかし，このような気象条件によって出力が変動する電源を大量に導入するには，電力系統の安定化策が不可欠であり，その対策技術の一つとして大容量蓄電池の導入が挙げられている[1]。図1に示すように，レドックスフロー電池は電気・化学エネルギー間の変換を行うセルスタック，その化学エネルギーを蓄える電解液を循環・貯蔵するポンプ，配管やタンクなどで構成される。レドックスフロー電池の特徴として，出力と容量が独立に設計可能なため大容量化が容易，応答速度が速い，サイクル寿命が長い，発火性がなく安全，電池の充電状態を常時正確に監視，管理できることなどがあげられ，系統連系用の大型蓄電池として期待されている[2]。一方，他のリチウムイオン電池に比べ単位体積あたりのエネルギーが十分の一程度と小さいため，電気自動車のような小型移動設備の用途には向かない。

　当社は，1985年にレドックスフロー電池の技術開発を開始して以来，多くの実証試験を通じて技術確立を進めてきたが[3]，本格導入に向けて，喫緊の課題はコスト低減である。日本では，定置型大容量蓄電池の実用化を目指して，2020年までに揚水発電と同等価格とする目標が掲げられている[4]。米国では，2012年にエネルギー省の主導で産学官連携のジョイントセンターを

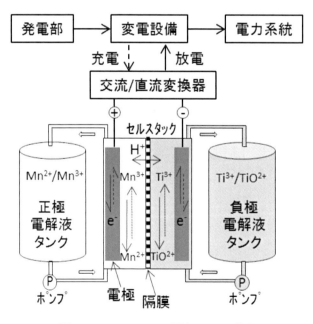

図1　レドックスフロー電池の原理，構成

---

＊　Yongrong Dong　住友電気工業㈱　パワーシステム研究開発センター　二次電池部

## 第4章　電解液

立上げ，安価かつ高性能なレドックスフロー電池を中心とする次世代蓄電池の研究・開発が進められている[5]。このような状況の中で，当社は電池の基本構成要素である電解液をはじめ，セルスタック，循環系などシステム全般の高性能化・低コスト化に取組んでいる。電解液に関しては，原理的に二酸化マンガン（$MnO_2$）の析出のためフロー電池への適用が断念されていた安価なマンガン材料に着目し，レドックスフロー電池への適用開発を進めている。本稿では，チタン・マンガン系電解液の電池性能について報告する。

### 2.2 チタン・マンガン系電解液の開発
#### 2.2.1 電解液の要求事項

レドックスフロー電池の電解液は，酸化還元反応を行うイオン性活物質を，電気伝導を行う溶媒に溶解させた溶液である。電池の正負極に異なる酸化還元電位を有するイオン種を用いる場合，電極間の電圧すなわち起電力が生じる。原理上，様々なイオンの組み合わせが可能であるが，資源面，性能面，信頼性と安全性の点から，電解液に対する要求事項は多くある。(a) 資源面：資源の制限が小さく，安価，安定に調達できること，(b) 性能面：起電力が大きい，活物質濃度が高いこと，(c) 信頼性：化学的に安定，無毒，環境にやさしいこと，(d) 安全性：燃えないことが挙げられる。さらに，実際の運用上では，正負極の活物質は隔膜を通して混ざり合う現象が生じるため，電池容量低下の抑制といった課題がある。

レドックスフロー電池は1970年代に原理が発表されて以来，世界で盛んに研究開発が進められており，バナジウム系を代表とする一部のものが既に実用化されている。但し，今後の世界的な需要に応えるためには，使用電解液はより安価かつ安定に供給され，起電力のより高い系の開発が望まれている。近年では，金属イオン活物質以外に有機物を用いたレドックスフロー電池の開発も活発化している[6, 7]。図2に，溶媒と活物質で整理した電解液の分類を示す。硫酸や塩酸

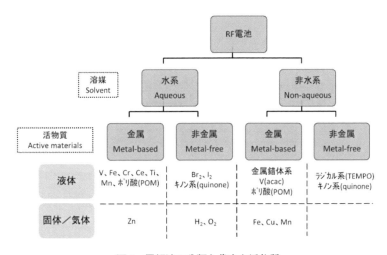

**図2　電解液の分類と代表な活物質**

など無機溶媒の水系電解液は，電気伝導度が高く，活物質イオンの反応速度が非常に速いメリットを有するが，水の電気分解が発生するため，起電力が 1.5 V 程度しか取れないデメリットがある。これに対し有機物を溶媒とする非水系電解液は，水の電気分解の制約がないため，高い起電力が得られる。一方，有機溶媒の電気伝導性が低いため，電池の内部抵抗が高いデメリットがある。

### 2.2.2　チタン・マンガン系電池の動作原理，課題

　チタン・マンガン系電解液は，チタンおよびマンガンともに資源面において安価かつ豊富で，硫酸水溶液中の電池反応が下記反応式に示すように電池の起電力も 1.41 V と水系電解液としては高く，安価な電解液として期待できる。しかし，$Mn^{3+}$ イオンは水溶液中では不安定であるため，充電時に不均化反応による $MnO_2$ 酸化物の固体析出が原理的に発生する。この現象は，タンク内で沈殿すると容量低下やセルスタックの詰まりの原因となる可能性があり，レドックスフロー電池に適用するためには，$Mn^{3+}$ イオンの安定化，酸化物の析出を抑制する対策が必須となる。

負極反応：$Ti^{3+} + H_2O \Leftrightarrow TiO^{2+} + 2H^+ + e^-$　　　$E^\ominus = 0.1$ V vs. SHE[※1]　　(1)

正極反応：$Mn^{3+} + e^- \Leftrightarrow Mn^{2+}$　　　$E^\ominus = 1.51$ V vs. SHE　　(2)

全反応：$Ti^{3+} + Mn^{3+} + H_2O \Leftrightarrow TiO^{2+} + Mn^{2+} + 2H^+$　　$\Delta E^\ominus = 1.41$ V　　(3)

不均化反応：$2Mn^{3+} + 2H_2O \Leftrightarrow Mn^{2+} + MnO_2 + 4H^+$　　(4)

　不均化反応式から，$Mn^{3+}$ のイオン状態は，酸性度の増加，$Mn^{2+}$ イオンの高濃度化により安定化できることがわかる。また，$Mn^{3+}$ イオンの配位構造を変えることで金属錯体を形成させる方法もある。しかしながら，これらの方法では基本的に $Mn^{3+}$ イオンの高濃度化が困難となるため，電池のエネルギー密度が低くなる。また，強い金属錯体形成による $Mn^{3+}$ イオンの安定化は，電気化学活性の喪失につながる可能性もある。我々は，Mn 電解液に負極の Ti 電解液を混合することで $MnO_2$ 酸化物の析出が抑制されることを発見し，この Ti と Mn を混合した電解液を用いて電気化学反応性，$MnO_2$ 析出挙動，電池性能評価の考察を行った[8～10]。

### 2.2.3　チタン・マンガン系電解液の基本特性

　本研究で用いた電解液の濃度を表1に示す。電解液は，3 M（M = mol/dm³）硫酸水溶液に $MnSO_4$ と $TiOSO_4$ を 1 M 溶解させたものをそれぞれ Mn 電解液と Ti 電解液とした。なお，Mn 電解液に $TiOSO_4$ を 1 M と 1.5 M 溶解させたものをそれぞれ Ti＋Mn 電解液と 1.5Ti＋Mn 電解液と呼ぶことにする。

#### (1)　電気化学特性

　まず，Ti と Mn イオンの電気化学反応性を調べるために，電極面積 0.785 cm² の小型フロー

---

[※1]　SHE
　　標準水素電極（Standard Hydrogen Electrode）のこと。

## 第4章 電解液

**表1 電解液の組成**

| 電解液 | TiOSO$_4$ [mol/dm$^3$] | MnSO$_4$ [mol/dm$^3$] | H$_2$SO$_4$ [mol/dm$^3$] |
|---|---|---|---|
| Ti | 1 | 0 | 3 |
| Mn | 0 | 1 | 3 |
| Ti+Mn | 1 | 1 | 3 |
| 1.5Ti+Mn | 1.5 | 1 | 3 |

セルを用いて電気化学測定を行った。作用電極と対極には同材料のカーボンフェルトを用い，測定時，作用電極では電解液を静止状態，対極では電解液をフロー状態とした。正極Mnの全量酸化還元反応ボルタンメトリー曲線[※2]を図3(a)に示す。Mn電解液は1つの酸化波に対して，1.3Vと0.97Vに2つの還元波が観察され，それぞれMn$^{3+}$/Mn$^{2+}$とMnO$_2$/Mn$^{2+}$の還元反応に由来するものと考える。一方，Ti+Mn電解液では，酸化波が小さくなり，Mnの酸化反応が抑制され，MnO$_2$/Mn$^{2+}$還元波は0.97Vから1.1Vにシフトし，還元反応速度が向上することを示している。また，この酸化還元反応の電気量からMnの反応電子数は1.5以上を有することがわかった。負極Tiのボルタンメトリー曲線を図3(b)に示す。Ti$^{3+}$/TiO$^{2+}$酸化波は-9mVから-35mVに少しシフトしたが，Mn$^{2+}$イオン混合による影響はほとんどないと考える。

充電状態（SOC；State of Charge）と液電位の関係を調べた結果を図4に示す。ここでは，正極Mnイオンは反応電子数が1.5以上を示す。MnのSOCは1電子反応に基づく充電電気量から算出した。正極の液電位は，一般的にSOC上昇に伴い高くなるが，本系では途中から低下する傾向を示している。この液電位低下はMnO$_2$析出生成によるMn$^{3+}$イオンの濃度低下が原因

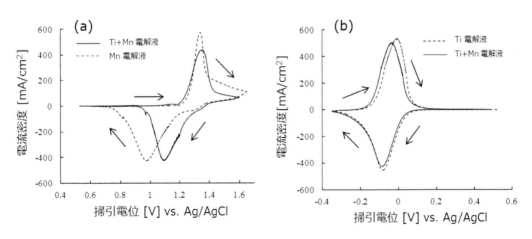

**図3 ボルタンメトリー曲線 (a) 正極 (b) 負極**

---

※2 ボルタンメトリー曲線
　　電極に印可する電位を変化させ，応答電流を計測することで得られる電流―電位曲線のこと。

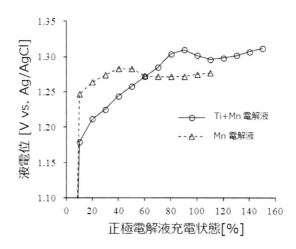

図4　正極液電位と充電状態の関係

と考える。Mn 電解液は，液電位が SOC 40％付近で最大になるが，Ti＋Mn 電解液では，SOC 90％まで上昇した。この結果から，共存する Ti によって $Mn^{3+}$ イオンの不均化反応が抑制されていると考えられる。低 SOC 領域において，Ti＋Mn 電解液の電位が低い現象は，Ti と Mn イオンの間で何らかの錯体を形成していることを示唆している。また，SOC 100％以上の高 SOC 領域では，Mn 電解液は過電圧が大きくなり充電出来なくなるが，Ti＋Mn 電解液は SOC 150％まで充電可能であった。

次に，正極電解液中の $Mn^{3+}$ イオンの存在状態を調べるために，紫外可視分光法にて測定を行った。Mn 電解液と Ti＋Mn 電解液の吸収スペクトルをそれぞれ図5の（a）と（b）に示す。Mn 電解液は，$Mn^{3+}$ イオンの生成に伴い，吸収ピークが 520 nm から 490 nm 付近の短波長側にシフトし，$Mn^{3+}$ イオン濃度の増加に伴い，吸収度の増加が観察され，$Mn^{3+}$ イオンに由来するものと考える。一方，Ti＋Mn 電解液は，吸収ピークが 520 nm のままで，$Mn^{3+}$ イオンに由来

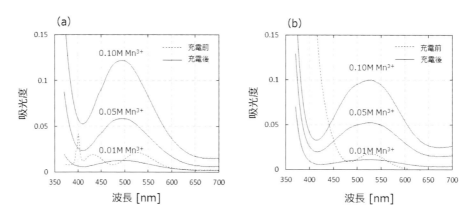

図5　正極液の紫外可視吸収スペクトル

## 第4章　電解液

するピークシフトが観察されず，$Mn^{3+}$ イオンが $TiO^{2+}$ イオンと相互作用している可能性を示している。

### (2) $MnO_2$ の析出状態

$MnO_2$ の析出状態観察は FE-SEM[※3] にて行った。SOC 90％の電解液を 35℃雰囲気に 2 週間静置後，生成した $MnO_2$ の状態を図6に示す。Mn 電解液に Ti が存在することによって，$MnO_2$ 酸化物はサイズ 2000 nm の球状が寄り集まったサボテンのような析出から 5 nm の微粒子状に変化することがわかった。この $MnO_2$ 析出物の微粒子化が，SOC 150％まで充電可能になった要因と考える。

X 線回折法にて $MnO_2$ 析出の結晶構造を調べた結果を図7に示す。Mn 電解液は，回折ピーク

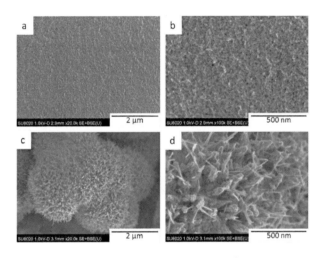

図6　$MnO_2$ 析出の FE-SEM 写真

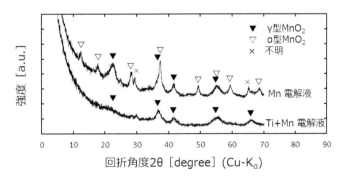

図7　$MnO_2$ 析出の X 線回折パターン

---

※3　FE-SEM
　　電界放出形走査電子顕微鏡のこと。

が多く α 型と γ 型の $MnO_2$ 酸化物が混在していることを示している。一方，Ti + Mn 電解液は，γ 型の $MnO_2$ 酸化物のみが観察され，$TiO^{2+}$ イオンが存在することによって，$MnO_2$ の結晶構造が変化することが分かった。γ 型 $MnO_2$ は古くからアルカリ乾電池の材料として用いられているため，反応性の高い活物質と推測し，$MnO_2/Mn^{2+}$ の還元反応速度が向上した原因と考える。また，この γ 型 $MnO_2$ は結晶性が低く回折ピークがブロードになり，これは FE-SEM 画像で観察される微粒子に変化することに対応している。

### (3) 充放電特性

Mn の 1.5 電子反応の利用を目指し，電極面積 9 $cm^2$ のフローセルで 1.5Ti + Mn 電解液を用いて電流密度 50 $mA/cm^2$ の定電流充放電を行った結果，図 8 に示すように，23.5 $kWh/m^3$ の高エネルギー密度が得られた。これは Mn の反応電子数が 1.35 に相当する。電流効率[※4]，電圧効率[※5]とエネルギー効率[※6]はそれぞれ 99.5％，89.2％と 88.7％であった。

以上のことから，Ti（$TiO^{2+}$）の存在によって，$MnO_2$ は電解液中で浮遊できるレベルの微粒子となり，フロー電池として使用可能な状態になることを突止めた。一方で，電池の電流密度が実用面からは低いことから，電池の内部抵抗を低減することで，電池性能の向上を図る必要があった。また，正極電極にカーボン腐食が観察されたことから，耐久性を向上させる必要があることが判明した。

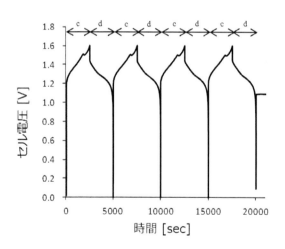

図 8　充放電試験の充電（c）・放電（d）カーブ

---

※4　電流効率
　　充電と放電のうち，どれだけの電気量（Ah）が電池反応に利用されたかを百分率で表したもの。
※5　電圧効率
　　充電と放電の通電電流から生じる過電圧による電圧（V）損失を百分率で表したもの。
※6　エネルギー効率
　　電流効率と電圧効率の積から算出したエネルギー（Wh）損失を百分率で表したもの。

第4章　電解液

## 2.3 電池性能向上
### 2.3.1 抵抗成分
　レドックスフロー電池の性能を向上させるには反応物質の供給性，反応性向上がキーである。電池の内部抵抗は電気化学インピーダンス法でオーム抵抗（Ohmic），電荷移動抵抗（Charge transfer），拡散抵抗（Mass transport）に分離することができる。フェルトのような多孔質状の電極は，活物質を供給する通路であり，また電池反応を生じさせるサイトでもあるため，電荷移動と拡散の両抵抗成分への影響が非常に大きい。カーボン材料は，化学的安定性，電気伝導性，表面積およびコストの観点で，有望な電極材料であるが，カーボン表面での電気化学反応活性が低いことから，熱的，化学的または電気化学的処理によって表面を改質し，電気化学反応性を向上させることが重要である。

### 2.3.2 電極の表面処理
　本研究では，正極電極の耐久性向上を図るために，耐高温酸化性の東レ製カーボンペーパー（TGP-H-090）を研究対象として選定した。表面処理は，空気中で700℃の熱処理を0.5～2時間行った。電池性能の評価において，Ti + Mn 電解液を用い，正極と負極の抵抗を分離すべく，電極面積3 cm$^2$の対称セル（Symmetrical cell）にて電気化学インピーダンス測定を行った。

　SOC 50%の正極充電液を用いたインピーダンススペクトルを，図9（a）に示す。すべてのサンプルから2つの円弧が観察され，大きな高周波と小さな低周波円弧は，それぞれ電荷移動と物質輸送過程に起因するものである。熱処理した電極では，高周波数の円弧が著しく縮小し，電極表面における $Mn^{3+}/Mn^{2+}$ の酸化還元反応速度が大きく向上したことが示された。また，熱処

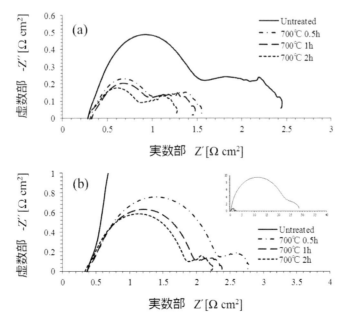

図9　インピーダンススペクトル　(a) 正極　(b) 負極

理時間を増加させたところ，電荷移動抵抗の減少がわずかであったことを考慮すると，電極反応速度の向上は，表面積の増加よりもカーボン表面の濡れ性が改善されたことに起因していると考える。次にSOC 50%の負極充電液を用いたインピーダンススペクトルを，図9（b）に示す。正極と同様に，負極の$Ti^{3+}/TiO^{2+}$の酸化還元反応速度も熱処理によって著しく向上することがわかった。しかし，負極の電荷移動抵抗は正極の2倍と大きく，電気化学的な表面積不足が原因と推測している。

### 2.3.3 電流−電圧特性と出力特性

正負極ともに空気中700℃で2時間の熱処理を行ったカーボンペーパー電極を用いて，放電時のセル電圧と電流密度との関係を調べた。結果を図10に示す。ここでの分極曲線は，オーム抵抗成分を除いた電荷移動及び拡散抵抗成分による電圧損失を表している。セル電圧は高電流密度領域で急落するが，これは拡散抵抗の急増によるものである。またSOCを高めると電圧損失が著しく大きくなった。これは，高SOCでは正極$MnO_2$析出の生成によって，電池反応物質である$Mn^{3+}$イオンの濃度低下とともに，拡散も妨害されたことが原因と考える。図11に示すように，電池の出力は，SOC 50%で357 mW/cm$^2$の最大値に達した。

次に，負極の反応性を改善するために，電気化学的な表面積の指標となる静電容量がカーボンペーパーよりも50倍以上大きいカーボンフェルトを用いて，電池の出力と電流密度との関係を調べた。その結果，図12に示すように，電池の最大出力は，SOC 50%で478 mW/cm$^2$に増加し，負極電極の表面積増大による電池性能の向上が確認された。更に，正極にも同じ静電容量のカーボンフェルトを用いた場合，電池の最大出力は640 mW/cm$^2$に増加したが，電極の酸化劣化が激しく，安定した性能が得られなかった。高い耐酸化性と大きい表面積の両方を兼ね備えた正極電極を実現すれば，電池性能は更に向上する可能性が示唆された。

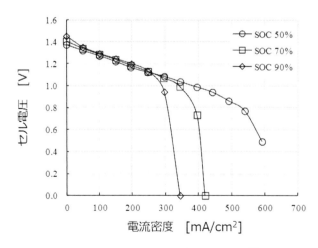

図10　電池放電 I-V カーブの SOC 依存性

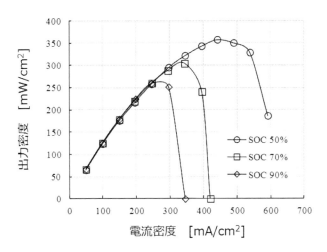

図11 電池出力のSOC依存性

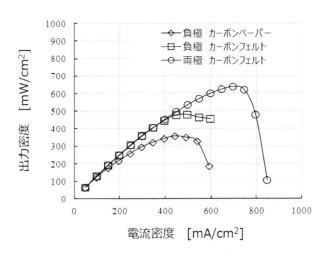

図12 電池出力の電極依存性

### 2.3.4 小型電池の試験結果

表2に負極電極としてそれぞれカーボンペーパーと高静電容量のカーボンフェルトを用いた定電流充放電試験の結果を示す。高静電容量の負極電極を使用することで電圧効率とエネルギー効率の向上につながった。電池性能は，電流密度 100 mA/cm$^2$ の条件で，83.2％の高いエネルギー効率が得られた。

### 2.4 おわりに

本研究では，レドックスフロー電池の電解液として安価なマンガン材料に着目した。不均化反応による $MnO_2$ 酸化物の固体析出が発生する原理上の課題に対して，Mn電解液にTiを混合することで，$Mn^{3+}$イオンを安定化させ，$MnO_2$析出に至る粒子成長を抑制できることがわかった。

**表2 単セル充放電試験の結果**

| 正極電極 | 負極電極 | 電流密度 [mA/cm²] | 電流効率 [%] | 電圧効率 [%] | エネルギー効率 [%] |
|---|---|---|---|---|---|
| カーボンペーパー | カーボンペーパー | 100 | 99.6 | 73.8 | 73.5 |
| | | 200 | 99.7 | 52.8 | 52.6 |
| | カーボンフェルト | 100 | 99.8 | 83.4 | 83.2 |
| | | 200 | 99.0 | 76.8 | 76.0 |

このチタン・マンガン系電解液にて，小型フローセル評価では 23.5 kWh/m³ の高いエネルギー密度が得られたことから，電解液コストの大幅な低減が期待できる。また，カーボン電極の表面濡れ性を改善し表面積を増大させることで，電気化学反応性が大きく向上することを確認した。今後，このチタン・マンガン系レドックスフロー電池の更なる高性能化を目的に，正極電極の低抵抗化と耐久性向上の研究開発を進める。

**謝辞**

　本研究は経済産業省資源エネルギー庁「再生可能エネルギー余剰電力対策技術高度化事業費補助金」の助成を受けて実施したものであり，また本研究を遂行するにあたり，ご指導ご助言を賜りました産業技術総合研究所の関係各位に深く感謝致します。

## 文　　献

1) 新エネルギー・産業技術総合開発機構，再生可能エネルギー技術白書第 2 版，第 1 章，森北出版（2014 年）
2) 重松敏夫，SEI テクニカルレビュー，**179**, 7 (2011)
3) 柴田俊和ほか，SEI テクニカルレビュー，**182**, 10 (2013)
4) 新エネルギー・産業技術総合開発機構，二次電池技術開発ロードマップ 2013, 5 (2013)
5) G. Grabtree, *AIP Conf. Proc.*, **1652**, 112 (2015)
6) J. Noack et al., *Angew. Chem. Int. Ed.*, **54**, 9776 (2015)
7) K. Gong et al., *Energy Environ. Sci.*, **8**, 3515 (2015)
8) Y. R. Dong et al., *ECS Trans.*, **69**(18), 59 (2015)
9) H. Kaku et al., *ECS Trans.*, **72**(10), 1 (2016)
10) Y. R. Dong et al., *ECS Trans.*, **75**(18), 27 (2017)

## 3 イオン液体

片山　靖*

　レドックスフロー電池（RFB）の電解液としてはこれまで主に水溶液が検討されてきた。これはRFBが大規模電力貯蔵を目的としており，蓄電容量を決定する電解液量が多くなることは避けられず，電解液は安価であり，安全上設置に制約のない難燃性でなければならないからである。また，酸性水溶液を用いれば，金属イオンなどと比較して高いモル伝導率を示す水素イオンを電荷キャリアとして利用できるため，電解液の高いイオン伝導率が期待でき，さらに，隔膜として水素イオン輸率がほぼ1となる既存のイオン交換膜を利用できるため隔膜の抵抗も小さくできる。一方，酸性水溶液では利用できる電位の下限と上限がそれぞれ水素イオンの還元と水分子の酸化によって決まり，それらの電位差である電気化学的電位窓は，用いる電極材料にも依存するが，水の理論分解電圧である1.23 Vからおおむね2 V程度までとなる。例えば，正極反応に$VO_2^+/VO^{2+}$，負極反応に$V^{3+}/V^{2+}$を用いるバナジウムRFBの起電力は約1.4 Vである。このようにRFBの起電力は電解液に用いる溶媒の電気化学的電位窓による制約を受けるため，より大きな起電力を得るためには水以外の非水溶媒を用いる必要がある。

　電気化学デバイスで用いることが可能な代表的な非水溶媒は非プロトン性有機溶媒である。3 V以上の大きな起電力が得られるリチウム一次電池やリチウムイオン電池では，主に炭酸プロピレンや炭酸エチレンなどの炭酸エステル系の有機溶媒にリチウムの過塩素酸塩，テトラフルオロホウ酸塩またはヘキサフルオロリン酸塩などのリチウム塩を電解質として溶解した電解液が用いられている。小型の電池であれば，使用される電解液の量はわずかであるが，大型のRFBの場合，可燃性の有機電解液を用いると一つの施設で使用できる電解液量に法律上の制限がかかる。同様の理由で，リチウムイオン電池を大規模電力貯蔵に用いるためには，電解液の難燃化が極めて重要とされている。また，リチウムイオン電池でもすでに多数の発火事故が報告されていることからも，可燃性の有機電解液をRFBに用いることは困難であるといえる。

　難燃性の電解液として，揮発性の溶媒を含まずイオンのみからなる非プロトン性イオン液体があげられる。水溶液ではRFBの活物質となる化学種の他に，電解液のイオン伝導性を確保するために支持電解質を加える必要があるが，イオン液体はそれ自体がイオン伝導性を示すことから溶媒と支持電解質の両方の役割をはたす。室温では固体である金属塩を融点以上に加熱して得られる溶融塩もイオン液体であり，すでに溶融炭酸塩形燃料電池の電解液として炭酸リチウムと炭酸ナトリウムの共晶塩が利用されているが，大量の電解液を必要とするRFBでは，電解液の加熱と保温が必要となるため融点の高い溶融塩をRFBの電解液に用いることは現実的には難しい。イオン液体の中でもかさ高い有機カチオンとアニオンの組み合わせからなる系は室温よりも低い融点をもつ場合がある。このような系は従来，室温溶融塩または室温イオン液体と呼ばれて

---

＊　Yasushi Katayama　慶應義塾大学　理工学部　応用化学科　教授

いたが，近年ではこれらを単にイオン液体と呼ぶことが多い。本節でも以下ではこれらの系をイオン液体と呼ぶことにする。

イオン液体の発見そのものは決して最近のことではなく，文献としては1914年にWaldenによって報告された硝酸エチルアンモニウム（$H_3N(C_2H_5)NO_3$）が最初であるとされている[1]。その融点は13〜14℃と報告されており，標準環境温度である25℃では液体である。Waldenの報告以降，このような液体塩について目立った研究は行われなかったが，主にアルミニウム電析を目的として研究されていたアルカリ金属のハロゲン化物とハロゲン化アルミニウムを混合することで得られる比較的融点の低い溶融塩において，アルカリ金属イオンを有機カチオンである1-ブチルピリジニウム（$BP^+$）に置き換えることで，室温付近に融点をもつイオン液体が得られることが見出された[2]。さらに，$BP^+$を1-エチル-3-メチルイミダゾリウム（$EMI^+$）に置換することでさらに低い融点を示すことが発見されたことをきっかけに，代表的な$EMICl-AlCl_3$系を中心に盛んに研究されるようになった[3]。$EMICl-AlCl_3$系は，主に$AlCl_4^-$または$Al_2Cl_7^-$で示されるイオンを含むことから，クロロアルミネート系イオン液体と呼ばれることがある。

クロロアルミネート系イオン液体は粘性率も低く，組成に依存するが水溶液に比べて広い電気化学的電位窓を示すことから，アルミニウムを含む様々な金属の電析や二次電池の電解液への応用を指向した研究が多数行われたが，クロロアルミネートイオンが加水分解しやすいことが実用化への課題となった。そこで，クロロアルミネートイオンを加水分解しにくいアニオンに置き換えた塩の中にも室温以下の融点をもつものが見出され，注目されるようになった。これらは非クロロアルミネート系イオン液体と呼ばれる。

図1にイオン液体を構成する主なカチオンおよびアニオンを示す。カチオンとしては芳香族系のピリジニウムとイミダゾリウム，脂肪族系のピロリジニウムとアンモニウムがよく用いられ

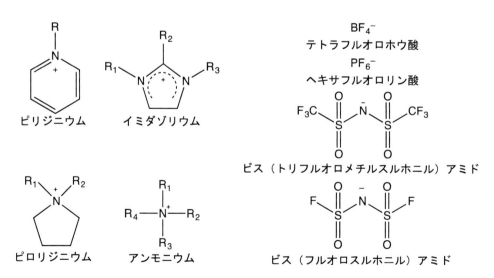

図1　イオン液体を構成する主なカチオンおよびアニオン。

## 第4章　電解液

る。アニオンにはテトラフルオロホウ酸（$BF_4^-$），ヘキサフルオロリン酸（$PF_6^-$），ビス（トリフルオロメチルスルホニル）アミド（$TFSA^-$）およびビス（フルオロスルホニル）アミド（$FSA^-$）が代表的である。$BF_4^-$および$PF_6^-$はイミダゾリウム系のカチオンとは比較的融点の低いイオン液体をつくるが，$TFSA^-$および$FSA^-$は多種多様なカチオンと室温でも液体となるイオン液体をつくるため，近年では$TFSA^-$または$FSA^-$をアニオンとしたイオン液体が広く研究されている。また，イオン液体の電気化学的電位窓はカチオンおよびアニオンの種類によって決まり，還元側の分解電位はカチオンによって決まる場合が多い。芳香族系カチオンの分解電位は脂肪族系カチオンのそれよりも高い場合が多く，広い電気化学的電位窓を必要とする場合は，脂肪族系カチオンを用いることが望ましいとされる。

　イオン液体をRFBに用いることを検討した研究はこれまでのところ多くはない。最も初期の研究としてはEMICl-$AlCl_3$中におけるバナジウム（二価／三価）のレドックス反応について検討した報告があげられる[4]。また，融点はやや高いが，EMICl-$FeCl_2$-$FeCl_3$中での鉄（二価／三価）のレドックス反応に関する研究が行われている[5]。これらはいずれも塩化物系のイオン液体であるが，その後，$TFSA^-$をアニオンとするイオン液体において，鉄[6~12]，サマリウム，ユーロピウム，イッテルビウム[13]，ルテニウム[14]，バナジウム[15]などのレドックス反応について検討されている。イオン液体中におけるレドックス反応の一例として，1-ブチル-1-メチルピロリジニウム（$BMP^+$）をカチオンとするイオン液体BMPTFSA中における鉄およびルテニウムの2,2′-ビピリジン（bpy）錯体の白金電極上でのサイクリックボルタモグラムを図2に示す。アセトニトリル中でも報告されているように[16]，いずれの場合もA1/C1からA4/C4で示される酸化還元ピークが観測され，これらは以下のような反応に対応する。

$[M(bpy)_3]^{3+} + e^- \rightleftarrows [M(bpy)_3]^{2+}$　　　（A1/C1）　　　　　　　　　　　　（1）

$[M(bpy)_3]^{2+} + e^- \rightleftarrows [M(bpy)_3]^{+}$　　　（A2/C2）　　　　　　　　　　　　（2）

$[M(bpy)_3]^{+} + e^- \rightleftarrows M(bpy)_3$　　　（A3/C3）　　　　　　　　　　　　（3）

$M(bpy)_3 + e^- \rightleftarrows [M(bpy)_3]^{-}$　　　（A4/C4）　　　　　　　　　　　　（4）

　それぞれの中間電位をまとめると表1のようになる。これより，$[M(bpy)_3]^{3+/2+}$の反応を正極反応，$[M(bpy)_3]^{2+/+}$の反応を負極反応に用いた場合，鉄錯体では約2.4 V，ルテニウム錯体では約2.6 Vの起電力が期待できる。BMITFSA（$BMI^+$ = 1-ブチル-3-メチルイミダゾリウム）中におけるバナジウムのアセチルアセトネート（$acac^-$）錯体の$[V(acac)_3]^{0/-}$と$[V(acac)_3]^{+/0}$の電位差は約2 Vであり[15]，水溶液系のバナジウムRFBと同様に同じ金属の異なる酸化状態を利用したRFBの構築を考えると，バナジウムの$acac^-$錯体よりも鉄またはルテニウムのbpy錯体を用いる方が大きな起電力が期待できる。イオン液体中における金属イオンや有機化合物のレドックス反応に関する報告例はいまだ多くなく，将来，より有望なレドックス対が見出される可能性はある。しかし，イオン液体中における電気化学測定において，水溶液のように確立された参照電極が存在しないため，研究者が異なると測定された電位を相互に比較することができない

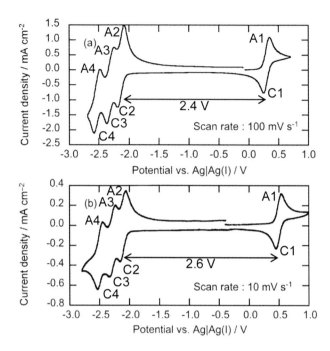

図2 (a) 50 mM [Fe(bpy)$_3$](TFSA)$_2$ または (b) 40 mM [Ru(bpy)$_3$](TFSA)$_2$ を含む BMPTFSA 中における白金電極のサイクリックボルタモグラム。温度：25℃。

表1 BMPTFSA 中における [M(bpy)$_3$]$^{n+1/n}$ (M = Fe および Ru, $n$ = 2, 1, 0 および−1) の中間電位。温度：25℃。

| Couple | Potential vs. Ag｜Ag(I)/ V | | | |
|---|---|---|---|---|
| | 3+/2+ | 2+/+ | +/0 | 0/− |
| [Fe(bpy)$_3$]$^{n+1/n}$ | 0.30 | −2.14 | −2.32 | −2.53 |
| [Ru(bpy)$_3$]$^{n+1/n}$ | 0.50 | −2.10 | −2.27 | −2.48 |

場合が少なくない。

　このようにイオン液体中において金属錯体のレドックス対を組み合わせることで，水溶液系よりも大きな起電力をもつ RFB の構築が可能であると考えられる。イオン液体は難揮発性，難燃性であるため有機電解液よりも実現性が高いと言えるが，室温におけるイオン液体の粘性率は水溶液や有機電解液に比べると高い場合が多い。電解液の粘性率は反応に関与する化学種の拡散に直結し，RFB の出力特性に大きな影響を与える。また，電解液を循環させる場合，粘性率が高くなると循環に必要な機械的エネルギーも大きくなるという問題がある。これらに加えて，非水系電解液に共通する問題として隔膜が挙げられる。水溶液では優れたイオン交換膜が利用できるが，非水電解液で利用できるイオン交換膜はあまり知られていない。特に広い電気化学的電位窓を得るために非プロトン性の電解液を用いる場合，イオン伝導をプロトン以外のイオンが担う必要がある。多くの有機溶媒の比誘電率は水に比べて小さく，有機溶媒中で溶解度の高い塩の選択

# 第4章 電解液

肢は多くない。有機電解液で用いられる典型的な支持電解質として過塩素酸テトラブチルアンモニウム（TBAP）が挙げられ，かさ高いカチオンおよびアニオンがイオン伝導を担う。炭酸エステル系の有機溶媒ではリチウム塩を溶解することができる。しかし，溶媒和されたリチウムイオンはビークル機構によって輸送されるため，その移動速度は粘性率と溶媒和イオンの大きさに支配される。水溶液の場合も，金属イオンは水和イオンとしてビークル機構で輸送されるが，水素イオンの場合は水分子を伝って移動するグロッタス機構によって輸送されるためその移動度は大きくなる。実際，水溶液中におけるリチウムイオンの移動度は $4.01 \times 10^{-8}$ $m^2$ $s^{-1}$ $V^{-1}$ であるのに対して，水素イオンの移動度は $36.23 \times 10^{-8}$ $m^2$ $s^{-1}$ $V^{-1}$ と高い。イオン交換膜についても同様のことが当てはまり，カチオン交換膜において水素イオンはグロッタス機構で輸送されるが，水和された金属カチオンはビークル機構で輸送されるため，イオン伝導率に大きな違いが生じる。従って，水溶液で用いられる高分子イオン交換膜を有機溶媒中で用いることができたとしても，水素イオン以外のイオンがイオン伝導を担う場合は十分なイオン伝導率を得ることは困難である。イオン液体も同じ問題を抱えている。イオン液体はかさ高いイオンから構成されており，イオン交換膜にイオン液体を含浸することでイオン液体のカチオンまたはアニオンを伝導イオンとして用いることは可能であろうが，高い移動度は期待できない。非水電解液におけるこのような問題を解決する一つの方法として，固体電解質を隔膜として用いることが提案されている[17-22]。近年，室温でも比較的高いイオン伝導率を示すリチウムイオン伝導性固体電解質が開発されており，電解液中にリチウムイオンが含まれていれば，リチウムイオンのみを透過する隔膜として用いることができる。そこで，負極電解液としてリチウムイオンを含む有機電解液，負極に金属リチウム，正極電解液にはリチウムイオンと適当なレドックス対を含む電解液を用い，負極電解液と正極電解液をリチウムイオン伝導性固体電解質で仕切った「リチウムレドックスフロー電池（LRFB）」が提案されている。負極反応はリチウムの析出溶解反応となるが，その電位は負であるため，正極電解液に用いるレドックス対によっては大きな起電力が期待できる。

　これまでに報告されているLRFBでは正極電解液に水溶液または有機電解液が用いられており，正極電解液に水溶液中における臭素のレドックス反応を用いたLRFBで最も大きな4Vの起電力が得られることが報告されている[20]。イオン液体を正極電解液に用いることを考えると，イオン液体にはリチウムイオンが含まれていなければならないが，イオン液体にリチウム塩を加えるとイオン液体の粘性率が高くなることが多い。そこで，第四級アンモニウムカチオンの代わりに，リチウムイオンに中性の分子が強く溶媒和した溶媒和リチウムイオンをカチオンとする溶媒和イオン液体[23-25]を用いることで，正極電解液を調製することができる。図3にLiTFSAとテトラグライム（G4, $CH_3O(CH_2CH_2O)_4CH_3$）を当モル比で混合して得られた溶媒和イオン液体 $[Li(G4)]TFSA$ に $[Fe(bpy)_3](TFSA)_2$ を溶解した際の白金電極のサイクリックボルタモグラムを示す。比較のため示したBMPTFSA中の場合と同様に，$[Fe(bpy)_3]^{n+1/n}$ のレドックス反応が観察されることがわかる。$[Fe(bpy)_3]^{3+/2+}$ の式量電位は 0.36 V vs. Ag|Ag(I) であり，同じ基準で測定した $Li^+/Li$ の平衡電位は約 $-3.6$ V vs. Ag|Ag(I) であることから，これらを組み

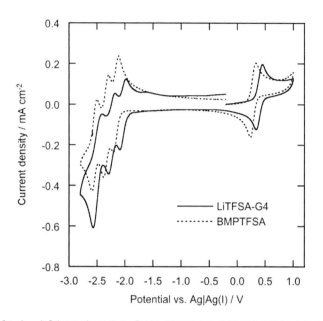

**図3** 10 mM [Fe(bpy)$_3$](TFSA)$_2$ を含む [Li(G4)]TFSA および BMPTFSA 中における白金電極のサイクリックボルタモグラム。走査速度:100 mV s$^{-1}$。温度:25℃。

合わせて構成される LRFB の起電力は約 4 V と見積もられる。そこで負極電解液に [Li(G4)]TFSA,正極電解液に [Fe(bpy)$_3$](TFSA)$_2$ を含む [Li(G4)]TFSA,負極に金属リチウム,正極にグラッシーカーボン (GC) を用い,隔膜にオハラ製のリチウムイオン伝導性ガラス固体電解質 (LICGC$^{TM}$, Li$_{1+x+y}$Al$_x$Ti$_{2-x}$Si$_y$P$_{3-y}$O$_{12}$) を用いたセルを構築し,電解液を撹拌しながら充放電試験を行ったところ,図4に示した充放電曲線からわかるように平均放電電圧約 4 V で繰り返し充放電できることが確認された。高分子イオン交換膜を用いた RFB では,レドックス反応に関わる化学種が隔膜を透過して自己放電を起こすクロスオーバーが問題となるが,リチウムイオン伝導性固体電解質を用いれば原理的にクロスオーバーは起こらない。固体電解質の化学的安定性と室温でのイオン伝導性が十分確保できれば,水溶液系の RFB にも適用できる可能性があるだろう。

　非プロトン性イオン液体は難揮発性,難燃性であり,広い電気化学的電位窓を示すことから,起電力の大きな非水系 RFB の溶媒兼支持電解質として有望である。水溶液や有機電解液に比べてイオン液体の粘性率は高いことが多く,レドックス反応に関わる化学種の拡散や電極反応速度が遅くなり RFB の出力特性を低下させるほか,電解液の循環に必要な機械的エネルギーの増大につながるが,カチオンとアニオンを適切に設計することでより低粘性率のイオン液体が得られる可能性がある。また,イオン液体にリチウムイオンを導入することでリチウムイオン伝導性固体電解質を正極電解液と負極電解液の隔膜として用いることができる。イオン液体は水溶液に比べて用いることが可能な固体電解質の選択の幅が広い可能性があり,全固体リチウムイオン電池

第4章　電解液

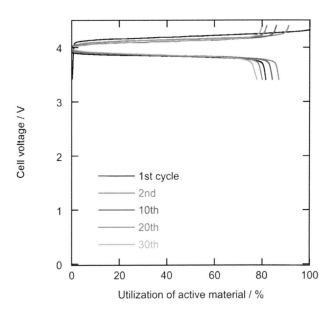

図4　Li｜[Li(G4)]TFSA｜LICGC™｜10 mM [Fe(bpy)$_3$](TFSA)$_2$｜GC セルの充放電曲線。充電電流：50 μA。放電電流：30 μA。温度：25℃。

用に開発された優れた固体電解質を利用できる可能性がある。しかしながら，イオン液体中における金属化合物や有機化合物の溶解度，溶存状態，電気化学的挙動などの十分は未だ不十分であり，より広範な基礎的データの蓄積が必須である。

文　　献

1) P. Walden, *Bull. Acad. Imp. Sci. St. Petersb.*, 405 (1914)
2) G. Mamantov and A. I. Popov eds., "Chemistry of Nonaqueous Solutions, Current Progress", VCH Publisher Inc., NY, pp. 227-275 (1994)
3) J. S. Wilkes, J. A. Levisky, R. A. Wilson, and C. L. Hussey, *Inorg. Chem.*, **21**, 1263 (1982)
4) Y. Katayama, I. Konishiike, T. Miura, and T. Kishi, *Electrochemistry*, **67**, 547 (1999)
5) Y. Katayama, I. Konishiike, T. Miura, and T. Kishi, *J. Power Sources*, **109**, 327 (2002)
6) M. Yamagata, N. Tachikawa, Y. Katayama, and T. Miura, *Electrochemistry*, **73**, 564 (2005)
7) M. Yamagata, N. Tachikawa, Y. Katayama, and T. Miura, *Electrochim. Acta*, **52**, 3317 (2007)
8) N. Tachikawa, Y. Katayama, and T. Miura, *J. Electrochem. Soc.*, **154**, F211 (2007)

9) N. Tachikawa, Y. Katayama, and T. Miura, *Electrochem. Solid-State Lett.*, **12**, F39 (2009)
10) K. Teramoto, T. Nishide, S. Okumura, K. Takao, and Y. Ikeda, *Electrochemistry*, **82**, 566 (2014)
11) Y. Katayama, M. Yoshihara, and T. Miura, *J. Electrochem. Soc.*, **162**, H501 (2015)
12) K. Teramoto, T. Nishide, and Y. Ikeda, *Electrochemistry*, **83**, 730 (2015)
13) M. Yamagata, Y. Katayama, and T. Miura, *J. Electrochem. Soc.*, **153**, E5 (2006)
14) Y. Toshimitsu, Y. Katayama, and T. Miura, *Electrochim. Acta*, **82**, 43 (2012)
15) A. Ejigu, P. A. Greatorex-Davies, and D. A. Walsh, *Electrochem. Commun.*, **54**, 55 (2015)
16) Y. Matsuda, Y. Takasu, M. Morita, K. Tanaka, M. Okada, and T. Matsumura, *Denki Kagaku* (presently *Electrochemistry*), **53**, 632 (1985)
17) Y. Lu, J. B. Goodenough, and Y. Kim, *J. Am. Chem. Soc.*, **133**, 5756 (2011)
18) Y. Zhao, L. Wang, and H. R. Byon, *Nat. Commun.*, **4**, 1896 (2013)
19) X. Wang, Y. Hou, Y. Zhu, Y. Wu, and R. Holze, *Sci. Rep.*, **3**, 1401 (2013)
20) Y. Zhao, Y. Ding, J. Song, L. Peng, J. B. Goodenough, and G. Yu, *Energy Environ., Sci.*, **7**, 1990 (2014)
21) Y. Wang and H. Zhou, *Energy Environ. Sci.*, **9**, 2267 (2016)
22) Y. Zhao, Y. Ding, Y. Li, L. Peng, H. R. Byon, J. B. Goodenough, and G. Yu, *Chem. Soc. Rev.*, **44**, 7968 (2015)
23) T. Tamura, K. Yoshida, T. Hachida, M. Tsuchiya, M. Nakamura, Y. Kazue, N. Tachikawa, K. Dokko, and M. Watanabe, *Chem. Lett.*, **39**, 753 (2010)
24) K. Ueno, K. Yoshida, M. Tsuchiya, N. Tachikawa, K. Dokko, and M. Watanabe, *J. Phys. Chem. B.*, **116**, 11323 (2012)
25) T. Mandai, K. Yoshida, K. Ueno, K. Dokko, and M. Watanabe, *Phys. Chem. Chem. Phys.*, **16**, 8761 (2014)

# 4 高濃度バナジウム電解液

大原伸昌[*1]，中井重之[*2]

　レドックスフロー電池（RFB）は，安全性，保守・取扱性，寿命・耐久性という点で，他の二次電池には見られない優れた特性を持っている。しかし，エネルギー密度が小さく設置スペースが大きくなるために適用できる用途が限られている。これを改善するために電解液の改良を行った結果，バナジウム活物質の高濃度化および実用的な充放電深度を拡張することによって，エネルギー密度の改善が図れるようになった。

　バナジウム系電解液を単に高濃度化するだけでは流動性が低下するとともに活物質が析出し易くなるだけである。バナジウムの高濃度化に伴う電解液組成の最適化と，運転・保守を容易にする取り扱い方法によって，広い充放電深度がとれる実用的な高濃度バナジウム電解液にすることが重要である。従来，RFBは定置型二次電池としてもエネルギー密度が小さく，大きな設置面積を必要とすることが，コストや収納性などの面で不利とされてきた。今回，実用化したバナジウム濃度2.5 M以上の電解液を用いることによって，RFBが適用できる用途は住宅用二次電池，可搬型電源などにまで拡大できるものと考えられる。

　さらに，近年は，コストダウンのためにバナジウムをフライアッシュなどから得る電解液製造方法がいくつか開発された。高濃度活物質液も同様の手法によって製造できることが確認され，セルスタック量産による低コスト化と合わせて，価格面でも他の二次電池と比べて優位にたてる見通しの議論ができるようになってきた。活物質であるバナジウムを高濃度化するためには溶解性を維持させる手法には限界があり，分散系の流動性を利用した方法が有効であった。このような高濃度活物質液を用いることによって，短距離走行用の車載電池としても使用できるレベルになり，また，液の交換という方法で，ガソリン車と同じ時間での充電が可能になった。

　RFBの小型化を図ることによって，セルスタック間で電解液を共有するとともに，長寿命や過充放電耐久性などで差別化できるRFBは，安全面でも最も実用的な電力貯蔵設備の一つとして普及してゆくものと期待される。

## 4.1 まえがき

　RFBは，有機レドックス系のものを除いて，電池活物質は水を媒体としているため，火災事故等の可能性が非常に小さい。また，緊急時に電池活物質の電池本体（セルスタック）への送液を停止することによって，起電力源を断つこともできる。RFBの出力は電池活物質の送液量によって上限がきまるとともに，電池の内部抵抗が電極部分の面積抵抗率として0.5～数 $\Omega cm^2$ 程度あるため，短絡事故を起こしても，極端に大きな電流は流れにくく[1]，火災が発生するような

---

*1　Nobumasa Ohara　㈱ギャラキシー　執行役員
*2　Shigeyuki Nakai　㈱ギャラキシー　代表取締役

事故にはなりにくい。内部抵抗が比較的高いことによる入出力特性の限界に対しては，炭素繊維電極による二重層容量[2]を十分に大きくすることによってキャパシタとしての機能も持たせ，従来の二次電池以上の充電受入性などが発揮できるまでになっている。この点で，RFBは優れた安全性を有するキャパシタ機能を持った二次電池といえる。

電池活物質がスタック内の各単電池に共通しているということは，単電池間の充放電深度にばらつきが生じにくく，また，送液量を調整することによって入出力を制御することも可能である。充放電反応は活物質液中のバナジウムのイオン価数の変化とプロトンが隔膜を通して移動する反応であり，長い寿命特性が期待できる。さらに，ある程度の過充放電に対しても劣化因子が少ないことから，保守・取扱性や寿命・耐久性という点において，他の二次電池にない利点を持っている。このような特徴を持つRFBにもかかわらず，活物質は比較的希薄な電解液を用いなければならなかったため，一般にエネルギー密度が二次電池中最も小さいとされ，そのため，用途の限られた大型の電力貯蔵用電池とされていた。

## 4.2 VRFB電解液 高濃度化の試み

RFBにおいて，電池活物質である電解液の濃度を高め，エネルギー密度の向上を図ることは重要な課題とされてきた。これはバナジウム系のRFBだけでなく，鉄-クロム系やその他のレドックス系（例えば，臭素-クロム系など）においても，常に電解液を高濃度化しようと試みられてきた。しかし，例えば，塩酸酸性の鉄-クロム系RFBの場合では，充電深度を上げてゆくとクロム（2価）の析出がセルスタック内などで起こりやすくなり，とくに，電池の内部抵抗を下げようとして塩酸濃度をある程度高めてゆくと，とくに負極液側で大きな充電深度（SOC）をとることが難しくなる。そのため，電解液は例えば（$1.0M-CrCl_3 + 1.0MFeCl_2$）/$4M-HCl$などの組成で使用されてきた[3]。

硫酸酸性のバナジウム系電解液においても同じような傾向があり，SOCを上げてゆくと，正・負極液ともにバナジウム化合物（5価および2価）の析出が生じ易くなる。とくに正極液は従来からの課題であるV（5価）析出の問題が実用面で解決されず，結果として活物質液中のバナジウムの濃度は今日まで1.5〜1.8M程度に抑えられてきた。

バナジウム系電解液を単に高濃度化するだけでは流動性が低下するとともに活物質が析出し易くなるだけである。バナジウムの高濃度化に伴う電解液組成の最適化と，運転・保守を容易にする取り扱い方法によって，広い充放電深度がとれる実用的な高濃度バナジウム電解液とすることが重要である。新規に開発したバナジウム濃度2.5Mの電解液を用いて，完全充放電状態を伴う小型単電池の試験結果を図1に示す。

バナジウム系においても，充電深度を上げてゆくと，正・負極液ともにバナジウム化合物が析出し易くなり，とくに正極液は図2[4]に示すようなV（5価）の析出が指摘されている。硫酸酸性中で実用的な添加物によってこの析出を防止するには限界があり，結果として活物質液中のバナジウムの濃度は1.5〜1.8M程度に抑えられてきた。このような電解液を用いている限り，例

## 第4章　電解液

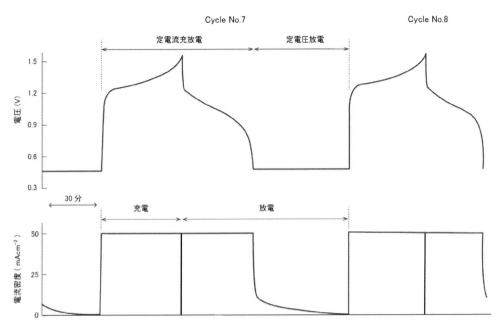

**図1　過充放電サイクル試験例**

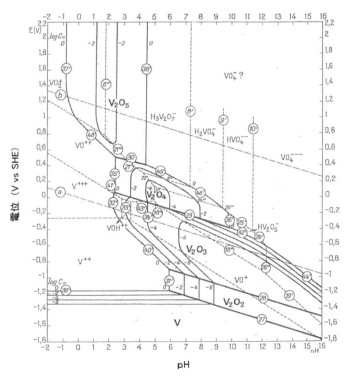

**図2　水溶液系におけるバナジウムの電位-pH図（25℃）**
Marcel Pourbaix (1963)

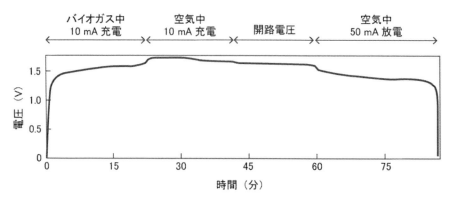

図3 バナジウム-空気電池の充放電例
 $1 cm^W \times 10 cm^L$ 小型単電池
 1.5 M-V / 4M $HSO_4^-$
 室温

えば,正極を空気極[5]にして,正極液を省くような方法などによらないと,実質的に RFB のエネルギー密度は 10 Wh/L（または 10 Wh/kg）を超えることが難しい。バナジウム-空気系の単電池試験結果例[5]を図3に示す。

　RFB 電解液の活物質を高濃度化しても,析出を起こさずに安定した電解液として使用しようという試みは 1990 年代から行われていて,塩化物イオンの共存が安定性を高めることなどが報告されている[6]。2000 年以降,現在に至るまで各種の添加物を入れて,析出が防止できるという報告[7,8]が見受けられるようになったが,ある添加剤の正・負極液に対する効果は一貫性がなく,実際に追試しても,その通りの結果を得ることのほうがむしろ少ない。これは電解液中のバナジウムと硫酸水素イオンやその他の配位子との錯形成や複核形成の速度（一部の配位子の交換反応速度など）が遅いためであると考えられる。錯形成によって添加剤の効果が発現するまでの時間,あるいは析出の場合にその沈殿形になるまでの時間が長く,とくに温度を上げなければ,最終的に安定したと考えられる状態になるのに数ヶ月を要する場合もある。液組成を変えても,活物質の性状がすぐには追随しない現象は,図4のように,バナジウム濃度 3.4 M の硫酸バナジル水溶液に濃硫酸を添加していったときのサイクリックボルタングラムの経時変化にも現れている。しかも,図4の4時間攪拌後のサイクリックボルタングラムは最終的な安定系ではなく,この液を静置すると最終的には析出物が生じる。また,攪拌時に昇温することによって,この変化はかなり加速される。温度依存性から求めたおおよその活性化エネルギーは 20 kcal/mol 程度であった。

　電解液を高濃度に維持するための添加物の要件としては,正極液（バナジウム4価,5価）および負極液（バナジウム2価,3価）のいずれにも有効に作用するとともに溶解性を低下させないものでなければならない。しかし,硫酸酸性中でこのような効果を期待できる物質は,酸解離定数の大きい,例えば,ハロゲン元素で一部を置換したようなカルボン酸やスルホン酸[9]などの

第4章　電解液

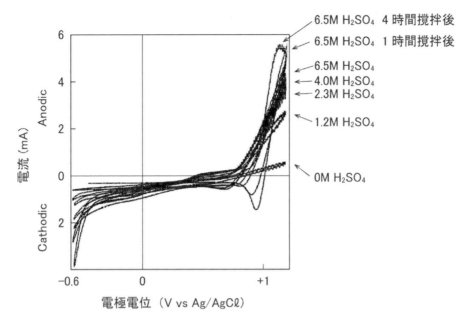

図4　3.4 M VOSO₄ に硫酸添加したときのサイクリックボルタングラム
　　　表面処理グラファイト芯電極（0.5 mmφ）
　　　電解液撹拌　約500 rpm，20℃

化合物に限られる。リン酸などは，幾例かの報告[10]があるものの，やはり十分な解離度を持たないために両極液に対して有効な効果は確認されていない。ただし，硫酸酸性のバナジウム濃度2.0〜2.5 M以上の高濃度系電解液では，遊離硫酸としての性質が強く抑制されていて，このため，強酸性下という条件が緩和されて添加剤の効果が発現する場合もある。これは錯形成反応に限らず，微細な活物質粒子を添加剤によって液中に維持する保護作用に対しても同様と考えられた。

硫酸根の濃度として3.0〜3.5 Mを超えるようなバナジウムの硫酸塩水溶液である高濃度電解液は，いずれの価数においてもそれぞれの溶解度をほぼ超えている。このようなものを電池活物質とするには，完全溶解系の希薄な電解液の延長として取り扱うのではなく，微粒子系の電解液として扱い，その結晶成長を防止するため，電解液の流動性を維持しておくことが重要である。このような観点から電解液を見ると，電解液の組成，その取り扱い方法，さらに，溶液の構造や電極反応機構も新しい見方が必要になってくる。この点で，高濃度系はVRFBにとって全く新たな電解液と言うことができる。

## 4.3　新規な電解液としての高濃度電解液

バナジウム濃度2.5 Mや3.0 Mなどの活物質液を調製する場合，初期は完全溶解した清澄な液として得られる。しかし，時間の経過とともに濁度が生じ，微細な粒子の析出が起こっていることが判る。これを真空ろ過して，ろ紙に付着した微粒子を顕微鏡観察したものを図5に示す。

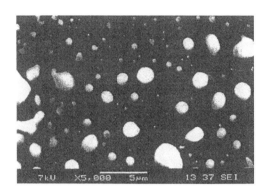

**図5 微多孔膜で捕捉した負極液中の活物質粒子**

このような電解液でも活物質としての電極反応性に大きな変化は見られず，その電池反応は良好である。図6は2M硫酸酸性-2.5M硫酸バナジル水溶液から調製した電解液（懸濁性で強い光源からの光を乱反射する。）の活性化処理を施した電極によるサイクリックボルタングラムであ

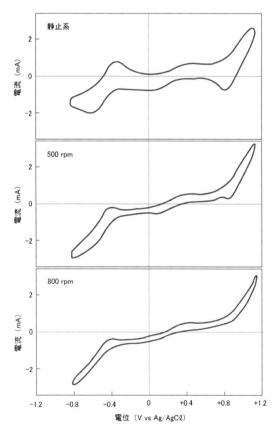

**図6 2M硫酸酸性 2.5M VOSO$_4$ 電解液のサイクリックボルタングラム**
表面処理グラファイト芯電極，電解液静止および撹拌，18℃

## 第4章 電解液

る。液静止下，回転子による 500 rpm での撹拌，800 rpm での撹拌において観察される電流値に著しい差は見られない。また，この電極を用いると，バナジウム3価，4価の電極反応も観察されている。このような活性化電極を用いることによって，図1に示したような幅の広い深度で，高濃度電解液の充放電を行うことが可能になる。

高濃度電解液は物理的，化学的に多くの特徴があり，2 M未満のバナジウム電解液とは分散媒，分散質ともに従来から議論されている内容とは大きく異なっている。まず，活物質の一部を微細な粒子とするこの電解液は物理的性質として，微粒子分散系の流体であり，ビンガム流体性やチキソトロピーを示す。

加熱処理，長時間放置した電解液の可視吸光スペクトルを見ると，酸濃度を高めるなどして安定性を向上させた電解液は，d軌道に関する吸収ピーク（d-d吸収帯）がいずれも長波長側にシフトしている。また，正極液において，V（5価）はd軌道を持たないため500〜900 nmの領域で吸収がないことは希薄系と一致していた。図7に硫酸酸性2.5 Mバナジウム正極液，図8に硫酸酸性2.5 Mバナジウム負極液，図9に同負極液の塩化物イオン共存系，図10にリン酸共存系のスペクトルをそれぞれ示す。

NMRについては，常磁性の作用，または四極子相互作用のために$^{51}$Vの明瞭な信号が観察できなかったことおよび$^{1}$Hの化学シフトが異常に大きいことが高濃度系では特に顕著であった。図11に1:1硫酸，1.75 Mバナジウム系，3.2 Mバナジウム系および3.2 M系に塩化物イオンを共存させた系のNMRスペクトルにおけるプロトンの化学シフトの状況を示す。高濃度系において，塩化物イオンを共存させるとプロトンシフトが緩和される現象は，電解液の粘性が減少し，電極反応性が向上することに対応していると考えられた。電解液の安定性および各性質を

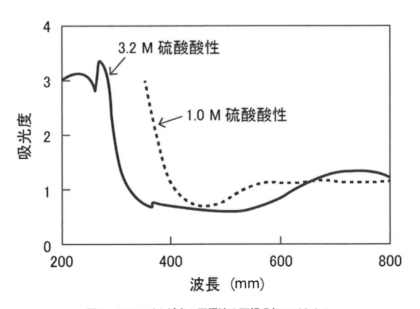

図7　2.5 Mバナジウム正極液の可視吸収スペクトル

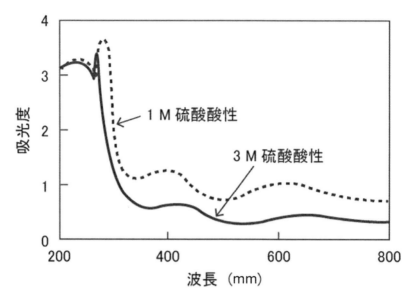

図8 2.5 Mバナジウム負極液の可視吸収スペクトル

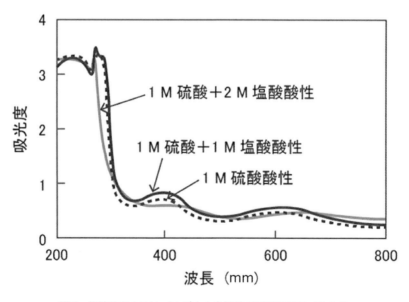

図9 塩酸共存2.5 Mバナジウム負極液の可視吸収スペクトル

正・負極液について図示すると図12のようになる。この図でチキソトロピーをしめす領域は安定した充放電が可能であり，一時的な過充電によっても析出等の問題は生じない。

　高濃度電解液については，次のような構造的検討も進めている。異なる濃度の高濃度系電解液のラマン分光（図13）およびXAFSによる観察（図14）では，組成の違いに基づくスペクトルの変化を追っていくことが可能であった。ラマン分光では，硫酸，硫酸イオンなどに関するピー

# 第4章 電解液

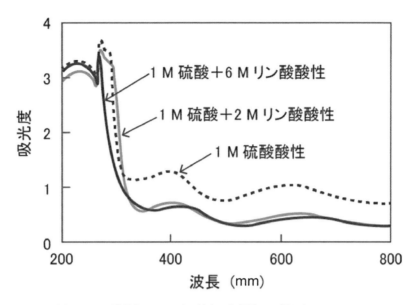

図10 リン酸共存2.5 Mバナジウム負極液の可視吸収スペクトル

クから,構造に関して半定量的な検討を進めている。

XAFSはとくにVK端XAFS分析において,1Mバナジウム,3Mバナジウムとの差が,高濃度化による構造の変化よりはバナジウム価数の影響の方が強く原子間距離等に反映していると考えられた。この結果は$^{51}$V-NMRにおいて,バナジウムはおそらく複核構造などによってNMRの観測対象になるということはなく,また,ラマン分光の濃度によるピークのシフトは顕著でないという2つの結果と矛盾していないと考えられた。現在,これらの手法を用いた検討を継続中である。

最適な電解液の組成は電極の活性化状態と大きく関連している。安定性向上を目指して酸濃度を下げた電解液でも,電極の活性化処理を強めることによって,十分な電極反応性を得ることができる。電極表面の活性化は,電解液の高濃度化にとっても非常に重要であり,炭素繊維メーカーで市販されているレドックス電池用の電極でも,さらに活性化処理を施すことによって,安定な高濃度電解液系に使用できる電極になる。とくに,電解液静止系のレドックス電池において電極活性化は重要である。これは,電極表面の活性点の密度が従来の電極では不十分なためである。市販の電極において,図15は希薄な正極液と約1.6 Mの正極液の放電(V5価の還元)反応性を定電位クーロメトリーで比較した1999年(平成11年度)の結果である[11]。当時は炭素繊維電極を化学修飾したり,酵素を担持する研究が盛んに行われていた直後であり,このような反応機構は酵素反応からの類推として説明できると考えられた。高濃度電解液用に活性化された電極は,FE-SEMの観察において,未処理品とは著しい差が見られ,また,BET比表面積や表面のグラファイト化度も大きく増加している。この処理効果は気相成長炭素繊維電極などで見られる電極反応性が向上する効果と結果的に同様と考えられた。このような電極では,バナジウム

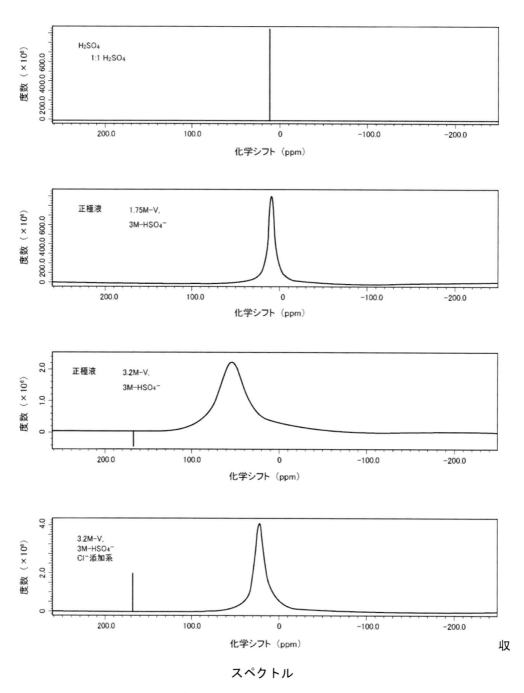

図11 各種電解液の $^1$H-NMR スペクトルにおけるプロトンの化学シフト例

第4章　電解液

負極液

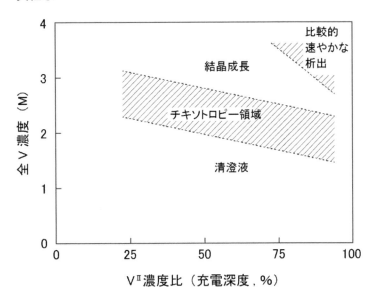

電解還元 VOSO₄ ／ 2.5〜3.0M H₂SO₄
15〜20℃

正極液

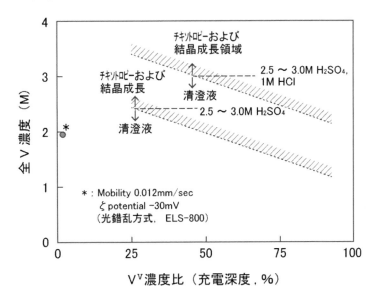

電解 VO₃SO₄ ／ 2.5〜3.0M H₂SO₄
15〜20℃

図12　正・負極液性状のバナジウム濃度および充電深度依存性

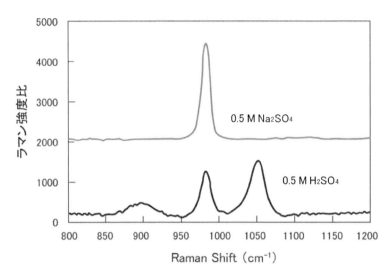

図 13-1　硫酸および硫酸ナトリウム水溶液のラマンスペクトル

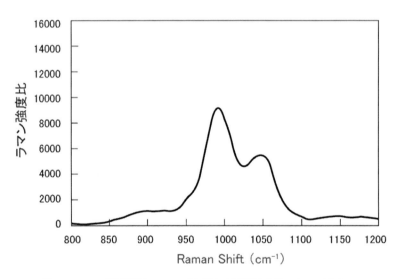

図 13-2　2 M 硫酸酸性 2.5 M バナジウム正極液のラマンスペクトル

系電解液において，正・負極の電極反応のほかに，前述したように，V3 価 V4 価の電極反応も観察される。バナジウム濃度 2.5 M 以上の電解液を広い充放電深度まで有効に利用するためには，こうした電極の活性化も重要である。

　高濃度電解液を用いるレドックス電池は，使用される目的や環境によって最適な仕様が異なってくる。図 16 および図 17 は，とくに電解液の流動性を高めて，例えば氷点下の環境下でも使用できる電解液の例である。塩化物イオンはバナジウムと錯形成するというよりは，分散媒の流動性を高め，結果として電極反応性を向上させている。塩化物イオン共存系の懸濁成分（分散

第4章 電解液

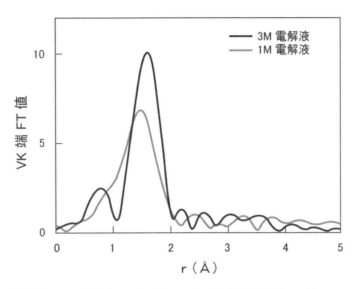

図14 2M硫酸酸性3Mバナジウム，および1Mバナジウム正極液のVK端FT-EXAFSスペクトル

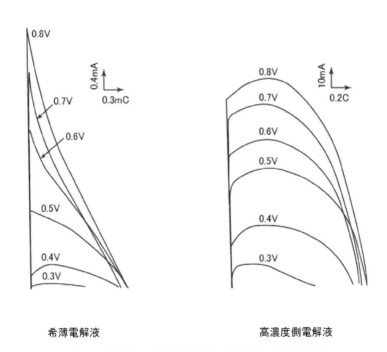

図15 正極液の定電位電量法による電流－電気量曲線

質）のEDX，EPMAによる分析からは塩化物イオンは検出されていない。

　高濃度電解液を用いて，キャパシタ的な二次電池として使用する場合，充電時に一時的に活物質の析出が見られても問題はなく，そうした用い方をすれば，入出力電圧の変動は小さくなる。

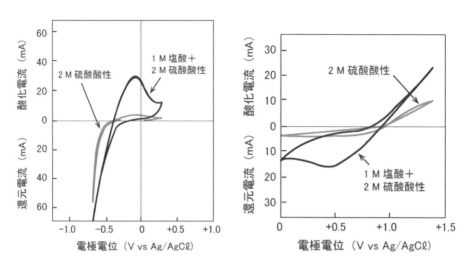

図16　2M硫酸酸性および1M塩酸酸性の2.5Mバナジウム正・負極液への塩化物イオン添加効果

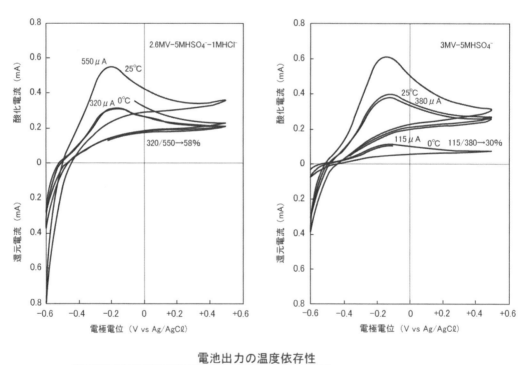

図17　0℃における負極液への塩化物イオン添加効果

## 第4章 電解液

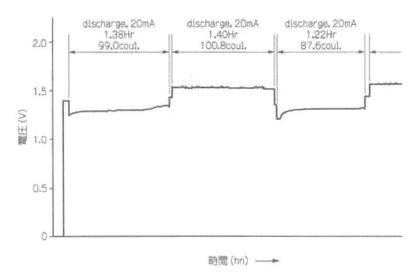

図18 微小活物質粒子担持型のレドックス電池充放電例

このような充放電例を図18に示す。この電池は一充電走行距離が小さくても支障のない屋内走行用のZEVなどに使用することができ，何よりも従来のZEVとの違いは，基本的に充電時間を考慮しなくても良いことである。

### 4.4 おわりに

高濃度電解液の実用化によって，レドックス電池の用途は大きく拡張される。小型の電池システムであっても，すでに電池の内部抵抗（電極面における面積抵抗率）は$1\Omega cm^2$を下回っていて，蓄電効率上も他の二次電池と比べて遜色はない。電解液製造に関するコストについては，余剰資源としてバナジウムを多量に保有している中国などのほかに重油ボイラー等のばいじん（フライアッシュ）から安価にバナジウムを抽出して電解液とするプロセスがいくつか開発されている。その結果として低価格な電解液を製造する見通しが得られるようになった[12]。さらに，レドックス電池本来の長所によって差別化した蓄電システムは，二次電池が使いにくかった分野にも適用して行くことができるようになった。このような高濃度電解液を用いる電力貯蔵システム例を図19に示す。これらはすでに提案されているものの一部である。 （以上）

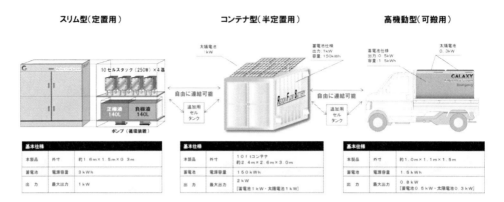

図 19 高濃度電解液を用いる電池システム例

## 文　　献

1) NEDO,"NEDO 昭和 62 年度 レドックス・フロー型電池の研究開発 委託業務成果報告書", P73（1988）
2) O. Hamamoto et.al., "Proc. Symposium on batteries and fuel cells for stationary and electric vehicle applications", *Electrochem. Soc.*, pp.178-188（1993）
3) M. A. Reid, DOE/NASA/12726-6, NASA TM-81632（1980）
   H. Cnobloch, et. al., *Siemens Forsch.-u. Entwickl.-Ber.*, **Bd. 17** Nr. 6（1988）
4) M. Pourbaix, "Gauthier-Villars & C$^{ie}$"（1963）
   H. T. Evants et.al., *Genchim. And Cosmochim. Acta*, **15**, 131-139（1958）
5) 浜本 修ほか,"電化第 72 大会講演要旨集", 1I23, 261（2005）
6) E. Sum et.al., *J. Power Sources*, **16**, 85-89（1985）
7) M. Skyllus-Kazacos et.al., *J. Power Sources*, **340**, 139-149（2017）
   M. Skyllas-Kazacos et.al., *J. Electrochem. Soc.*, **143**（4）, L86-L88（1996）
8) M. Vijayakumar et.al., *J. Power Sources*, **241**, 173-177（2013）
9) 山下 正直ほか,"第 27 回電池討論会", 2B16L, 173-176（1986）
10) L. D. Kurbatova et.al., *Russian J. Inorg. Chem.*, **53**（7）, 1154-1157（2008）
11) NEDO, 日本産業技術振興会,"平成 11 年度地球環境技術国際共同研究事業報告書（環境調和型バナジウムレドックス電池の炭素繊維の高機能化）"（2000）
12) 佐藤 縁, *Electrochem. Soc. Japan*, **85**（3）, 1-4（2017）
    M. Nakajima, et.al., *Denki Kagaku*, **66**（6）, 600-607（1998）
    A. Shibata et.al., "IEEE 1st World Conf. Proc.," p.950（1994）

# 第5章　電極材料

## 1　VGCF® 電極を使った高出力 RFB

塙　健三[*1]，市川雅敏[*2]，井関恵三[*3]，織地　学[*4]

### 1.1　はじめに

炭素の6員環ネットワーク（グラフェンシート）が単層あるいは多層に同軸管状になった炭素の細繊維をカーボンナノチューブ（CNT）と呼ぶことがある。当社は1982年から気相法合成炭素繊維を開発研究しており，紆余曲折ののち，1995年に量産工場を建設して，VGCF®という商品名で販売を開始して，現在にいたる。設備増強をおこない，現状では製造能力200 t/年である。このVGCF®をシートにしてRedox Flow Batteryの電極として使った小型セルを試作したところ従来と比べて5倍以上の電流密度を流すことができた。さらに1 kWのRFBを作成し高出力を実証したので報告する。

### 1.2　VGCF® の特性紹介[1)]

当社はコークスとタールピッチから製鋼用の黒鉛電極を製造し全世界で販売している。人造黒鉛の用途としてはこの製鋼用の黒鉛電極が最大であり，全世界で数千億円の市場がある。当社は日本，アメリカ合衆国，中国，EUに製造拠点を持ち，全世界を相手にした最大の製鋼用黒鉛電極メーカーである。もう一つ大きな人造カーボンの市場として自動車のタイヤに使うのが主な用途であるカーボンブラックがある。全世界の市場は年間1000万トン程度と見込まれている。炭化水素の気体を無酸素状態で加熱してカーボンのみの粒子をつくるという観点でみると，CNTはこのカーボンブラックの一種とみることができる。C原子60個がサッカーボールと同様な分子を形成したバッキーボールをフラーレンと呼ぶが，このフラーレンも製造方法から見るとカーボンブラックの一種である。

CNTは際立った電気導電性，熱伝導性，機械的強度が実証されて注目された。図1に当社のVGCF®のTEM写真を示す。グラフェン面のみが筒状につながっている。これらの特性は構造から説明できる。グラファイトのC面は2次元的に成長するが，それを数ミリのマクロのレベルまで拡大することはできず，必ずグラフェン面が切れる端が存在する。CNTはグラフェン面

---

[*1]　Kenzo Hanawa　昭和電工㈱　先端技術開発研究所　塙研究室　室長
[*2]　Masatoshi Ichikawa　昭和電工㈱　先端技術開発研究所　塙研究室
[*3]　Keizo Iseki　昭和電工㈱　先端技術開発研究所　塙研究室
[*4]　Gaku Oriji　昭和電工㈱　先端技術開発研究所　塙研究室

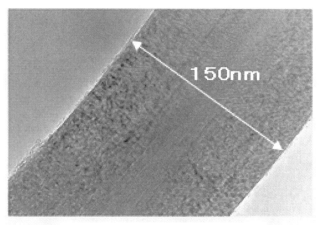

図1 一本のVGCF®のTEM

をまるめて端をなくしてしまったことになるので、グラフェン面のπ電子の特性が直接反映される。端がないとグラフェン面の電気導電性，熱伝導性，機械的強度は非常に高い。ただしこれはCNT一本を取り出して測定した時の値であり，CNTの一本は非常に小さいものである。当社のVGCF®-HはいわゆるCNTの中では最も太い部類に属するが太さが0.15 $\mu$mであり，長さ10 $\mu$mである。一本の特性を材料全体に反映させるのはその繋がり方が大きく関係するので，非常に難しい。

VGCF®は図1からわかるように，きれいな円筒状であるので，接点は点になってしまう。したがって一本のVGCF®が電気を非常に良く流すのは間違いないがそれを混ぜたからと言ってVGCF®同士の接点できちんと電気が流れないと全体の導電性は向上しない。機械的強度についても同じようなことがいえる。VGCF®一本を断面積で割って強度を出すと非常に強いであろうことは容易に推察できる。しかしこの強度が材料の強度に反映されるためには何段階かの条件が必要である。まずマトリックスの材料とVGCF®界面の結合がマトリックスよりも強くなければならない。さらにVGCF®がマトリックスの中で完全に分散している必要がある。熱伝導率の良さを使おうとするとさらに障壁は高くなる。きれいに方向をそろえる必要があり，さらに充填密度もかなり高くないと明確な効果が見えないからである。

グラフェン面で囲われている繊維であるということからもう一つ重要な特性がある。同等の比表面積をもつカーボンブラックに比べて格段に化学的に安定であるという点である。いわゆる活性炭に代表されるようにカーボン材料はその化学的安定性から比表面積を非常に大きくできる。活性炭は天然の高分子を蒸し焼きして作るものが多い。VGCF®の比表面積は13 m²/gから250 m²/g程度であるが，これは2800℃で焼成しても変わらない。活性炭にしてもカーボンブラックにしても製造温度はずっと低いところになるので，2800℃という温度で焼成すると形態

## 第 5 章　電極材料

が完全に変化してしまう。熱的な安定性だけでなく，化学的安定性にもやはりあてはまる。同程度の比表面積を持つどの物質よりも安定であると思われる。「どの物質より」というと大げさであるが，少なくとも電気導電性がある物質の中では飛び抜けた安定性を示すといえる。この特性を最大限有効に使う用途はどこかを考えたところ，電極材料に向いているという考えにたどり着いた。この考え方は特に新しいものではなく過去に繰り返し提起されてきた。ところが実際には実用にはならなかった。電極として使うためには電極の形になっていないとならない。カーボン繊維は長いので織り上げたり，不織布にしたりしてシートの形に加工できる。このカーボンシートやカーボンフェルト，カーボンペーパーと呼ばれるものはいろいろな形のものが既に市販されており，それを利用した電極はそれなりに使われている。CNTをシートに加工できた例は今まで存在しない。樹脂に練り込んでシートを作った例はあるが，期待した導電性は得られていない。

### 1.3　VGCF® シート[2]

　カーボン繊維と同じような方法でVGCF®のシートを作ることは非常に難しい。VGCF®はVapor Grown Carbon Fiberの略でFiberとしているが，長さが10 $\mu$mであるのでどちらかというと繊維というより粉体である。いままで試みられてきたのは大量のバインダーを入れてそれを炭化して導電性を維持する方法，カーボン繊維で作ったカーボンシートのカーボン繊維の表面に担持させる方法などである。カーボンシートの表面に触媒を担持させて表面からCNTを成長させる方法も発表されている。反応性のためには表面積が大きいことを利用するのであるから，数十%以上のVGCF®が構成要素として使われる必要があるが，それに成功している方法はいまのところないように思う。

　VGCF®（0.15 $\mu$m × 10 $\mu$m）を水溶液スラリーにして非常に強いシェアをかけて混ぜることでVGCF®に絡みつく現象を見出した。グラフェン面の $\pi$-$\pi$ 電子相互作用がかなり強いからで，混ぜているうちに絡みつくのも $\pi$-$\pi$ 電子相互作用の働きではないかと思う。VGCF®のバインダーがVGCF®であるという点が重要である。当社のCNTはCNTの中では太いと書いたが，太さが0.15 $\mu$mであるので空いている空隙の大きさは0.1 $\mu$mよりも小さいと考えられる。従来からあるカーボンペーパーとは通液抵抗が全く異なる。使いこなすのは非常に難しい。

### 1.4　VGCF® シートをつかった Redox Flow Battey

　カーボン繊維や多孔質カーボンを電極として使っている用途は以下のとおりである。
- Redox Flow Battery,
- 燃料電池のガス拡散層（Gas Diffusion Layer GDL）
- 金属-空気電池の空気極

我々はRFBの電極に目標を絞り，液を流すための工夫を積み重ねていった。Redox Flow Batteryは3M $H_2SO_4$ 程度の高濃度の硫酸用液中で，負極 $V_2^+/V_3^+$ と正極 $V_4^+/V_5^+$ の反応を行う。強酸性の中で酸化還元をカーボン表面で行い，反応速度を維持するために比表面積が高い必

要がある。VGCF®電極と従来のカーボンペーパーとのサイクリックボルタメトリの結果を図2に示す。縦軸は一定の体積から取り出せる電流値である。VGCF®電極では高比表面積が効果を発揮して高い反応性を示している。

そこでこのVGCF®電極をつかってRFBを試作した。最高出力1.4 kWのRFBの写真を図3に示す。電極面積は10 cm × 15 cmで11セルである。イオン交換膜はNafion® 212, Vanadium液は1.8 Mで硫酸濃度は全部で4.5 Mである。

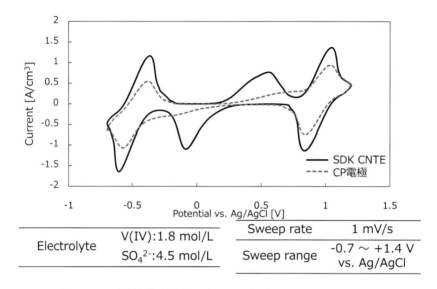

図2　VGCF®電極と市販カーボンペーパーとのCyclic Voltammetry

図3　最高出力1 kWのRFBのシステム

## 第 5 章　電極材料

600 → 400 → 200 mA/cm² の電流密度で充電したのちに 200〜1200 mA/cm² の電流密度で放電した時の放電曲線を図 4 に示す。充電の時のカットオフ電圧が 18 V，放電の時のカットオフ電圧は 9 V である。1200 mA/cm² で放電するときはカットオフ電圧を 7.5 V まで下げた。一応 1200 mA/cm² という電流密度で放電することが可能であることを示すためである。

図 5 に同じ放電曲線であるが縦軸をパワー（W）で示した。600 mA/cm² の電流密度で 1 kW 以上の放電が 150 Ah まで可能であることが分かる。これは V 液の液量から計算される電気量の半分程度に相当する。

図 6 に電流密度と電圧・パワーの関係を示す。1100 mA/cm² 流れているところで最大 1.48 kW

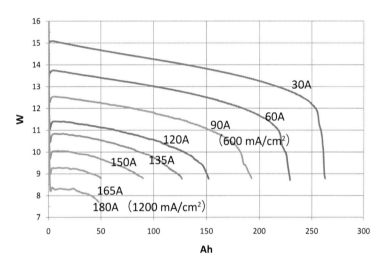

図 4　400 mA/cm² で充電し，200〜1200 mA/cm² で放電した時の放電曲線

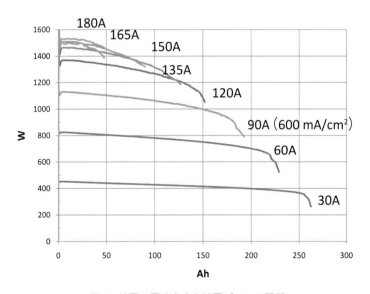

図 5　放電の電流密度と放電パワーの関係

の出力が得られている。800 mA/cm² のところで 1.34 kW の出力が得れており，その時各セル電圧は 1.02 V であり，816 mW/cm² のパワー密度である。UTCR の M.L.Perry らの論文 3）の Figure 4 から kW あたりのコストを読み取ると 20000 円/kW を切っていると思われる。

図 7, 8 に SOC50％のところで電流密度を徐々に上げながら 30 秒づつ充放電して電流密度と

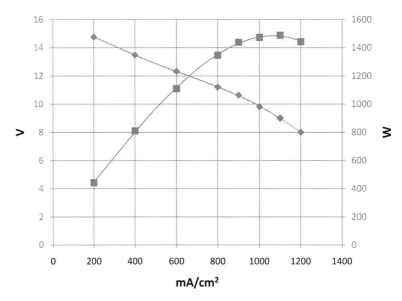

図 6　放電の電流密度と放電電圧・放電電力との関係

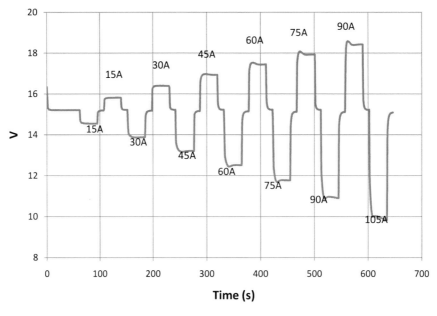

図 7　放電曲線

第5章　電極材料

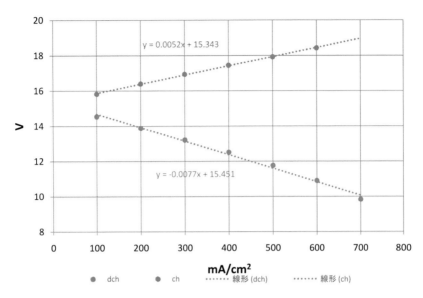

図8　電流密度と電圧の関係

電圧の関係をプロットした。図7は実際の充放電曲線，図8はその時の電流密度と電圧の関係である。この傾きからセル抵抗を読み取ると 0.58 Ωcm² となる。

## 1.5　おわりに

　RFB の出力あたりのコストは流せる電流密度に反比例する。主要な部材がイオン交換膜，カーボン電極，双極板，フレームであり，どれもコストが面積に比例するので，1 kW を得るのに必要な面積は流せる電流密度が高ければ少なくて済むからである。したがって従来の RFB のセルに比べて5倍以上の電流密度で充放電が可能であるので5分の1以下にコストダウできる可能性が高い。太陽電池や風力発電のような自然エネルギーを利用しようとした場合，低コストの蓄電池の導入が必須と考えられており，そのコストの目安として 30000 円/kWh あたりが大きく普及する境目とされている。蓄電池のコストを見る場合パワー当たりのコストと容量当たりのコストの両方を見る必要があり，RFB の場合はパワーあたりのコストはセルに流せる電流密度で決まり，容量当たりのコストはV液の値段で決まる[4]。本稿ではまずパワー当たりのコストは VGCF 電極を使うことでクリヤーできることを示せたと思う。次にV液のコストを下げる必要がある。そうすれば 30000 円/kWh の目標をクリヤーできるのは確実ではないかと思う。

## 文　　献

1) 塙健三，CNTの中の「VGCF®」の紹介と将来展望，*JETI*, **62**(11), 1 (2014)
2) K Iseki *et al.*, the electrode composed of carbon nanotube for vanadium redox flow batteries, *IFBF*, 24-25 (2014)
3) M. L. Perry *et al.*, advanced redox-flow batteries: a perspective, *Journal of The Electrochemical Society*, **163**, A5064-A5067 (2016)
4) J Noack *et al.*, the chemistry of redox-flow batteries, *Angew. Chem. Int. Ed.,* **54**, 9776-9809 (2015)

## 2 ポーラスカーボン電極表面におけるレドックス反応

丸山　純*

### 2.1 はじめに

レドックスフロー電池の効率向上のため、レドックス反応を促進させる電極が求められている。電極においては、電解液との接触面積を広くし、かつ高い導電性を確保する必要があるため、これまで一般的に、炭素繊維をフェルト状やペーパー状に成形してポーラス電極として使用されてきた。現在最も研究開発が進んでいるバナジウムレドックスフロー電池（VRFB）の場合、電極反応は以下のとおりである。

$$VO_2^+ + 2H^+ + e^- \rightleftharpoons VO^{2+} + H_2O \quad \text{（正極）}$$
$$V^{2+} \rightleftharpoons V^{3+} + e^- \quad \text{（負極）}$$

正極反応に対する大きな過電圧がグラッシーカーボン電極において観察されている[1]。一方、カーボンペーパー電極では正極反応に比べて負極反応の過電圧が大きくなることが報告されている[2]。このように観察結果が異なるのは、電極材料、電解質濃度など諸条件が異なるためであると考えられるが、いずれにしても電極反応の促進が大きな課題となっていることは確かである。

ポーラスカーボン電極におけるレドックス反応促進のため、大まかに分類して以下の3種類の方法がこれまでに研究されてきた。

(1) カーボン表面酸化による酸素含有表面官能基付与[3〜10]
(2) 触媒担持[11〜17]
(3) 炭素-炭素複合体形成[18〜20]

筆者らもそれぞれの手法に関して研究を行ってきた。以下に最近の成果について紹介する。

### 2.2 酸素含有官能基を付与した炭素表面におけるジオキソバナジウムイオン還元反応機構[21]

レドックス反応促進のためカーボン表面酸化を行う研究例は数多く報告されており、酸素含有表面官能基が反応に関わる図1のような反応モデルが提案されている[4,8,9]。このモデルでは、種々ある炭素表面官能基のうち、水酸基だけが考慮されており、その他の表面官能基については考慮されていないなど、詳細な反応機構については明らかになっていない。このようにVRFB電極反応に関して基礎的知見が不足しているのが現状である。これは、これまでのVRFBの研究は、基礎研究より、応用面に重きがおかれ、実用レベルの電池性能を得る取り組み、また、そのための新材料開発が優先されてきたためである。しかし、VRFBの効率向上のためには、反応機構を基礎的に解明し、反応促進の因子を明らかにすることが不可欠である。そこで筆者らは、グラッシーカーボン回転電極（GC RDE）をVRFB炭素電極のモデルとして用いて、正極

---

* Jun Maruyama　大阪産業技術研究所　環境技術研究部　生産環境工学研究室
　研究主任

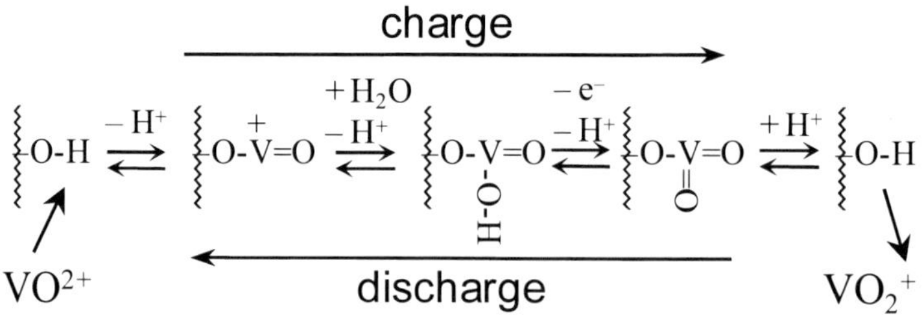

## レドックスフロー電池の開発動向

図1 VRFB 正極における反応モデル。波線は炭素電極表面を表す。

Reproduced with permission from *J. Electrochem. Soc.*, **160**, A1293 (2013). Copyright 2013, The Electrochemical Society.

活物質のジオキソバナジウムイオン（$VO_2^+$）の還元反応を基礎的に調べ，反応機構を明らかにすることを試みた。

1 M $H_2SO_4$ 電解液中，Ar 雰囲気下，カーボンクロスを対極，Ag/AgCl/NaCl(3 M)(0.212 V vs SHE) を参照極として，電極電位を 1.8 V に一定時間保持することによって，GC の表面に酸素含有官能基を付与した。電気化学酸化前の GC，および 1.8 V に 10，20，30 分保持して電気化学的酸化を行った GC における，$VO^{2+}$，$VO_2^+$ を 5 mM ずつ含む 1 M $H_2SO_4$ 水溶液（$VO_2^+$ (5 mM)-$VO^{2+}$(5 mM)-$H_2SO_4$(1 M)）中の電流電位曲線を種々の電極回転数で測定し，Koutecky-Levich 式を用いて，電解液中における拡散の影響を除いた，GC 表面上での $VO_2^+$ 還元反応の反応電流 $I_K$ を求めた。図2に電極電位と $\log(-I_K/A)$ の関係（Tafel plot）を示す。

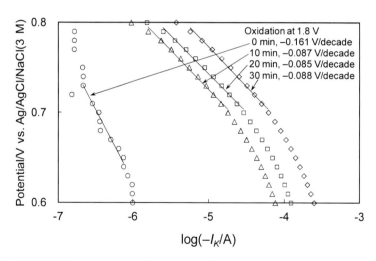

図2 電気化学的酸化処理前 (0 min, ○)，10 分 (△)，20 分 (□)，30 分 (◇) 電気化学的酸化処理を行った GC 電極上における，$VO_2^+$ (5 mM)-$VO^{2+}$(5 mM)-$H_2SO_4$(1 M) 電解液中での $VO_2^+$ 還元反応電流 ($-I_K$) の Tafel プロット

Reproduced with permission from *J. Electrochem. Soc.*, **160**, A1293 (2013). Copyright 2013, The Electrochemical Society.

## 第5章 電極材料

GCの電気化学的酸化により$VO_2^+$還元反応電流が大きく向上し,さらに,酸化処理時間の増加とともに電流値が増加した。電気化学的酸化処理前のGCにおいて,過電圧が小さい領域では,ほぼ直線的な関係が得られ,その勾配(Tafel勾配)は$-0.161$ V decade$^{-1}$であった。この挙動は,これまでに報告されている結果と一致し,溶存バナジウムイオン種の化学反応,電荷移動過程を考慮した反応機構により説明されている[1]。一方,電気化学的酸化処理を行ったGCでは,Tafel勾配は酸化処理時間によらず,$-0.087$ V decade$^{-1}$前後であった。この値は,これまでに提案された反応機構では説明できない。

図1の反応をそれぞれ式で表すと以下のようになる。

$$C(S)\text{-}OH + VO_2^+ \underset{k_{-1}}{\overset{k_1}{\rightleftarrows}} C(S)\text{-}O\text{-}VO_2 + H^+ \qquad \text{(reaction 1)}$$

$$C(S)\text{-}O\text{-}VO_2 + H^+ + e^- \underset{k_{-2}}{\overset{k_2}{\rightleftarrows}} C(S)\text{-}O\text{-}V(O)OH \qquad \text{(reaction 2)}$$

$$C(S)\text{-}O\text{-}V(O)OH + H^+ \underset{k_{-3}}{\overset{k_3}{\rightleftarrows}} C(S)\text{-}O\text{-}V^+=O + H_2O \qquad \text{(reaction 3)}$$

$$C(S)\text{-}O\text{-}V^+=O + H^+ \underset{k_{-4}}{\overset{k_4}{\rightleftarrows}} C(S)\text{-}OH + VO^{2+} \qquad \text{(reaction 4)}$$

ここでC(S)はGC表面の炭素原子を表す。電荷移動過程(reaction 2)が律速段階で,その他の段階は平衡状態にあり,また,逆反応は無視できると仮定すると,電流と電位の関係は以下の式で表される。

$$-I = FAk_2K_1\Gamma_{C(S)\text{-}OH}c_{VO_2^+}\exp\left[-\frac{\alpha F}{RT}\eta\right] \qquad (1)$$

ここで$I$は$VO_2^+$還元電流(還元電流の符号をマイナスとした),$K_1 = k_1/k_{-1}$,$\Gamma_{C(S)\text{-}OH}$は水酸基状表面官能基表面濃度,$c_{VO_2^+}$は$VO_2^+$濃度,$\alpha$は移動係数,$F$はファラデー定数,$R$は気体定数,$T$は絶対温度,$\eta$は過電圧である。詳細については文献21)に記載しているが,$\Gamma_{C(S)\text{-}OH}$は以下のように表されることが分かっている。

$$\Gamma_{C(S)\text{-}OH} \cong k'\exp\left[\frac{\ln 10}{b_{C(S)\text{-}OH}}\eta\right] \qquad (2)$$

ここで,$b_{C(S)\text{-}OH}$は図3に示すようなキノン状表面官能基から水酸基状表面官能基への電気化学的還元反応のTafel勾配,$k'$は$b_{C(S)\text{-}OH}$の他,標準酸化還元電位などから構成される定数である。式(1),(2)により,

$$-I = FAk_2K_1k'c_{VO_2^+}\exp\left[-\left(\frac{\alpha F}{RT} - \frac{\ln 10}{b_{C(S)\text{-}OH}}\right)\eta\right] \qquad (3)$$

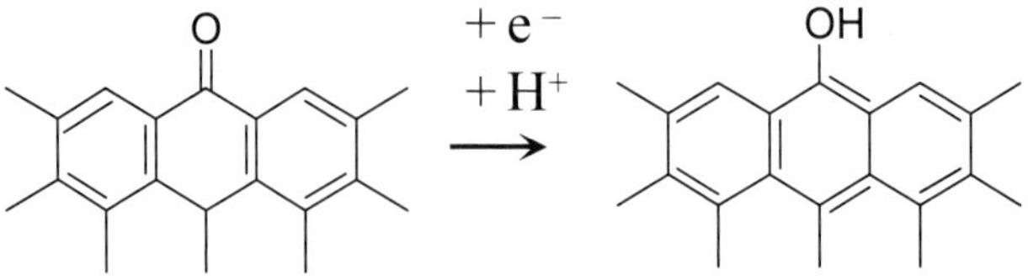

図3 キノン状表面官能基から水酸基状表面官能基への電気化学的還元の模式図

Tafel 勾配 $b$ は以下の式のようになる。

$$b = -\frac{\frac{RT}{F}\ln 10}{\alpha - \frac{RT}{F}\frac{\ln 10}{b_{C(S)\text{-}OH}}} = -\frac{0.0591}{\alpha - \frac{0.0591}{b_{C(S)\text{-}OH}}} \quad (25°C \text{において}) \tag{4}$$

$b_{C(S)\text{-}OH}$ は $-0.281$ V decade$^{-1}$ から $-0.291$ V decade$^{-1}$ の間であり，$\alpha$ を一般的な 0.5 とすると，$b$ は $-0.083$ V decade$^{-1}$ から $-0.084$ V decade$^{-1}$ の間となり，観察された値とほぼ一致する。したがって，キノン状表面官能基と水酸基状表面官能基の双方を考慮し，水酸基状表面官能基への還元と，$VO_2^+$ に始まる，炭素電極の水酸基状表面官能基に配位された状態で進行する還元反応機構により，実験結果がうまく説明可能となった。

## 2.3 Fe-$N_4$ サイト含有炭素薄膜の被覆によるジオキソバナジウムイオン還元反応の促進[22]

ポーラスカーボン電極に触媒成分を担持することによるレドックス反応促進の試みとして，これまで，貴金属もしくは金属酸化物を担持した炭素材料，窒素ドープ炭素などの研究例があるが，コスト，製造法，活性に問題があった。一方，非貴金属系燃料電池正極触媒としてよく知られている，metal-$N_4$ サイトを表面に有する炭素材料は[23,24]，最近，水素発生反応に対する触媒能を有することが見出された[25]。筆者らは，一連の典型的な遷移金属が metal-$N_4$ サイトの中心金属となるように炭素材料を作製し，VRFB 正極放電反応であるジオキソバナジウムイオン（$VO_2^+$）還元反応に対する触媒能を調べた。

炭素繊維のモデルとして，カップスタック型カーボンナノファイバー（CSCNT）を用いて担体とし，金属フタロシアニン（MPc, M = TiO, VO, Mn, Fe, Co, Ni, Cu）とともにるつぼに入れ，蓋をした上で 800 °C で熱処理した。CSCNT と MPc の割合は 10 : 1 とした。酸洗浄を行い可溶性の金属分を除去し，MPc 由来炭素薄膜を被覆した CSCNT を触媒粉末として得た。X 線光電子分光分析，ならびに X 線吸収微細構造の測定により，触媒表面には metal-$N_4$ サイトが形成されていることが分かっている。触媒と固体電解質（Nafion）から触媒層を作製して，GC 回転電極上（直径 3 mm）に 20 $\mu$g 固定し，Ar 雰囲気下，1 M $H_2SO_4$ 水溶液においてサイクリックボルタモグラムを測定し，また，$VO_2^+$(5 mM)-$VO^{2+}$(5 mM)-$H_2SO_4$(1 M) 電解液において，25°C，Ar 雰囲気下，400～2000 rpm で回転させながら電流電位曲線を測定した。

$VO_2^+$ 還元電流と，$H_2SO_4$(1 M) 電解液中でのサイクリックボルタモグラムに囲まれた領域の

## 第 5 章 電極材料

電気量 $Q$（ラフネスに相当）の関係を図 4 に示す。M ＝ Fe 以外は，$Q$ と還元電流値は比例関係にあることから，電流値はラフネスに依存していることが分かる。一方，M ＝ Fe の場合だけは異なり，大きな電流値を示すことがわかった。Tafel 勾配は，M ＝ Fe 以外では，ほぼ $-0.16$ V decade$^{-1}$ であった。前項同様，溶存バナジウムイオン種の化学反応，電荷移動過程を考慮した反応機構により説明される。一方，M ＝ Fe の場合，異なる Tafel 勾配となり，$-0.131$ V decade$^{-1}$ であった。この値は，Fe-N$_4$ サイトを介した内圏機構（図 5）により VO$_2^+$ 還元反応が進行することを示唆しており，Fe-N$_4$ サイトは VO$_2^+$ 還元反応に対する触媒能を有することが明らかとなった。なお，Fe-N$_4$ サイト含有炭素薄膜被覆量の最適化や，被覆した CSCNT 層の多孔化により，VO$_2^+$ 還元ならびに VO$^{2+}$ 酸化電流値がさらに向上することも明らかになっている[26,27]。

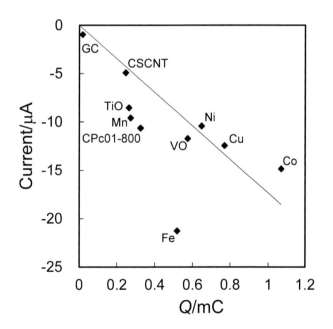

図 4　VO$_2^+$(5 mM)-VO$^{2+}$(5 mM)-H$_2$SO$_4$(1 M) 電解液中での 0.6 V (vs. Ag/AgCl/3M NaCl) における VO$_2^+$ 還元電流（電極回転数は 2000 rpm）と，H$_2$SO$_4$(1 M) 電解液中でのサイクリックボルタモグラムに囲まれた領域の電気量 $Q$（ラフネスに相当）の関係

還元電流の符号をマイナスとした。図中に金属フタロシアニンの金属種を表示した。触媒層形成前の GC 電極の結果は「GC」，金属フタロシアニン由来炭素薄膜被覆前の CSCNT の結果を「CSCNT」中心金属なしのフタロシアニンを用いて作製した触媒の結果は「CPc01-800」と表示した。

(Reproduced with permission from *ChemCatChem*, 7, 2305 (2015). Copyright 2015, John Wiley & Sons.)

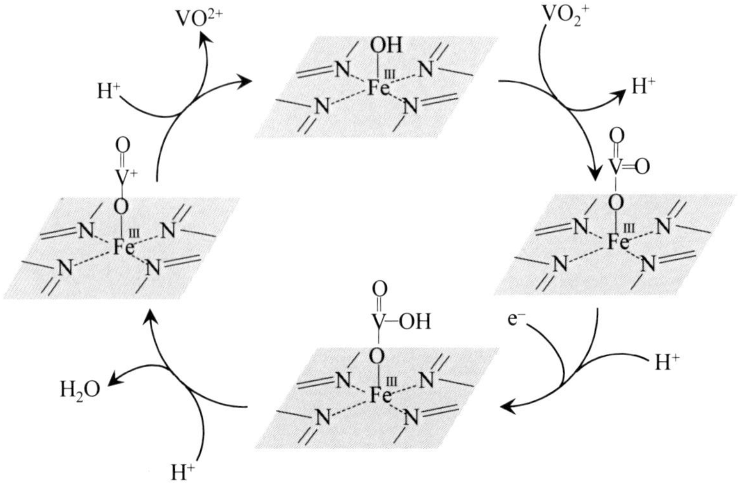

図5 Fe-N₄サイトにおける VO₂⁺ 還元反応機構の模式図

Reproduced with permission from *ChemCatChem*, 7, 2305 (2015). Copyright 2015, John Wiley & Sons.

## 2.4 3次元網目状構造を有する酸化黒鉛還元体におけるバナジウムイオン酸化還元反応[28]

レドックス反応促進のためにカーボンペーパー，もしくはカーボンフェルトと複合化する炭素材料として，カーボンナノチューブや酸化黒鉛還元体（rGO）がよく用いられている。特に，rGO はエネルギー変換デバイスに用いる新たな電極材料として最近注目を集めている。rGO は，積層しやすく，有効な表面積が小さくなる欠点を有する。筆者らは，氷晶テンプレートを用いて3次元網目状構造を形成することで，その問題を解決し，さらにVRFB 電極としての可能性を調べるため，3次元網目状構造を有する rGO におけるバナジウムイオン酸化還元反応を調べた。

鱗片状黒鉛（Z-5F，伊藤黒鉛工業製，平均粒径 5 $\mu$m），ならびに天然黒鉛（日本黒鉛製，63～74 $\mu$m）から，Brodie 法により酸化黒鉛（GO）を作製した。得られた試料をそれぞれ BGOs，BGOl とする。GO を $NH_3$ 水溶液に入れ，超音波を照射して GO 分散液を調整した。GO 分散液を平滑なポリテトラフルオロエチレン（PTFE）製シャーレ表面上に滴下した後，カーボンペーパー（ドナカーボ・ペーパー，大阪ガスケミカル製）に含浸させた。その後，シャーレの底を液体窒素に接触させ，分散液を凍結させた。その後，真空下で乾燥させた。BGOs，BGOl から得た電極前駆体を BGOs-fd，BGOl-fd とする。比較のため，BGOs 分散液から 80℃ のホットプレート上で乾燥させた電極前駆体（BGOs-80d）も作製した。BGOs-fd を，Ar 雰囲気中，5℃ min$^{-1}$ で昇温後，600，800，1000℃ で5分保持することにより，GO を熱的に還元して炭素電極を得た。それぞれ BGOs-fd-600，BGOs-fd-800，BGOs-fd-1000 とする。BGOl-fd，BGOs-80d については，1000℃ で熱処理して炭素-炭素複合体電極とした。これを BGOl-fd-1000，BGOs-80d-1000 とする。

## 第5章　電極材料

　図6に炭素-炭素複合体電極の電界放出型走査顕微鏡（FESEM）像を示す。凍結乾燥を経て作製された電極にはrGOからなる3次元の網目状の構造が炭素繊維と複合化した構造が観察された。熱処理温度が高い場合，また，粒径がより細かい鱗片状黒鉛を出発原料とした場合，より構造が微細化していた。凍結乾燥を経ない場合には，微細な構造は観察されなかった。乾燥中にGOが再凝集したためであると考えられる。従って，より細かい出発原料の使用，凍結乾燥，高温での熱処理によって高分散化した電極が作製可能であることが分かった。

　図7に$VO^{2+}/VO_2^+$の酸化還元反応についての特性を示す。電流値は別途測定した電気化学的な有効表面積と相関しておらず，図6で最も高分散化した構造を有するBGOs-fd-1000において，電流値が大きく，最も高い活性を示した。これは，電気化学的に有効な表面積だけではなく，$VO^{2+}/VO_2^+$酸化還元反応の反応サイト同士が離れていることが重要であることを示していると考えられる。この場合には，熱処理温度の増加とともにGOに含まれる酸素脱離が進行し，それに伴って生成するエッジ面が反応サイトに相当する。したがって，高分散化した酸化黒鉛還元体複合電極がバナジウムレドックスフロー電池正極として有望であることが明らかとなった。

　なお，$VOSO_4$と$V_2O_5$の等量を硫酸水溶液に溶解させて調整した溶液に，BGOs-fd-1000を

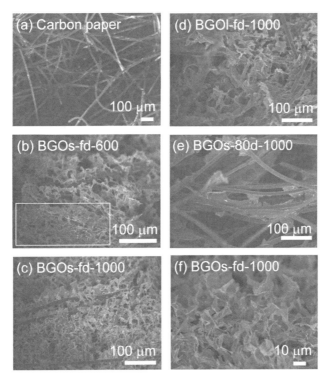

**図6　炭素-炭素複合体電極（(a) carbon paper，(b) BGOs-fd-600，(c) BGOs-fd-1000，(d) BGOl-fd-1000，(e) BGOs-80d-1000）の電界放出型走査顕微鏡（FESEM）像**
（b）における囲まれた領域は微細化前の状態を示す。（f）は（e）の拡大図。（Reproduced with permission from *ChemElectroChem*, **3**, 650 (2016). Copyright 2015, John Wiley & Sons.）

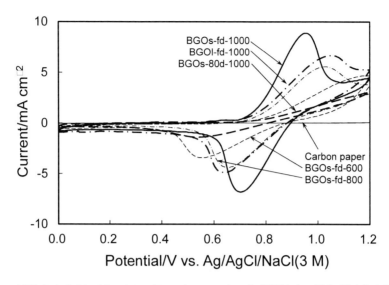

図7 Arで飽和した25℃でのVOSO$_4$(0.1 M)-H$_2$SO$_4$(1 M) 電解液中の炭素-炭素複合体電極における走査速度1 mV s$^{-1}$で測定したサイクリックボルタモグラム

含浸させてバナジウムイオン種を吸着させた後,超純水でよくすすいで乾燥させた試料(V-BGOs-fd-1000)のV-K端のX線吸収端近傍微細構造(XANES),広域X線吸収微細構造(EXAFS)を測定した結果(図8),吸着種のスペクトルはVOSO$_4$,V$_2$O$_5$のいずれとも異なり,

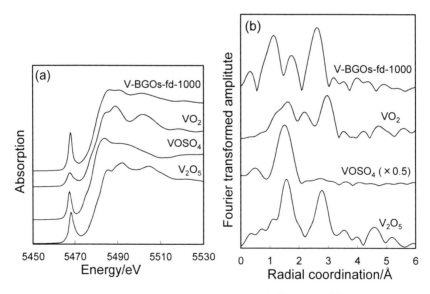

図8 V-BGOs-fd-1000, VO$_2$, VOSO$_4$, and V$_2$O$_5$のV-K吸収端における(a) XANESスペクトル,ならびに,(b) EXAFSスペクトルのフーリエ変換により得られた動径構造関数

Reproduced with permission from *ChemElectroChem*, 3, 650 (2016). Copyright 2015, John Wiley & Sons.

## 第 5 章 電極材料

VO$_2$ に近く，また，EXAFS の結果から，バルクの VO$_2$ よりも V-O 結合距離が短くなっていることがわかった。これは吸着種が VO$_2$ であり，炭素表面と相互作用していることを示している。このバナジウムイオン種と炭素材料との相互作用は本研究において初めて示された。このような吸着種がレドックス反応の被毒種となっている可能性も指摘されており[29]，レドックス反応促進のためにも，より詳細な研究が必要である。

### 2.5 おわりに

　以上，ポーラスカーボン電極におけるレドックス反応促進のための最近の研究について紹介した。実際のフロー電池では，電解液濃度の違いによる反応への影響や[30]反応種の違い[31]，また電解液の流れの影響もあり，より複雑であるため，今回紹介した研究成果の応用には，さらなる研究が必要であると思われるが，今後も新たな手法を積極的に考案することにより，レドックス反応のさらなる促進と，それに伴うフロー電池の効率向上，低価格化がもたらされることを期待する。

### 文　　献

1) M. Gattrell et al., *J. Electrochem. Soc.*, **151**, A123 (2004)
2) C. -N. Sun et al., *ECS Electrochem. Lett.*, **2**, A43 (2013)
3) A. M. Pezeshki et al., *J. Power Sources*, **291**, 333 (2015)
4) B. Sun et al., *Electrochim. Acta*, **37**, 1253 (1992)
5) E. Agar et al., *J. Power Sources*, **225**, 89 (2013)
6) K. J. Kim et al., *Sci. Rep.*, **4**, 6906 (2014)
7) B. Sun et al., *Electrochim. Acta*, **37**, 2459 (1992)
8) L. Yue et al., *Carbon*, **48**, 3079 (2010)
9) C. Gao et al., *Electrochim. Acta*, **88**, 193 (2013)
10) W. Zhang et al., *Electrochim. Acta*, **89**, 429 (2013)
11) B. Li et al., *Nano Lett.*, **14**, 158 (2014)
12) Z. González et al., *Electrochem. Commun.*, **13**, 1379 (2011)
13) B. Sun et al., *Electrochim. Acta*, **36**, 513 (1991)
14) Y. Shao et al., *J. Power Sources*, **195**, 4375 (2010)
15) C. A. Yao et al., *J. Power Sources*, **218**, 455 (2012)
16) H. P. Zhou et al., *RSC Adv.*, **4**, 61912 (2014)
17) K. J. Kim et al., *Chem. Commun.*, **48**, 5455 (2012)
18) P. X. Han et al., *Energy Environ. Sci.*, **4**, 4710 (2011)
19) W. Li et al., *Carbon*, **55**, 313 (2013)

20) W. Li *et al.*, *Carbon*, **49**, 3463 (2011)
21) J. Maruyama *et al.*, *J. Electrochem. Soc.* **160**, A1293 (2013)
22) J. Maruyama *et al.*, *ChemCatChem,* **7**, 2305 (2015)
23) M. Shao *et al.*, *Chem. Rev.*, **116**, 3594 (2016)
24) U. I. Kramm *et al.*, *J. Am. Chem. Soc.*, **138**, 635 (2016)
25) J. Maruyama *et al.*, *ChemCatChem*, **6**, 2197 (2014)
26) J. Maruyama *et al.*, *J. Power Sources*, **324**, 521 (2016)
27) J. Maruyama *et al.*, *Electrochim. Acta*, **210**, 854 (2016)
28) J. Maruyama *et al.*, *ChemElectroChem*, **3**, 650 (2016)
29) H. Fink *et al.*, *J. Phys. Chem. C*, **120**, 15893 (2016)
30) N. Pour *et al.*, *J. Phys. Chem. C*, **119**, 5311 (2015)
31) N. Kausar *et al.*, *J. Appl. Electrochem.*, **31**, 1327 (2001)

# 3 ボロンドープダイヤモンド電極および活性炭繊維電極

吉原佐知雄*

## 3.1 ボロンドープダイヤモンド電極

### 3.1.1 概説

レドックスフロー電池はその容量の大きさと長寿命な点から再生可能エネルギーの蓄電システムとして期待されている。しかし，エネルギー密度が他の蓄電デバイスよりも小さいため，電極セルを大量に設置する必要とすることを欠点とする。

本稿では，ボロンドープダイヤモンド（Boron Doped Diamond, BDD）を電極として使用し，レドックスフロー電池のエネルギー密度改善を目的とした電極性能の評価を行った。BDDは特徴として電位窓の広さが挙げられる。このことから，従来の電極で用いることのできなかった比較的電位が貴側あるいは卑側のレドックス対を採用できると考えられる。

電極と電解液の組み合わせた性能の評価にサイクリックボルタメトリー（Cyclic Voltammetry, CV）を用いた。

### 3.1.2 BDD電極の製膜と作製

メタノール（関東化学製　純度99.8%　脱水）50 mLに酸化ほう素（高純度化学研究所製　純度99.9%）を6.9254 g加えて溶解させた。そして，アセトン（関東化学製　純度99.5%）90 mLに作製した溶液を10 mL分取し加えた。溶液を十分に混合させてBDD源とした。

### 3.1.3 基板の前処理

バフ研磨用フェルトの上にダイヤモンドパウダー（TOMEIDIA製　0-1.5（0.8 $\mu$m））をスパチュラ一杯分撒き，その上にSiウエハー（三菱金属　直径5 cm）の鏡面側を下にして置き5分間擦り付けた。これによりSiウエハー表面の粗化と核の種づけ処理が行われる。100 mLビーカーに処理後のSiウエハー，蒸留水20 mL，ダイヤモンドパウダー（TOMEIDIA製　0-3（1.4 $\mu$m））の順に加え，超音波照射装置（SND製　US-1KS）を用いて10分間超音波処理を行った。これにより，Siウエハー表面にダイヤモンドを多く含む状態とする。超音波処理後にSiウエハーに付着した水分をエアブローで除去した。

新たに100 mLビーカーを用意し処理後のSiウエハー，アセトン（関東化学製　純度99.5%　脱水）20 mLをそれぞれ加え，更に5分間超音波処理を行った。処理後，アセトンを捨てて代わりにメタノール（関東化学製　純度99.8%　特級）20 mLを加え，更に5分間超音波処理を行った。超音波処理後にSiウエハーに付着したメタノールをエアブローで除去し，前処理基板Si基板を得た。

### 3.1.4 マイクロ波プラズマCVD法

BDDの製膜にはマイクロ波プラズマCVD装置（ASTEX製　AX5000）を使用した。装置の概略図を図1に示す。BDD源のチャンバーへの供給は水素バブリングによって行った。この装

---

\* Sachio Yoshihara　宇都宮大学　大学院工学研究科　准教授

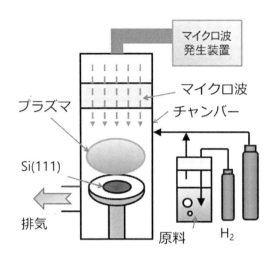

図1 マイクロ波プラズマ CVD 装置の概略図

表1 マイクロ波プラズマ CVD による BDD 製膜条件

| 基板 | Si（111） |
|---|---|
| B/C 濃度 | 10,000 ppm（膜中 1800 ppm） |
| キャリア $H_2$ ガス流量 | 300 sccm |
| バブリングガス流量 | 3.0 sccm |
| チャンバー内圧 | 70 Torr（$9.3 \times 10^4$ Pa） |
| ステージ温度 | 540℃ |
| マイクロ波出力 | 1500 W |
| 製膜時間 | 24 hr |

置に BDD 源と前処理 Si 基板をそれぞれセットし BDD の製膜を行った。製膜条件を表1に示す。また，膜中の B/C 濃度は GD-OES 測定結果から得られた予想値を示した。24 時間後に得られた基板上に製膜されたものを BDD とする。

### 3.1.5 製膜した BDD の観察

製膜した BDD の外観を図2に示した。Si 基板の鏡面が見られず，黒灰色の堆積物が確認できる。このことから，BDD が製膜されていると考えられる。

マイクロスコープによる表面の観察結果を図3に示した。同様の方法を用いて作製した従来の BDD と同様に，シャープなエッジやピラミッド構造を形成した。

マイクロスコープによる断面の観察結果を図4に示した。膜厚は $26.11 \pm 0.89\ \mu m$ となった。

### 3.1.6 BDD 電極の作製

作製した BDD を Si 基板ごとに 2 cm × 1 cm の大きさにカットした（図5①）。そして直径 0.30 cm の穴（面積 0.28 cm$^2$）を空けたマスキングテープを BDD 側に貼り付けた（図5②）。その後 Au ペースト（徳力化学研究所製）を用いて導線を固定し，乾くまで一晩静置した（図5

第 5 章　電極材料

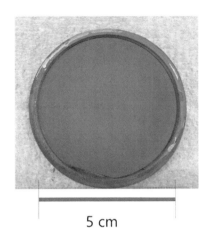

図 2　BDD の外観

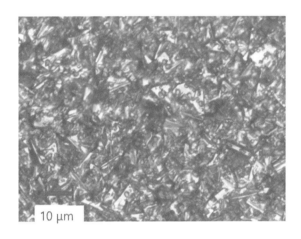

図 3　マイクロスコープによる BDD 表面観察

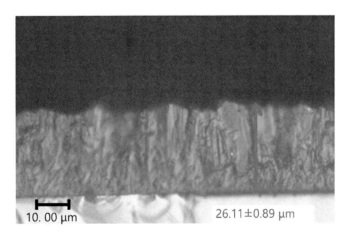

図 4　マイクロスコープによる BDD 断面観察

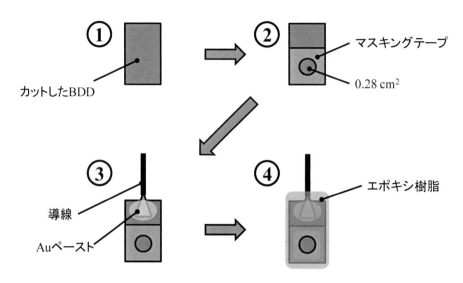

図5 BDD電極の作製手順

③)。最後にエポキシ樹脂（セメダイン製）によって絶縁シーリングを行った（図5④)。乾燥とシーリングをBDD全面で繰り返し，外部からBDD露出部以外の箇所において導電が行われないようにした。

BDDとの比較としてグラッシーカーボン電極（Glassy Carbon, GC）を用いた。GCをBDDと同様に2 cm × 1 cmに切断し，図5と同様の方法で電極とした。

### 3.1.7 電解液の作製

電解液のバナジウム源として，硫酸バナジルn水和物（関東化学）を用いる。この水和物はn = 1〜6, 6.5であり，作製方法によって異なる。なお，バナジルとは$VO^{2+}$，$VO_2^+$などの陽性基の通俗名で，今日では酸化物塩または配位化合物として命名するのが正式である[1]。

バナジウムの支持電解質として硫酸（96%　関東化学）を用いた。バナジル溶液に支持電解質を加えることにより，電解質の電気抵抗を小さくすることができる[2]。また，図6に示したバナジウムの電位-pH図から強酸性条件下において，本実験で使用する3価，4価，5価のバナジウムが安定して存在する[3]。

電解液の水溶液を作るため，純水を使用した。

#### (1) ICP発光分光分析

バナジウムの定量分析を行うため，100 ppm, 10 ppm, 1 ppmの標準溶液を用いて図7の検量線を作成した。本実験で用いる電解液の溶液のままでは発光強度が大きいため，溶液を2000倍に希釈した。

#### (2) 4.0 M $H_2SO_4$

ブランク，あるいは一般的なEDLCとの比較を行うために4.0 M $H_2SO_4$水溶液を用いた。30〜50 wt%の$H_2SO_4$は図8に示すように，種々の酸及びアルカリ水溶液において比較的導電

第 5 章　電極材料

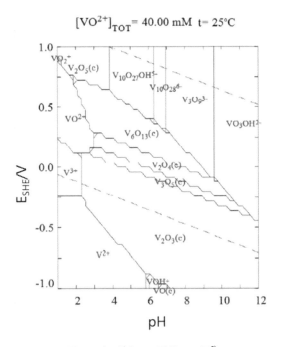

図 6　バナジウムの電位-pH 図[3]

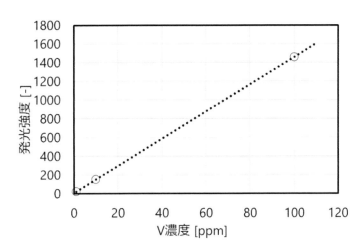

図 7　ICP 発光分析によるバナジウムの濃度決定の際に用いた検量線

率が高く，また，蒸気圧が室温における相対湿度 45％相当であることから，長期信頼性に優れる利点を持つ[4]。4.0 M $H_2SO_4$ 水溶液は 34.5 wt％を示し，先述の範囲に含まれる。

作製方法について，純水をビーカーに取り，氷浴中で撹拌しながら $H_2SO_4$ を適量加えた。最後に必要体積となるまでメスアップを行った。

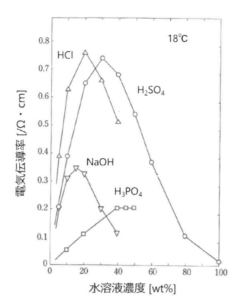

図8 各種水溶液の電気伝導率[4]

(3) 0.5 M $VOSO_4$ + 1.0 M $H_2SO_4$

電気二重層と擬似容量それぞれの電気化学的な反応を見ることを目的としたため，バナジウム濃度と $H_2SO_4$ 濃度をブランクよりも比較的小さな値とした。

必要量の硫酸バナジル n 水和物をビーカーに取り，適量の純水に溶かし，十分に撹拌した。その後，氷浴中で撹拌しながら $H_2SO_4$ を適量加えた。最後に必要体積となるまでメスアップを行った。

### 3.1.8 セルの作製

電気化学測定セルとして，3電極式を用いた。作用極に作製した BDD 電極，対極に白金メッシュ，参照極に飽和カロメル電極（SCE）を用いた。

### 3.1.9 酸素終端処理と水素終端処理

BDD の製膜過程において $H_2$ ガスをキャリアガスとして用いることから，BDD の表面は水素終端処理が施された状態となる。そこで，BDD 電極表面において酸素発生，水素発生反応を起こし，それぞれ酸素終端処理，水素終端処理とした[5]。

酸素終端処理について，1.0 M $H_2SO_4$ 溶液中において 3.0 V vs. SCE の電位を 30 分間維持した BDD 電極を BDD-O とした。水素終端処理について，1.0 M $H_2SO_4$ 溶液中において $-2.0$ V vs. SCE の電位を 30 分間維持した BDD 電極を BDD-H とした。

得られた BDD-H と BDD-O を水洗後に超音波洗浄を行った。

### 3.1.10 バナジウム溶液中における BDD 電極の電気化学特性

(1) 実験条件

CV の測定条件は測定毎に決定し，5 サイクルの測定を行った。測定には電気化学測定システ

## 第5章　電極材料

ム（HZ-5000，北斗電工）を使用した。

### (2) 結果と考察

1.5 M $VOSO_4$ + 2.0 M $H_2SO_4$ 溶液中におけるBDD-HのCV測定結果を図9に示した。Blank（2.0 M $H_2SO_4$）溶液と比較すると，1.2 V *vs.* SCE付近から貴側に酸化電流を，0.2 V *vs.* SCE付近から卑側に還元電流を確認することができる。

図の酸化電流について，溶液中の物質から$V^{4+} \to V^{5+}$の酸化反応によるものと考えられる。その場合，$V^{5+} \to V^{4+}$の還元反応による還元電流がほとんど確認できない。これは酸化によって得られた$V^{5+}$が化学反応を伴って$[VO_2(H_2O)_3]^+$以外の形を取ったためと考えられる。$V^{4+}/V^{5+}$が準可逆反応として進行した可能性も考えられるが，走査速度の異なる5 mV/sと50 mV/sのそれぞれにおいて還元電流が確認されなかったことから，この系に関して走査速度の影響を受けると考えられる準可逆反応を考慮していない[6]。反応物が消失する場合に考えられる反応機構は以下の通りである[6]。

① 生成物が非可逆的に電気化学的に不活性な物質Xになる場合（$E_rC_i$機構）

$R \rightleftarrows O + e^-$ （Electrode Reaction）　　　　　　　　　　　　　(1)

$O \to X$ （Chemical Reaction）　　　　　　　　　　　　　　　　　(2)

② 生成物が別の電気化学的に不活性な化学種Zにより元の反応物に戻される場合（$E_rC_i'$機構）

$R \rightleftarrows O + e^-$ （Electrode Reaction）　　　　　　　　　　　　　(3)

$R + Z \to O(+X)$ （Chemical Reaction）　　　　　　　　　　　　(4)

図の還元電流について，酸化電流に対応した$V^{5+} \to V^{4+}$の還元電流と仮定すると，還元電流の

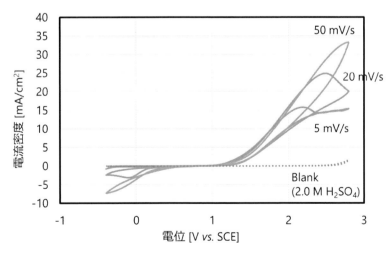

**図9**　1.5 M $VOSO_4$＋2.0 M $H_2SO_4$溶液中とBlank溶液中におけるBDD-Hのサイクリックボルタモグラム

発生電位が卑側にずれ込んでいる点や可逆性の目安となるピーク電位差 59 mV よりも著しく大きい点[6]から，この仮定は妥当でないと考えられる。

$V^{5+}$ は沈殿形成反応として，以下の反応を起こす[7]。

$$[VO_2(H_2O)_3]^+ \rightarrow H_3VO_4 \tag{5}$$

$$2H_3VO_4 \rightarrow V_2O_5 + 3H_2O \tag{6}$$

BDD 電極近傍でこれらの反応が電気化学反応を介さずに $E_rC_i$ 機構として進行し，還元ピークが得られなかった可能性が考えられる。

1.5 M $VOSO_4$ + 2.0 M $H_2SO_4$ 溶液中における BDD-O の CV 測定結果を図 10 に示した。電位走査範囲を 1.2 V vs. SCE ～ -0.2 V vs. SCE とした。0.8 V vs. SCE 付近を中心とした酸化還元電流がそれぞれ確認された。標準酸化還元電位から，

$$VO_2^+ + 2H^+ + e^- \rightleftharpoons VO^{2+} + H_2O \quad (E° = 0.759 \text{ V } vs. \text{ SCE, 25℃}) \tag{7}$$

の反応であると考えられる。

BDD-H において見られなかった電位において，アノード方向への掃引で酸化電流のピークが見られ，その後カソード方向の掃引によって還元電流が見られたことから，BDD-O 電極表面の方が $V^{4+}/V^{5+}$ の反応の活性が高いと考えられる。また，電位掃引範囲を狭めたことで EC 機構の反応を進行させなかったと考えられる。

図 11 に 1.5 M $VOSO_4$ + 2.0 M $H_2SO_4$ 溶液中における GC の CV 測定結果を示した。酸化電流と還元電流を確認することができ，それぞれ $V^{4+}/V^{5+}$ の反応であると考えられる。

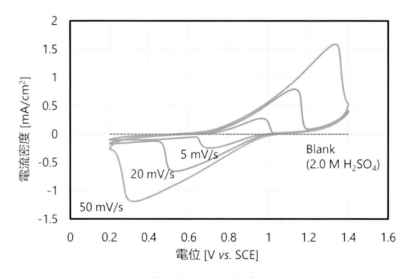

図 10　1.5 M $VOSO_4$+2.0 M $H_2SO_4$ 溶液中と Blank 溶液中における BDD-O のサイクリックボルタモグラム

第 5 章　電極材料

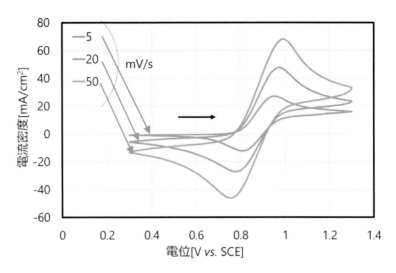

図 11　1.5 M VOSO$_4$＋2.0 M H$_2$SO$_4$ 溶液中における GC のサイクリックボルタモグラム

5 mV/s におけるピーク電位差は 147 mV と可逆性の目安となる 59 mV よりも大きくなった。BDD-O の電位差は 258 mV であり，比較すると，BDD-O 電極における V$^{4+}$/V$^{5+}$ の可逆性は劣ることが示唆された。

### 3. 1. 11　コバルト溶液中における BDD 電極の電気化学特性

Co$^{2+}$ と Co$^{3+}$ の標準酸化還元電位は以下の式で表される[8]。

$$Co^{3+} + e^- \rightleftarrows Co^{2+} \quad (E° = 1.68 \text{ V } vs. \text{ SCE, 25℃}) \tag{8}$$

酸化還元電位が比較的貴側に存在する。そのため，正極として使用することにより V 系よりも電圧を 0.92 V 高くすることができると考えられる。Co$^{2+}$/Co$^{3+}$ の酸化還元電位について BDD 電極を用いて実験を行い，電気化学性能を評価した。

Co$^{3+}$ 溶液に対してメタンスルホン酸を支持電解質とし，グラッシーカーボン電極を用いた CV による評価は行われているが，酸化電流は確認されていない[9]。

#### (1) 実験条件

電解液として 0.5 M CoSO$_4$＋1.0 M H$_2$SO$_4$ 溶液と 1.5 M CoSO$_4$＋0.5 M Na$_2$SO$_4$ 溶液を用いた。前者はレドックスフロー電池における VOSO$_4$ + H$_2$SO$_4$ に近い条件として検討した。また，後者は中性に近い条件においてどのような挙動を示すかを検討した。

CV の測定条件は測定毎に決定し，5 サイクルの測定を行った。測定には電気化学測定システム（HZ-5000，北斗電工）を使用した。

#### (2) 結果と考察

図 12 に 0.5 M CoSO$_4$＋1.0 M H$_2$SO$_4$ 溶液中における BDD-H の CV 測定結果を示した。2.1 V vs. SCE 付近に酸化電流のピークが確認された。しかし，そのピーク電流値は明らかに走査速度

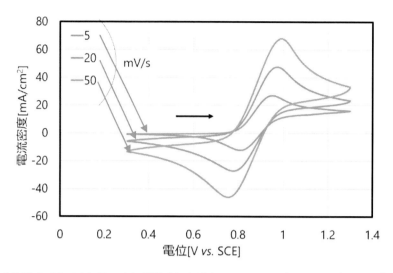

図12　0.5 M CoSO$_4$＋1.0 M H$_2$SO$_4$ 溶液中における BDD-H のサイクリックボルタモグラム（電位範囲 0〜2.6 V vs. SCE）

の平方根に比例していないことから，酸化反応が電荷移動律速と考えられる[6]。また，この酸化電流に対する還元電流が流れていないことからも，電荷移動律速である非可逆反応が起きたと考えられる[6]。

図13に0.5 M CoSO$_4$＋1.0 M H$_2$SO$_4$ 溶液中における BDD-H と GC の比較と各電極における電位窓測定による Blank 測定による CV 測定結果を示した。BDD-H は Co$^{2+}$/Co$^{3+}$の酸化電流のピークを GC よりも明確に確認できる。一方で，酸化電流が小さいことから，酸化反応が遅いと考えられる。

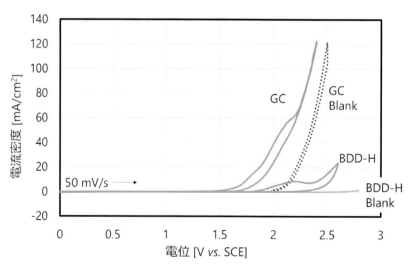

図13　0.5 M CoSO$_4$＋1.0 M H$_2$SO$_4$ 溶液と Blank 溶液中における BDD-H と GC のサイクリックボルタモグラム（50 mV/s）

第 5 章　電極材料

図 14 に 0.5 M CoSO₄ + 1.0 M H₂SO₄ 溶液中における BDD-O の CV 測定結果を示した。ピーク電位について，BDD-H で見られた 2.1 V *vs.* SCE 付近のピーク電流はほとんど確認できなかった。しかし，2.5 V *vs.* SCE から折り返し電位の間の範囲におけるアノード方向とカソード方向への掃引において異なる電流値を示したことから，酸化反応が進行したと考えられ，溶液中の組成から $Co^{2+} \rightarrow Co^{3+}$ の酸化反応と考えられる。

図 15 に 0.5 M CoSO₄ + 1.0 M H₂SO₄ 溶液中における BDD-O と GC の比較と各電極における

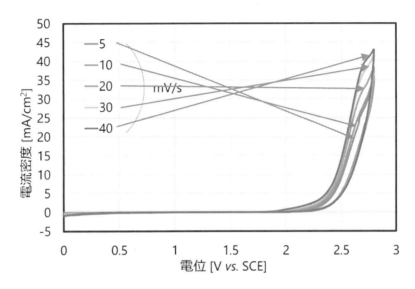

図 14　0.5 M CoSO₄＋1.0 M H₂SO₄ 溶液中における BDD-O のサイクリックボルタモグラム（電位範囲 0〜2.8 V *vs.* SCE）

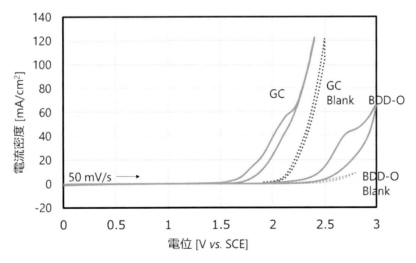

図 15　0.5 M CoSO₄＋1.0 M H₂SO₄ 溶液と Blank 溶液中における BDD-O と GC のサイクリックボルタモグラム（走査速度 50 mV/s）

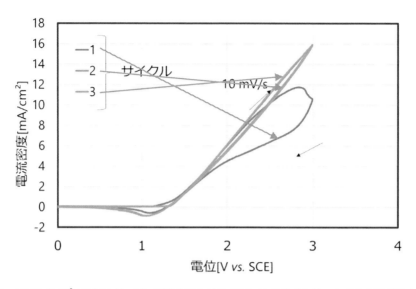

図16 1.5 M CoCl$^2$+0.5 M Na$_2$SO$_4$ 溶液中における BDD-H のサイクリックボルタモグラム（電位範囲 0～3.0 V vs. SCE，走査速度 10 mV/s）

電位窓測定による Blank 測定による CV 測定結果を示した。BDD-O における酸化電流は GC, BDD-H よりも貴側で検出された。

図 16 に 1.5 M CoSO$_4$+0.5 M Na$_2$SO$_4$ 溶液中における BDD-H の CV 測定結果を示した。1 サイクル目に酸化電流のピークと還元電流のピークが確認されたが，2 サイクル目以降は酸化ピークが確認されなかった。しかし，1 サイクル目から 3 サイクル目まで還元電流のピークは一定値得られたことから，酸化電流のピークは見られないが Co$^{2+}$→Co$^{3+}$ の酸化反応は進行したと考えられる。また，この系においても酸化電流と還元電流どちらも比較的小さい値となり，その中でも酸化電流の方が大きい値を示した。

### 3. 1. 12 まとめと考察

BDD-H と BDD-O を使用したレドックス対を探すため，いくつかの電解液を作製して CV 測定による電気化学的評価を行った。

レドックスフロー電池を想定したバナジウムを用いた場合，BDD-H よりも BDD-O の方が可逆性の向上が見られた。BDD-H において，酸化電流は確認されたが，還元電流がほとんど確認できず，また，還元電流のピークも比較的卑側の電位に見られた。これは BDD の疎水性，親水性による違いが関係していると考えられる。具体的に，表面の性質に関して BDD-H は疎水性であり，BDD-O は親水性を示す[5]。よって，水和錯体を形成するバナジウムと BDD 表面の反応を遅くしたと考えられる。そして，還元ピークがほとんど見られなかった原因として，上述の理由から V$^{4+}$ の酸化反応が遅くなると考えられる。よって，V$^{5+}$ が生成されるがバルク層との濃度差が大きくバルク層の方向に拡散してしまうため，電極表面で還元反応が見られなかったと考えられる。

## 第 5 章　電極材料

次に，フロー装置を利用してバナジウム溶液の測定を行ったが，電流がほとんど流れず，充電時の電圧が 2 V 近い値を示し，測定を行えず本節において議論することができなかった。

コバルト溶液を用いた検討において，電位に関して BDD-H と BDD-O を利用するとグラッシーカーボンを用いた時よりも比較的貴側の電位における酸化電流を明確に確認することができた。しかし，BDD-H はその酸化電流値が小さく，BDD-O の酸化電流値はグラッシーカーボンと同程度の値を示したが，酸素発生電位に近く酸素発生電流を含んだ電流値であると考えられる。さらに，どの電極においても還元反応が進行しなかった。一方で，中性条件にした際に，硫酸酸性条件では確認することができなかった還元電流が観測された。

BDD の表面修飾と溶液条件を組み合わせることで優れたレドックス対を選定し，レドックスフロー電池のエネルギー密度の増大に結び付けられる可能性が示された。

### 3.2　活性炭繊維電極―フローセルにおける性能評価
#### 3.2.1　活性炭繊維

活性炭は古くより粒状および粉末のものが使われてきた。その活性炭の中でも，繊維そのものが活性炭である活性炭繊維（Activated Carbon Fiber，ACF）が現在実用化されている。粒状活性炭と比較すると，活性炭繊維は以下のような特徴を持つ[10]。

（1）吸脱着が非常に速い。
（2）低濃度における吸着量が多い。
（3）フェルト状，糸状，織物状，紙状などの多様な形に加工可能である。

活性炭の電気化学特性は黒鉛やグラッシーカーボンと異なり，活性炭の物性や表面状態，不純物などによって大きく変わる[10]。

#### 3.2.2　概説

EDLC の持つ高出力密度とレドックスフロー電池が持つ大容量を組み合わせた新たな蓄電デバイスの開発を目標としている。その中で，バッチセルに代わりフローセルを用いた時の性能の評価を行った。フローレートを上げることでセル内の充電反応を促進させて，放電性能に影響を与えると考えた。レドックスフロー電池として電極にカーボンフェルトを利用した容量性能の評価を行った実験は多く報じられているが，活性炭繊維布を用いた性能評価は行われていない。

#### 3.2.3　電解液の作製

バナジウム溶液や Blank 用の硫酸水溶液に関して，3.1.7 で述べた作製方法で作製した。

#### 3.2.4　セルの作製
(1)　電極の作製

フローセルに用いた作用極と対極の両電極の作製方法を図 17 に示した。マスキングテープによる露出箇所の限定やアクリル板による固定をするが，バッチセルと異なり，作用極とセパレータ間，対極とセパレータ間のそれぞれの間において電解液をフローさせる必要があった。そのため，1 cm × 1 cm の穴が空いたアクリル板によって 1.5 cm × 1.5 cm の活性炭繊維布を固定した

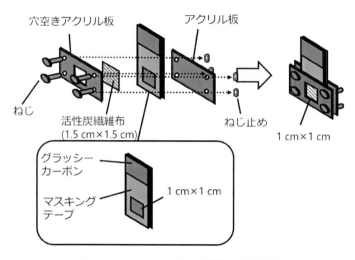

図17 フローセルに用いた電極の作製方法

電極を用いた。これによって，活性炭繊維布の脱落を防ぎグラッシーカーボンと電解液を接触させずに，独立した電極として用いることができる。

活性炭質量の規格化については，両電極の質量を足して，1 cm×1 cm の作用面積を持つ活性炭繊維布の質量を，その比から算出した。

(2) フローセルの組み立て

フローセルはミックラボ製の物を使用した。電解液の循環のために，ポンプ（東京理化機械製 EYELA ペリスタルティックポンプ チューブポンプ MP-3000H）とチューブ（内径 3.6 cm，外形 6.1 cm）をタンクと接続した。正極と負極のタンクにはそれぞれ 300 mL ビーカーを用いた。フローセルの外観図を図18に示した。

図18 フローセルの外観図

# 第5章 電極材料

　図19に正極のみフローさせる装置の概略図を，図20に両極をフローさせる装置の概略図をそれぞれ示した。正極と負極の溶液体積を150 mLとした。この体積は正極と負極間にあるセパレータが十分に浸漬するために必要な液量である。また，タンクにおける溶液体積を100 mLとした。

　セルの下部に30℃の湯浴を設置し，外界の温度変化による影響を低減させた。また，タンク

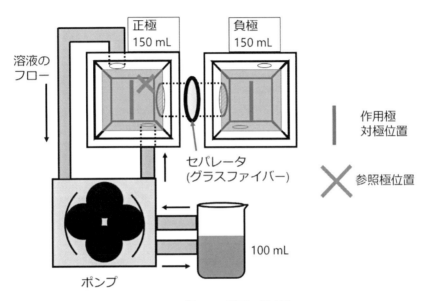

図19　正極フロー装置の概略図

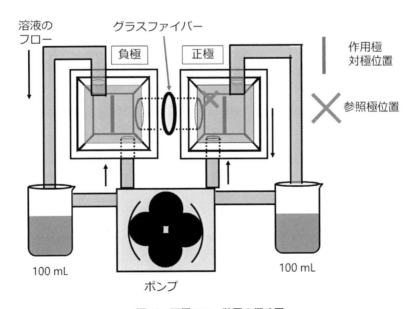

図20　両極フロー装置の概略図

ビーカーをジャッキ上に設置し,セルとの高低差による液量の変化を低減させる高さに調整を行った。これによりタンクとセル間に直接液で満たしたチューブで繋ぎ,フローによる液量の変化を低減させた。

正負両極の間にガスケットを挟み,セパレータからの漏液を防いだ。また,セルとチューブ間における接続はソケットによって行われている。

参照電極を溶液フローの影響から遠い正極側の位置に配置した。

### 3.2.5 定電流充放電試験

#### (1) 測定条件

測定に電気化学測定システム HZ-7000(北斗電工製)を使用した。HZ-7000 は作用極と対極間の電圧を制御しながら,作用極と参照極間の電圧を観測することができる。参照電極に飽和カロメル電極を用いた。

充放電電流密度を 0.15 A/g とし,充放電電圧範囲を 0~0.8 V,0~1.0 V の計 4 条件で測定した。充電と放電を 5 サイクル以上行って前のサイクルと同様の挙動が得られることを確認し,5 サイクル目の値を使用した。

フロー条件について,ポンプの回転速度を 0,20,40,60,80 rpm とし,それぞれフローレートに換算するとフロー無し,6.25,12.5,18.75,25 mL/min となり,これらの計 5 種類の条件で測定を行った。

### 3.2.6 結果と考察

図 21,図 22 に充放電電圧範囲 0.8 V と 1.0 V,充放電電流密度 0.15 A/g における各フロー条件の放電容量を示した。4.0 M $H_2SO_4$ よりも 0.5 M $VOSO_4$ の方が大きい放電容量となった。しかし,正極フローと両極フローによる違いはほとんど見られなかった。

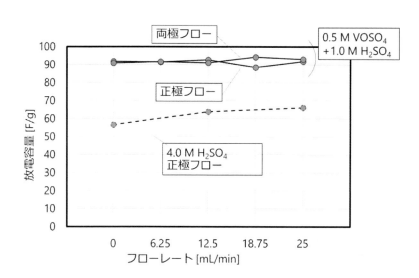

図 21　充放電電圧範囲 0.8 V,充放電電流密度 0.15 A/g における各フロー条件の放電容量

第 5 章　電極材料

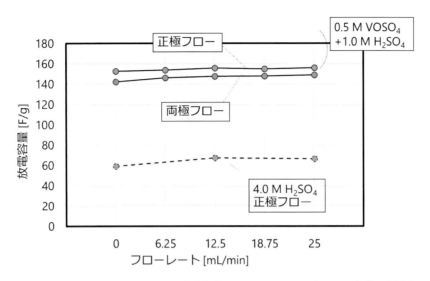

図 22　充放電電圧範囲 1.0 V，充放電電流密度 0.15 A/g における各フロー条件の放電容量

電圧範囲 1.0 V において，フロー無しの状態にもかかわらず，正極フローと両極フローによる違いが生じた。これは測定を連続して行ったため，一度フローを行ったことによる溶液の状態が変わったことに由来すると考えられる。そのため，フローのやり方による各数値の絶対値の比較は現在の実験方法において厳しく，本稿では各フローレートによる数値の変化に着目した。

図 23，図 24 に充放電電圧範囲 0.8 V と 1.0 V，充放電電流密度 0.15 A/g における各フロー条件のエネルギー密度を示した。

充放電電圧範囲 0.8 V において，フローを行うことでエネルギー密度は小さいが減少傾向を示した。しかし，18.75 mL/min で正極と両極どちらのフローにおいて増加傾向が見られた。

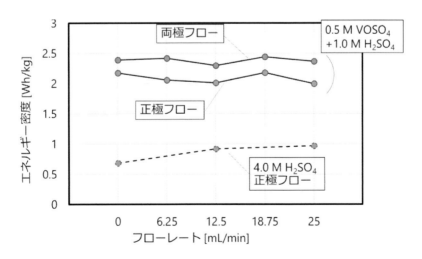

図 23　充放電電圧範囲 0.8 V，充放電電流密度 0.15 A/g における各フロー条件のエネルギー密度

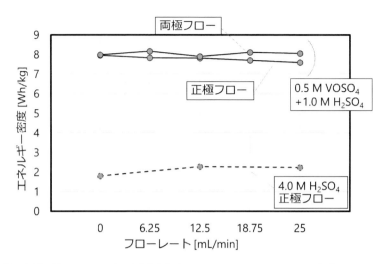

図24　充放電電圧範囲 1.0 V，充放電電流密度 0.15 A/g における各フロー条件のエネルギー密度

充放電電圧範囲 1.0 V において，フローレートを 12.5 mL/min から 18.75 mL/min に上げると，両極フロー時にエネルギー密度の増加傾向が見られた。しかし，フローレートの違いによる大きな変化や傾向は見られなかった。

図25，図26に充放電電圧範囲 0.8 V と 1.0 V，充放電電流密度 0.15 A/g における各フロー条件の出力密度を示した。

どのフローレートにおいても 0.5 M VOSO$_4$ + 1.0 M H$_2$SO$_4$ の方が 4.0 M H$_2$SO$_4$ よりも大きい出力密度を示した。また，フローレートごとの違いは大きく見られなかった。

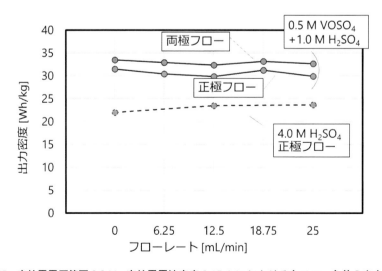

図25　充放電電圧範囲 0.8 V，充放電電流密度 0.15 A/g における各フロー条件の出力密度

第 5 章　電極材料

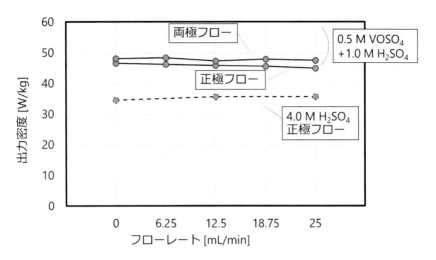

図 26　充放電電圧範囲 1.0 V，充放電電流密度 0.15 A/g における各フロー条件の出力密度

### 3. 2. 7　まとめと考察

バナジウムを添加することで，$H_2SO_4$ のみの溶液よりも放電容量，エネルギー密度，出力密度それぞれ大きい値を示した。フローセルを用いて測定を行うとき，電極表面の充放電酸化還元反応において，電極周囲のバナジウムを利用した充放電が疑似容量として機能することができたためと考えられる。

フローレートによる放電容量，エネルギー密度，出力密度の違いについて，レートを大きくすることで性能の向上を行えると仮定したが，ある程度横ばいの結果となった。この原因として，電圧降下の大きさが考えられる。実験で用いたフローセルはゴムパッキンによりセパレータを押さえつける形となっている。そのため，セパレータ部分の面積が小さくなり抵抗が大きくなったと考えられる。この改善のために，セル全体の抵抗成分となりうる電極，溶液，セパレータの条件を検討する必要がある。

フローしていない段階における数値の違いが多く見られた。この原因として，電極に多孔性の活性炭繊維布を用いていることから，電気浸透効果や多孔性の分布に偏りが生じていることが考えられる。本実験は集電体で多孔性電極を支持する形をとっており，活性炭の空隙率による電気浸透性の駆動力が発生していると考えられる[11]。この浸透性の違いを改善するために，活性炭の前処理などを検討する必要があると考えられる。結果として，フローの細かな変化の違いを追えるようになる可能性がある。

上記のようにフローレートごとの大きな違いは見られなかったが，細かい変動がいくつか見られており，条件を固定化することで有力な蓄電デバイスとなる可能性を持つことが示された。

## 3.3 総括

本研究はEDLCとレドックスフロー電池を組み合わせた新規蓄電デバイスの開発を目的とし，特にバナジウム溶液中における電気化学特性に重点を置き評価を行った。

フローセルを用いたバナジウム溶液中における定電流充放電試験を行った。バナジウムを添加することでエネルギー密度と出力密度ともに優れた値を示したが，フローレートによる変化を確認することはできなかった。

EDLCとフロー装置を組み合わせるにあたり，電極を中心としたセル構成を検討することで，高い容量性能と出力密度を兼ね備えた蓄電デバイスの開発が期待できる。また，長期サイクルにおける充放電性能を検討することで，実用化に向けた開発が可能になると考えられる。

BDD電極を用いた高エネルギー密度レドックスフロー電池の開発のため，いくつかの溶液中におけるCV測定を行った。

バナジウムを用いた時，電位ピークが離れたことから可逆性の小ささが確認され，その電流値も小さかった。表面を酸化処理することである程度の改善が見られた。

コバルト溶液を用いた時，グラッシーカーボンでは確認の難しい酸化ピークを明確に確認することができた。しかし，電流値が小さかった。また，還元ピークも見られず，中性条件にすることで確認された。

以上から，BDD表面の修飾状態と溶液の条件を組み合わせることで高エネルギー密度のレドックスフロー電池を開発できる可能性が示された。

## 文　献

1) 大木道則，大沢利昭，田中元治，千原秀昭　編，化学辞典，東京化学同人（1994）
2) S. T. Senthilkumar, R. Kalai Selvan, N. Ponpandian, J. S. Meloc, Y. S. Leed, "Improved performance of electric double layer capacitor using redox additive ($VO^{2+}/VO_2^+$) aqueous electrolyte," *Journal of Materials Chemistry A*, **1**, 7913-7919 (2013)
3) Mehdi Noori, Fereshteh Rashchi, Ataollah Babakhani, Ehsan Vahidi, "Selective recovery and separation of nickel and vanadium in sulfate media using mixtures of D2EHPA and Cyanex 272," *Separation and Purification Technology*, **136**, 265-273 (2014)
4) 松田好晴，高須芳雄，森田昌行　著，田村英雄　監修，電子とイオンの機能化学シリーズ Vol.2　大容量電気二重層キャパシタの最前線，NTS（2002）
5) S. Carlos B. Oliveira, Ana Maria Oliveira-Brett, "Voltammetric and electrochemical impedance spectroscopy characterization of a cathodic and anodic pre-treated boron doped diamond electrode," *Electrochimica Acta*, **55**, 4599-4605 (2010)

## 第 5 章 電極材料

6) 大堺利行・加納健司・桑畑進,ベーシック 電気化学,化学同人(2000)
7) Shabo Xiao, Lihong Yu, Lantao Wu, Le Liu, Xinping Qiu, Jingyu Xi, "Broad temperature adaptability of vanadium redox flow battery-Part 1: Electrolyte research," *Electrochimica Acta*, **187**, 525-534 (2016)
8) 電気化学会,第 6 版 電気化学便覧,丸善(2013)
9) V. Devadoss, M. Noel, K. Jayaraman, C. Ahmed Basha, "Electrochemical behaviour of $Mn^{3+}/Mn^{2+}$, $Co^{3+}/Co^{2+}$ and $Ce^{4+}/Ce^{3+}$ redox mediators in methanesulfonic acid," *Journal of Applied Electrochemistry*, **33**, 319-323 (2003)
10) 立本英機,安部郁夫,活性炭の応用技術,テクノシステム(2000)
11) C. E. Brian,電気化学キャパシタ 基礎・材料・応用,吉田隆,編,エヌ・ティー・エス(2001)

## 4 炭素電極

小林真申*

　本稿では既に実用化されている電極材料について述べる。次章の集電と液分離の役割を担う双極板も他の電池系では電極と呼ばれることがあるが，レドックスフロー電池では分けて呼ばれることが多いので，ここではイオン交換膜と双極板の間で使用される材料を電極材料と呼ぶ。現在，レドックスフロー電池用の電極材料には三次元構造の炭素繊維集合体が使用されている。単繊維を使ったフェルトやペーパー，糸を使ったクロスやニットである。レドックスフロー電池では，イオン交換膜と双極板の間の隙間に電解液を流し，電解液中の活物質が流れながらイオンの価数を変化させ，充放電する電池であるが，瞬間的に反応するには活物質の反応速度が不十分である場合が多い。亜鉛臭素二次電池などでは，炭素板の表面を電極活性粒子などで修飾する程度でも亜鉛や臭素の活物質が酸化還元反応を行うことができるが，鉄やクロム，バナジウムなどの活物質は双極板と電気的に繋がった炭素繊維上で反応させ，電解液と接する反応の場を三次元集合体で格段に増加させることで，0.1 A/cm$^2$ 以上の高い電流密度でも酸化還元反応を行わせることができるようになる。因みに，亜鉛臭素二次電池は，亜鉛が液相から固相，臭素が液相から気相の反応のため，フロー電池ではあるが，相変化のないレドックスフロー電池の範疇には入っていない。亜鉛臭素二次電池では，臭素正極の反応が律速で反応有効表面積を上げる必要があるが，反応は比較的速いので，レドックスフロー電池のようなフロースルー（炭素電極の中を電解液が流れる）ではなく，フローバイ（炭素電極の近傍を電解液が流れる）の構造をとる。また，レドックスフロー電池の多くは水系の電解液であり，その電解液とのなじみを良くするために炭素電極に親水化加工が施されることが多い。下記に具体的な使用例を交えて説明する。

### 4.1 炭素電極の要求特性

　炭素電極を含むセルスタックの構成を図1に示す。セルスタックは，炭素電極と双極板，イオン交換膜からなるセルを積層した構造をとる。セルの面積は，大きな物になると，1 m 角程の大きさを持つ点も他の二次電池や燃料電池と異なる点である。炭素電極は性能面の制限から1.5～4 mm の隙間に配置されて使用されることが多い。隙間が狭すぎると，電解液を流すことが困難になり，電解液の利用率が下がって，電池の性能が低下する。また，隙間が広すぎると，電気抵抗が高くなって，やはり電池の性能が低下する。

　電池の効率は，図2のように，電池自体の充放電時のエネルギー効率，AC/DC 変換時のインバーター効率，電解液をタンクからセルに循環する送液ポンプ動力損からなる。エネルギー効率は電流効率と電圧効率からなり，電流効率は充電電気量に対する放電電気量の割合であり，電圧効率は平均充電電圧に対する平均放電電圧の割合である。電圧効率はセル抵抗（電池内部抵抗）

---

＊　Masaru Kobayashi　東洋紡㈱　コーポレート研究所　革新電池材料開発グループ　部長

## 第 5 章　電極材料

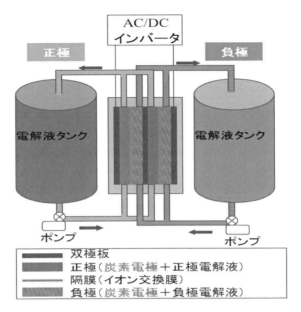

図1　レドックスフロー電池のセルスタックの構成

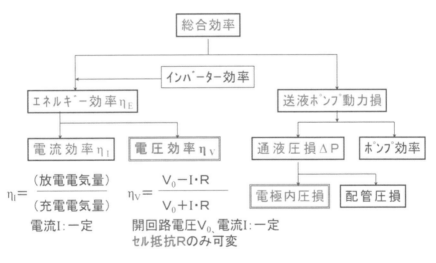

図2　レドックスフロー電池の効率

からも求めることができる。炭素電極の主な要求特性は，電圧効率に寄与する導電性と電極活性，ポンプ動力損に寄与する通液性，耐久性（寿命）の4つである。導電性は，炭素繊維自身の抵抗もあるが，双極板と炭素繊維や，炭素繊維間の接触抵抗が影響するため，炭素繊維の組織構造にも関係する。通液性や寿命も炭素繊維の組織構造に関係する。それぞれに相関のある特性ではあるが，特に相関のある導電性と電極活性，通液性，耐久性に分けて 4.2 から 4.4 で説明する。

## 4.2 炭素電極の導電性と電極活性

炭素電極の導電性と電極活性は，小型セルでの充放電試験で評価することができる[1,2)]。小型セルの写真と概略図を図3に示す。幅1cm，高さ10cmの電極材料を入れて，電解液は液が均一に流れるように下から上に流す。液流量は電極面積当たり0.5 cc/min/cm$^2$程度が望ましい。バナジウム系電解液であれば，電圧1.0〜1.7 Vの間で定電流充放電を行い，解析には2サイクル目以降のデータを用いる。小型セルでの全抵抗をセル抵抗と呼ぶ。セル抵抗の求め方は様々だが，リチウムイオン電池などの試験にも用いられる市販の充放電試験装置に解析ソフトが付属しているのであれば，下式で求めるのが一般的である。

（セル抵抗）＝（（平均充電電圧）−（平均放電電圧））÷（2 ×（電流密度））

開回路電圧との差から抵抗を求める方法である。ここで，セル抵抗の単位はΩ・cm$^2$，電圧の単位はV，電流密度の単位はA/cm$^2$である。セル抵抗は，炭素電極の抵抗だけでなく，電解液の抵抗，イオン交換膜の抵抗，双極板の抵抗を含んでいるので，炭素電極の相対評価として扱う必要がある。

また，交流インピーダンス測定を行うことで，導電性に依存する導電抵抗と呼ばれる抵抗と，電極活性に依存する反応抵抗と呼ばれる抵抗に分離して解析することができる。反応抵抗はさらに電荷移動過程の反応抵抗と物質移動過程の反応抵抗（一般的に拡散抵抗と呼ぶ）に分けることができる。交流インピーダンス測定によるCole-Cole Plotの参考例を図4に示す。操作した周波数は10 mHzから20 kHzである。半円に続く部分が拡散抵抗由来の抵抗成分となるが，電解液循環系であるため，安定した形では得られない。ここでも留意すべきは，導電抵抗はもちろんであるが，反応抵抗も炭素電極の影響が大きいものの，それ以外の電解液とイオン交換膜と双極板の影響も受けるということである。

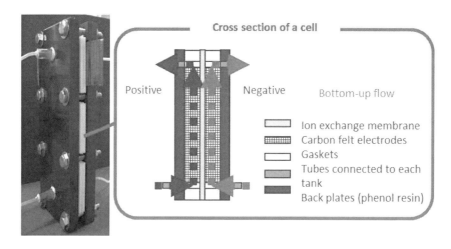

**図3 小型セルの写真と概略図**

第5章　電極材料

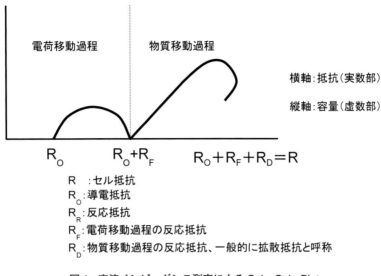

R　：セル抵抗
$R_O$：導電抵抗
$R_R$：反応抵抗
$R_F$：電荷移動過程の反応抵抗
$R_D$：物質移動過程の反応抵抗、一般的に拡散抵抗と呼称

図4　交流インピーダンス測定による Cole-Cole Plot

　導電性と電極活性は炭素電極にとって相反する特性であることがわかっている。図5に示すように、炭素化・黒鉛化工程において処理温度を上げることで、炭素の結晶性が黒鉛に近づき、導電性は良くなるが、表面の親水性官能基が付与しにくくなり、電極活性は低下する。電解液の粘度の違いを含めて、反応系によって電極活性は異なるため、それに応じた設計が必要になってくる。
　炭素繊維の結晶性と親水性官能基に関しては、炭素繊維の原料に依存するため、ここで炭素繊

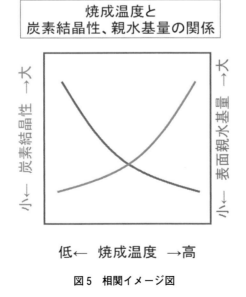

図5　相関イメージ図

維の原料について少し触れる。炭素繊維の原料は，レーヨン系（セルロース系の原料をここではレーヨン系と呼ぶ），ポリアクリロニトリル系（PAN系），ピッチ系，フェノール系の4種類が主な原料である。レーヨン系は最も歴史が古く，最近セルロースナノファイバーなども出てきているが，重量収率が他の原料に比べて低いため，引っ張り強度などは低い。断面形状が，他の繊維はほぼ真円であるのに対して扁平形などになり，高表面積となるのも特徴である。製法は湿式紡糸後に酸化雰囲気下400℃までの温度で不融化処理を行ってから炭化を行い，炭素繊維とする。PAN系は現在最も生産量の多い炭素繊維であり，高弾性率ではピッチ系に劣るが，強度は最強の炭素繊維である。製法は湿式紡糸後に酸化雰囲気下200～300℃で耐炎化処理を行ってから炭化を行い，炭素繊維とする。ピッチ系は等方性ピッチと異方性のメソフェーズピッチの2種に分類される。焼成温度に対する結晶成長速度が等方性ピッチはPAN系より遅く，メソフェーズピッチはPAN系より速く，高弾性の物が得られる。製法は溶融紡糸後に酸化雰囲気下400℃までの温度で不融化処理を行ってから炭化を行い，炭素繊維とする。フェノール系は商品名でカイノールと呼ばれる物がほぼ唯一の炭素繊維で，溶融紡糸後に不融化や耐炎化なしに炭化できるのが特徴である。レーヨン系，等方性ピッチ，カイノールの，焼成温度に対する結晶成長速度はほぼ同様である。

Fe/Cr系電解液での一例を挙げて説明する。炭素の結晶性や親水性官能基と性能について調査した結果である。平均繊維径16 $\mu$mのPAN系繊維を空気中250℃で耐炎化した後，クリンプ処理を行い，50～100 mmにカットし，開繊機・カード機・ニードルパンチ機にかけて，目付400 g/m$^2$の耐炎化繊維フェルトを作製し，窒素雰囲気下で焼成温度1000～2000℃までの温度で条件を振って処理し，空気中で酸化処理した物を用いた。焼成後の目付はほぼ200 g/m$^2$であった。また，焼成温度を1350℃と一定にして，空気中での酸化処理の重量収率を100～70％まで条件を振った物も用いた。これら試料を用いて，先に述べた小型セルでの充放電試験で2サイクル目の電流効率，電圧効率，エネルギー効率を求め，さらに充放電100サイクル目のエネルギー効率の減少量でサイクル特性を評価した。電解液は，正極に塩化第一鉄，塩化第二鉄を各1M濃度で混合した4M塩酸水溶液を，負極に1Mの塩化クロムの4M塩酸水溶液を用いた。電流密度は40 mA/cm$^2$，電圧は0.2～1.2 V，炭素電極を挟み込むスペーサ厚は1.5 mm，液流量4.8 cc/min，温度40℃とした。図6に焼成温度と，粉末X線回折で求められる炭素の面間隔d$_{002}$，X線光電子分光法XPSで求められる酸素と炭素の元素比O/Cの関係を，図7に焼成温度と性能の関係を示す。性能は，エネルギー効率で見て，1350℃前後に最適点を持つ。サイクル特性も良く，100サイクルで0.4％の低下である。図8にO/Cと性能の関係を示す。ここでも最適なO/C値があることが分かる[3]。

バナジウム系電解液では，両極ともにバナジウムイオンの価数変化であり，比較的反応速度は速いが，硫酸水溶液が使われることが多いため，電解液の粘度が高く，導電性を重視した設計に炭素電極をする必要がある。一例を挙げて説明する。上述と同様な処理で目付400 g/m$^2$の耐炎化繊維フェルトを作製し，アルゴン雰囲気下で昇温速度100℃/minで昇温し，焼成温度1400～

第 5 章 電極材料

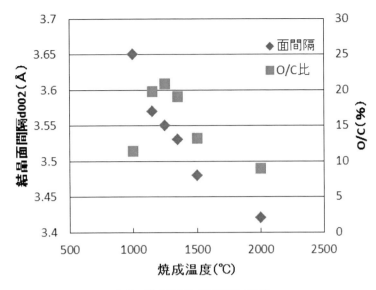

図 6 焼成温度と炭素電極の物性

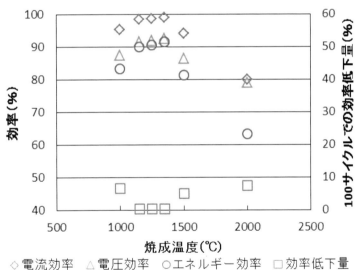

図 7 焼成温度と性能

2000℃の温度で条件を振って処理し，空気中で酸化処理した物を用いた。焼成温度 1400℃の物に関しては，昇温速度を 10℃/min に変えた物も作製した。焼成後の目付はほぼ 200 g/m² であった。これら試料を用いて，先に述べた小型セルでの充放電試験で 2 サイクル目の電流効率，電圧効率，エネルギー効率を求め，さらに充放電 100 サイクル目のエネルギー効率の減少量でサイクル特性を評価した。電解液は，正極に 2 M のオキシ硫酸バナジウムの 3 M 硫酸水溶液を，負極に 2 M の硫酸バナジウムの 3 M 硫酸水溶液を用いた。電流密度は 40 mA/cm²，電圧は 1～

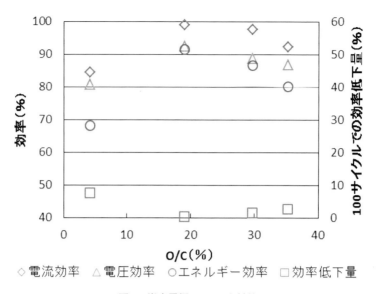

図8 炭素電極の O/C と性能

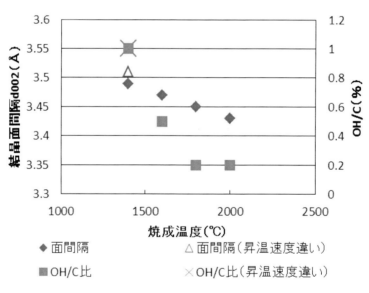

図9 焼成温度と炭素電極の物性

1.7 V，炭素電極を挟み込むスペーサ厚は 2.0 mm，液流量 6.2 cc/min，温度 30℃とした。図9に焼成温度と，粉末 X 線回折で求められる炭素の面間隔 $d_{002}$，X 線光電子分光法 XPS で求められる OH 基と炭素の元素比 OH/C の関係を，図10 に焼成温度と性能の関係を示す。ここで，OH 基の量は，水酸基やカルボキシル基などの酸性官能基を硝酸銀で置換し，Ag 元素量を測定した値である。1400℃の際の昇温速度の違いによって $d_{002}$ は 3.51Å から 3.49Å に変化する。これは焼成温度 200℃分に相当する。OH/C は変化しないため，導電性向上のみの寄与で，エネ

第 5 章　電極材料

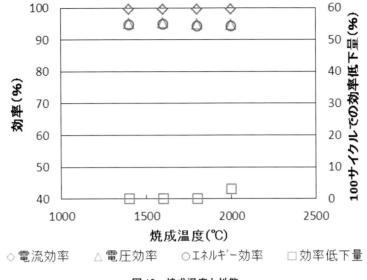

図10　焼成温度と性能

ルギー効率は 1.9 %向上する。サイクル特性の変化はない。バナジウム系での性能は，エネルギー効率で見て，1600 ℃前後に最適点を持つ。サイクル特性も良く，100 サイクルでの変化はない[4]。

　結晶性と親水性官能基以外にも，導電性粒子の担持や孔開けによる高表面積化などが検討されているのは，5 章 1～3 節の通りである。

## 4.3　炭素電極の通液性と組織構造

　炭素電極の通液性は，簡易的に流体にイオン交換水を用いた試験で評価することができる。先述の小型セルよりも大きめのフレームを作製し，入口と出口の圧力差を測定する。

　通液性を高めた組織構造として，織物で流路をつくった炭素電極や，不織布を段加工することで流路をつくった炭素電極（以下，溝付き電極材と呼ぶ）がある。溝付き電極材を図 11 に示

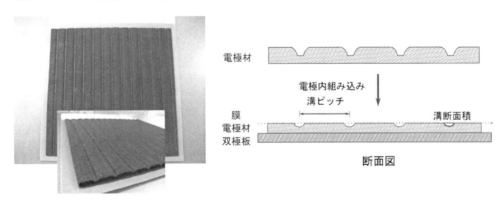

図11　溝付き電極材の写真と構造

す。溝付き電極材では，流路は小さすぎても大きすぎても通液性やエネルギー効率が良くないし，少なすぎても良くない。図12, 13に電極内溝断面積（実際に電池に組んだ際の断面積）と溝ピッチについて，通液圧損とエネルギー効率を調べた結果を示す。電極面積は100 cm²（幅10 cm, 高さ10 cm），流量は10 L/hrである。試料は先述と同様の処理とし，焼成後の目付がほぼ300 g/m²の試料を用いた。溝付けは，耐炎化繊維フェルトを山幅2 mm, 山高さ20 mmの凹凸アルミニウム製金型で150℃でプレスすることで行った。電池性能評価に用いた電解液は，正極に2 Mの硫酸バナジウム（4価）の2 M硫酸水溶液を，負極に2 Mの硫酸バナジウム（3価）の2 M硫酸水溶液を用いた。電流密度は60 mA/cm², 電圧は1〜1.7 V, 炭素電極を挟み込

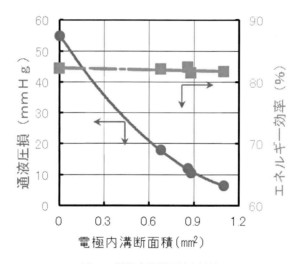

図12　電極内溝断面積と性能

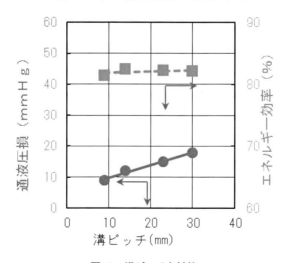

図13　溝ピッチと性能

第 5 章　電極材料

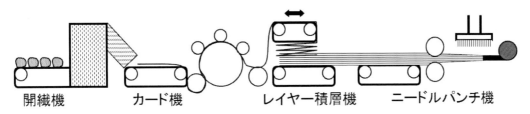

図 14　フェルト製造工程概略図

むスペーサ厚は 2.5 mm，液流量 50 cc/min，温度 40℃とした。溝断面積が 0.5 mm$^2$ 以上になると，元の通液圧損の 1/2 以下になり，1 mm$^2$ 程度まではエネルギー効率もほぼ一定となる。溝ピッチはそこまでの大きな変化ではないが，10 mm 以下でもエネルギー効率は安定している[5]。

　上述の流路を持った炭素電極で通液性を向上させる効果は大きいが，どうしても偏流が生じやすくなる。現在実用化されている電池には，炭素電極の組織体の中を均等に電解液が流れるように三次元ランダム構造をとるニードルパンチ不織布（フェルト）がよく用いられている。フェルトの製造工程図を図 14 に示す。カードとレイヤーで繊維を平面に配列し，ニードルパンチで厚み方向に交絡されてフェルトは作製される。

### 4．4　炭素電極の耐久性

　レドックスフロー電池は，電解液の再生が半永久的に可能であるとされるが，炭素電極とイオン交換膜，双極板は，物理的にも化学的にも劣化する。劣化した部分だけを置き換えるという考え方もできるが，その耐久性が電池としての寿命を決めることになる。

　炭素電極の劣化は，物理的には，通液時の繊維の脱落や，組織として脆弱化し，双極板との間に隙間が出来たりすることである。このため，利用面積が減少したり，接触抵抗が増加してしまう。原因は，単繊維の強度不足，フェルトの場合なら厚み方向に配向する繊維量不足などである。単繊維強度の不足に関しては，炭素繊維の原料に由来する物が多く，一般的にはレーヨン系の原料よりもポリアクリロニトリル系やピッチ系の原料の方が強度は強い。フェルトの厚み方向の配向を増やすことに関しては，ニードルパンチのパンチ数を増やすことや，バーブと呼ばれる引っ掛かりを良くする部分を工夫したニードル針を使うことが有効であるが，処理によっては繊維長の減少による逆効果を招く恐れもあるため，留意することが必要である。

　化学的には，正極での酸化消耗や負極での親水性低減が知られている。一般的には，燃料電池と同じく，正極での酸化消耗が寿命を決める因子になることが多く，その対策がとられている。黒鉛化を進めるのが最も効果的ではあるが，電極活性とのバランスをとる必要がある。

　次項からは炭素電極の応用例を紹介する。

### 4．5　双極板一体化電極

　電極材料と双極板の接触抵抗を圧縮に依存せずに低減させることを目的に双極板一体化電極が

レドックスフロー電池の開発動向

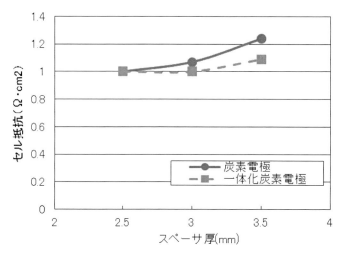

図15 双極板一体化炭素電極のセル抵抗

検討されている。一般的な一体化の方法として熱接着があり，炭素繊維集合体と双極板である導電性カーボンプラスチックプレートとの接合をホットプレスで行うが，炭素繊維がプレートにめり込んだ状態となり，電気化学反応場となる炭素繊維の有効表面積の減少による反応抵抗増大に加えて，炭素繊維集合体と導電性カーボンプラスチックプレートとの界面抵抗増大の問題がある[6]。また，単繊維同士を結着，炭化することにより炭素繊維集合体中の内部抵抗を低減することもできる[7]。

電極材料として炭素繊維集合体を，双極板として黒鉛シートを使用して，これらを液不浸透性接着剤で接着し，一体化した炭素電極を用いることによって，炭素繊維集合体と双極板との界面抵抗を低減することができるとともに，電解液透過性を向上することができる。液不浸透性接着剤の使用量を 0.09 g/cm² 以下にすることで繊維の有効表面積を損なわずに一体化することができる。一体化しない場合よりも低抵抗になるわけではないが，あまり圧縮せずとも同程度の抵抗に下げることができる効果がある。図15に結果を示す。スペーサを変化させ，一体化有り無しで比較したところ，スペーサ厚 2.5 mm では同等だが，3 mm 以上では一体化した効果が現れている[8]。

## 4.6 薄型電極

2011年頃から燃料電池の構造に類似した電極の研究が北米から始まっている。燃料電池のガス拡散層と呼ばれる炭素繊維ペーパーを電極材料に見立てて，検討されている。薄型電極の構成を図16に示す。高流速で双極板に設けられた蛇行溝や櫛状溝に電解液を流し，400 μm 程の薄い電極材料の中に拡散させて反応させるという方法で，従来ポンプで流せる限界であった 1 mm 以下の隙間に電極材料を充填しても電解液を電極材料の中に流すことが可能となり，極間距離が狭まることで低抵抗化を達成している[9]。高流速で電解液を流さないといけないため，ポンプ動

## 第5章　電極材料

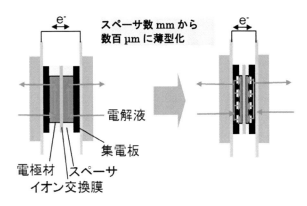

図16　薄型電極の構成

力損が高いことなどの問題があり，直ぐに実用化できる技術ではないが，今後，燃料電池の構造と現状のレドックスフロー電池の構造との中間的な構造になっていくことが予想される。

### 文　　献

1) 野崎健ほか，電気化学，51，189（1983）
2) 野崎健ほか，電気化学，55，229（1987）
3) 小林真申ほか，電解槽用炭素電極材，特開平5-234612（1993）
4) 小林真申ほか，バナジウム系レドックスフロー電池用炭素電極材，特許第3601581（2004）
5) 井上誠ほか，液流通型電解槽用電極材，特許第3560181（2004）
6) 島田将慶ほか，積層型電解槽，特公平6-90933（1994）
7) 小林真申ほか，炭素電極材集合体及びその製造方法，特許第4366802（2009）
8) 小林真申ほか，一体化炭素電極，特開2015-138692（2015）
9) D.S. Aaron *et al.*, *Journal of Power Sources*, **206**, 450-453（2012）

# 第6章 双極板

飯野 匡*

## 1 はじめに

レドックスフロー電池（RFB）は50年以上も前に発明されたが，本格的に開発が進んだのはここ数年の間である。今までRFBはエネルギー密度が低くコストが高いというイメージが大きかったが，最近は開発が進み徐々に課題が克服され，RFBの利点が認められ本格的な実用化が近づいている。双極板はRFBの構成部材のひとつであるが，RFBの性能を向上させるために重要な役割を果している。

RFBは1974年から1985年にかけてNASAで進められた研究で原理的な構成が提案された。その頃から双極板は金属に比べて耐食性に優れるカーボン素材が用いられてきた[1]。双極板を構成する主成分はカーボンであるが，各社のコンセプトの違いなどでさまざまな種類の組成物や構造があり，製法も色々な方法がある。

図1にRFBセルスタックの基本構造を示した。イオン交換膜がカーボンフェルトで挟まれその外側にフレームに囲まれた双極板が配置されて一つのセルを構成し，それを積層してスタック

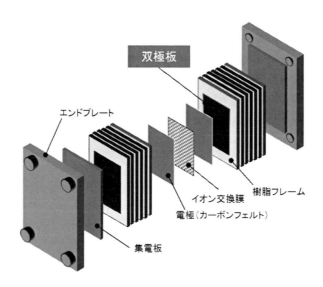

図1 レドックスフロー電池の構造

---

\* Tadashi Iino 昭和電工㈱ 先端電池材料事業部 大川開発センター 開発2G グループリーダー

## 第6章 双極板

となる。双極板はひとつひとつのセルを仕切り電解液の透過を防止し,隣のセルへ電気を流す役割を担っている。RFBセルスタックは非常に燃料電池と構造が似ており,そこで使用される部材も共有できるものが多く,燃料電池の技術も応用できる。双極板もそのひとつである。RFB用の双極板と燃料電池用セパレータとの構造上の大きな違いは発電面積と表面形状である。RFBは出力密度が低いため,大型蓄電用途では発電面積が大きく設計されており,双極板の製造も高い導電性が求められると難しくなってくる。

本章では双極板に使用される炭素材料の種類とその特徴,RFBの課題から見た双極板に求められる特性,最近の技術動向などをご紹介する。

## 2 双極板の種類

### 2.1 不浸透性カーボン

不浸透性カーボンは気体や液体が透過しない焼結された炭素材料の総称である。電気抵抗は2mΩcm以下の優れた性能の素材であるが硬くて壊れ易い。この素材は高温の熱処理で焼き固める工程によって得られ,何か表面に形状を付けたり,薄板に加工する場合は切削加工を要するためコスト的には高価な素材である。代表的なものとしてはガラス状炭素,熱分解黒鉛,含浸処理黒鉛材などが挙げられる。

ガラス状炭素は,フェノール樹脂,フラン樹脂など炭化しやすい熱硬化性樹脂を原料とし,硬化後1,000～2,000℃のイナート雰囲気で熱処理することで得られる。また,高密度化する場合の高温処理はHIP(熱間等方圧加圧法)で行われる。

熱分解黒鉛はメタン,プロパン,ベンゼン等の炭化水素ガスを,高温(2,000℃前後)の基材上で熱分解させて炭素を析出させることで製造される。

含浸処理黒鉛材は黒鉛材に炭化する液状の樹脂などを含浸・硬化させることで,液体・気体不透過性が付与させた炭素材料である。黒鉛材としてはCIP材(冷間等方圧加圧法),押出材,モールド材などが使用される。含浸する素材としては,ピッチ,フェノール樹脂やフラン樹脂が一般的である。

不浸透性カーボンは熱電対保護管,燃料電池用セパレータ,化学プラント用部材,化学工業向けの熱交換器などで実績がある。リン酸型燃料電池部材として開発された素材が,RFBの双極板としても使用された実績もある。表1に昭和電工で製造されていたリン酸型燃料電池用セパレータの基本特性を示した。この素材はガラス状炭素材であり,優れた導電性を示すが割れやす

表1 リン酸型燃料電池用セパレータ特性値

|  | 高密度 (g/cm$^3$) | 曲げ強度 (MPa) | 気体透過係数 (mol·m/m$^2$/sec/Pa) | 固有抵抗 (mΩcm) | 熱伝導率 (W/m·K) | 厚み (mm) |
|---|---|---|---|---|---|---|
| SGカーボン | 1.7～1.8 | 120～150 | $< 10^{-18}$ | 1.2～1.5 | 4～5 | 0.6標準 |

＊熱伝導率(レーザーフラッシュ法)

い部材であった。

## 2.2 膨張黒鉛系

膨張黒鉛から製造されたシートは可撓性があり，柔軟なためパッキン，ガスケットなどで最も多く使われている。また，放熱材，断熱材，高温炉材などにも用いられる。一方，導電性にも優れているため，電池部材としても用いられている。その製造方法は例えば天然黒鉛を濃硫酸あるいは濃硝酸等を加えた混酸で酸化処理し，水洗，乾燥後，加熱膨張化処理して膨張化黒鉛とし，これをプレスまたはロールで圧縮成形して厚さ 0.1～2.0 mm のシートを得る。図2に膨張黒鉛シートの製造工程概略を示した。膨張した黒鉛は互いに絡み合うことができるためシート状に加工できる。膨張黒鉛だけでは機械的強度が低いため樹脂を添加して強度向上させ，また圧縮して密度を上げ黒鉛同士の密着性を向上させて使用される。一方，膨張黒鉛シートを粉砕して樹脂と混練し，金型等で圧縮成形する場合もある。その他，膨張黒鉛シートにフェノール樹脂を真空含浸させて圧縮成形した例もある[2]。膨張黒鉛は面方向の抵抗は不浸透性カーボン同等の低抵抗であるが，貫通方向の抵抗はその 100 倍近く低下する。これは薄片状に剥がれたグラフェンが圧延方向に配向するためである。従って，貫通抵抗が基準になる場合は考慮する必要がある。膨張黒鉛系の双極板としてはドイツの SGL カーボン社等から紹介されている。

## 2.3 プラスチックカーボン

プラスチックカーボンが安価に製造できるポテンシャルがあるため RFB では最も多く採用されており，カーボンやバインダーの種類や製造方法によって多品種に渡る。図3にカーボン充

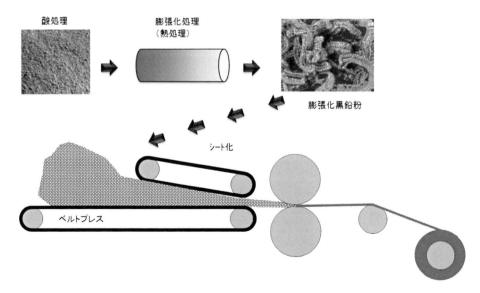

**図2 膨張黒鉛シートの製造工程概略図**

第6章　双極板

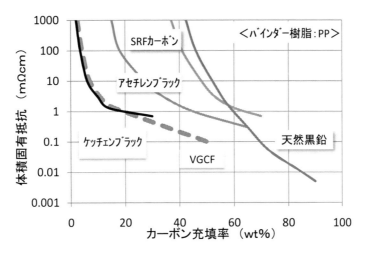

図3　カーボン充填率と体積固有抵抗の関係

填率と体積固有抵抗の関係を示した。

　双極板には導電性カーボンブラックがよく用いられており，特にハイストラクチャーのケッチェンブラックなどは少ない添加量で導電性を発現できるが，流動性が極端に低下するため高充填が難しい。また，黒鉛に比べると異方性が出にくい特徴がある。

　一方，天然黒鉛や人造黒鉛は 40 wt% 以上充填しないと導電性が下がらないが，高充填ができカーボンブラックに比べて黒鉛化度が高いため高い導電性を発現できる。しかし，黒鉛化度が高い黒鉛は配向性が高いため，貫通方向の導電性が低くなる傾向である。

　カーボンナノチューブも少ない添加量で導電性を発現でき，比較的成形性を損なわない特徴がある。しかし，高価な素材であるため，まだ実用化された例はない。カーボンナノチューブの場合，合成に用いられる金属系の触媒が残渣として含まれていると RFB の電池性能を低下させるため，不純物としての金属は低減させなければならない。

　これらの炭素材料はそれぞれの特徴を活かして併用する組成が多く，そのような双極板が報告されている[3,4]。

　RFB は 20 年の耐久性を謳っているため，バインダーはそれを保証する耐久性に優れた樹脂が選択される。電解液が硫酸水溶液などの強酸のため耐酸性に優れた樹脂であることが重要である。電解液の温度は 50℃ 以上に上昇することはほとんどないので耐熱性はあまり必要とされない。RFB のフレームにはポリ塩化ビニル（PVC）が使用されるケースが多く，PVC にカーボンを高充填できれば都合がいいが，コンパウンド，及び成形時の発熱による脱塩酸などの劣化を制御するのが困難であるため，溶剤や可塑剤により粘度を下げて混練される[5]。PVC は高周波ウェルダーなどで溶着が可能なためフレームとの一体化ができ，パッキンやガスケットを使用せずにシールができる。その他ポリエチレン，ポリプロピレン，フッ素樹脂，ハロゲン化ポリオレフィンなども耐酸性に優れることからバインダーとして多く採用されている。PPS などのエンプラ

も耐久性に優れており，RFB用として検討されている[6]。

フェノール樹脂やエポキシ樹脂などの熱硬化性樹脂は燃料電池用セパレータでは，耐熱性に優れることから多く採用されているが，RFB用途に関しては発電面積が大きいこともあり実施例が少ない。Minjoon Parkらはエポキシ樹脂をバインダーとして炭素材料の最適化を検討している[7]。

図4に主なプラスチックカーボン系の双極板製造方法の概念図を示した。生産性を考えるとカレンダー成形や押出成形を採用して製造するのが理想であるが，成形性を損なわないような組成にするため導電性には限界がある。しかし，双極板が薄肉大面積の平板を採用している場合は，最も製造コストが抑えられるため優位である。接触抵抗を下げる目的で表面積を増やす場合は，エンボスロールなどで表面に凹凸を形成させる場合もある。

射出成形は流動性を維持できれば，生産性の良好な製造法であるが，薄肉大面積の形状の生産には適さない。しかし，面積が小さく3次元的な構造であれば有効である。PPS等のエンプラをバインダーとした組成物の場合は射出成形を採用する場合が多い[6]。

圧縮成形は生産性が劣るが，薄い板に複雑な形状を転写する場合に適している。また，炭素材料を高充填された流動性が低い組成物の成形に適しており，性能重視で低抵抗の双極板を採用する場合はこの製造法による。

成形加工後，組成によっては表面に樹脂リッチのスキン層ができやすく，それが接触抵抗を高くする要因になる。表面スキン層が問題になる場合は，研磨して取り除くかカーボンブラックやカーボンナノチューブ等の微粉を添加して表面抵抗を下げる対策がされる。

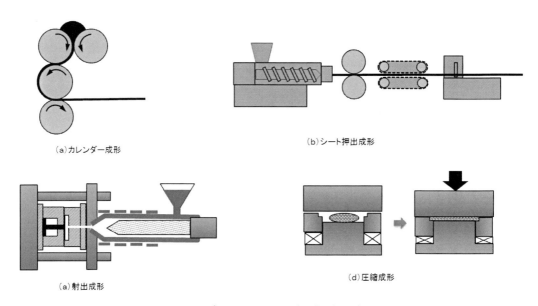

図4　プラスチックカーボン成形加工法

## 第6章 双極板

## 3 要求特性

### 3.1 電気特性

双極板の電気特性で最も問題になるのが電極との接触抵抗である。電極として用いられるカーボンフェルトは内部に電解液を流す関係で圧縮し過ぎると空壁がなくなり電解液が流れなくなるため押しつぶせない。従って，セルを積層して既定の厚みまで圧縮しても反力がないため強固に双極板と接触できない。また空壁が大きいため表面が粗く，繊維と双極板の接触点が少ないことも接触抵抗が高い原因である（図5）。

図6にフェルトと双極板の面圧に対する抵抗と厚み変化の関係を示した。厚さ4 mmのカーボンフェルトを3 mmまで押しつぶした時の反力はわずか0.025 MPaしかない。2 mmまで押しつぶしても0.1 MPaの面圧である。さらに押し潰すとカーボンフェルトは破壊され始めてし

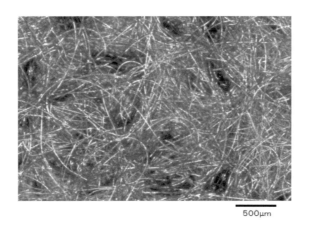

図5 カーボン電極表面SEM像

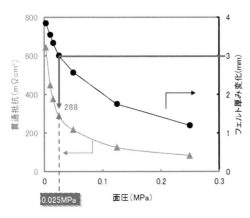

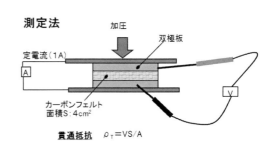

＊双極板2界面の接触抵抗を含む貫通抵抗

図6 貫通抵抗の面圧依存性

まう。この面圧では接触抵抗の影響で貫通方向の抵抗が大きくなってしまうので、接触抵抗を低減することが大きなテーマである。対策として弾性率の高いカーボン電極に替えるか、双極板の表面硬度を下げることで、双極板との密着性を改善できれば接触抵抗は下がる。また、双極板の表面にシボをつけたり、粗面化して接触面積を増やしたり、表面研磨によって表面のスキン層を除去したり、双極板とカーボンフェルトを熱溶着や導電性の接着剤で接合することによって接触抵抗を低減する試みがされている。例えば、表面層に膨張黒鉛を複合化した炭素繊維基材と黒鉛樹脂組成物の複合体を検討し、膨張黒鉛の柔軟性によって接触低減が低減できることが紹介されている[8]。また、炭素繊維複合材料の表面に軟化膨張黒鉛をコーティングしたカーボン/グラファイトハイブリッド複合材料からなる双極板が提案されている[9]。表面の柔軟性を下げて電極との密着性、接触面積を増やすことで改善できることがこれらの報告でわかる。また、カーボンフェルト電極と双極板を導電性接着剤によって接合することによって接触抵抗を低減し、電池特性を向上させることが提案されている[10]。これも接触抵抗を低減する手段としては有効である。さらに、カーボンフェルト電極を双極板に侵入させる方法として、炭素繊維からなる基材にポリエチレンとブラックを含浸させた双極板を製作し、熱溶着によってカーボンフェルト電極と双極板を接合することが提案されている[11]。双極板の中に電極の炭素繊維が侵入することにより、接触点が増えて面圧の影響も少なくなり接触抵抗が低減する。

　双極板に求められる体積固有抵抗は約 100 mΩcm 以下が目安になる。抵抗値は低ければ低いほど RFB の抵抗ロスが減るので限界まで抵抗値を下げることが目標である。しかし、双極板以外の別の抵抗ロス、例えば反応ロスや電極抵抗などが双極板に比べて大きい場合は、双極板の抵抗ロスは電池性能にあまり影響を及ぼさないので、カーボンを無理に高充填して性能を上げるよりは製造コストを考えて設計される。図7には導電性の異なる双極板が及ぼすセル抵抗率への影響を示した。電解液には 1.5 M のバナジウム硫酸水溶液を用いたミニセルで評価した。双極板の体積固有抵抗は 8.6 mΩcm から 106 mΩcm までの間で準備し最大で約 12 倍の差をつけ

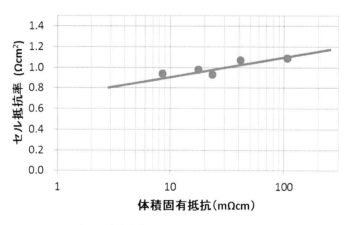

図7　双極板抵抗がセル抵抗率に及ぼす影響

## 第6章 双極板

た。しかし，同じ条件でセル抵抗率を測定すると約1.2倍であった。これは双極板の抵抗値よりも別な抵抗ロスが大きいことによる影響と考えられる。従って，双極板の製造コストとロスの寄与率を考えて目標の抵抗値を決めることが好ましい。ただし，セルの性能が向上していくと双極板の抵抗値の寄与が大きくなるため，その場合は導電性の高い双極板が必要となる。

また，電気を流す方向についても双極板の設計には考慮が必要である。鱗片状の黒鉛などは成形加工によって配向するため，貫通抵抗が面方向の抵抗にくらべて高くなる傾向である。貫通抵抗方向の抵抗を改善するには配向しにくいカーボン材料を使用する。たとえば，形状が丸いカーボンやカーボンナノチューブを添加すると貫通抵抗が改善されると報告されている[12, 13]。

### 3. 2 耐久性

RFBの耐久性は20年とされているので，双極板についても20年の耐久性が必要である。実際に20年の耐久試験はできないため加速試験を行う。一般的には使用される電解液に浸漬して劣化促進させて評価する。加速因子は温度，濃度，電圧，強酸化剤などであるが，例えば温度を変えてアレニウスプロットにより寿命予測をする。耐久性の指標は機械的強度（引張，曲げなど），比抵抗などで行う。また，加速モードから得た故障データをワイブル分析することによって寿命を予測する方法もある。評価時間の短縮のためには，塩酸，過酸化水素などの酸化力の強い物資を混ぜ，または圧力をかけるなどして劣化を促進させる。RFBはさまざまな電解液があるが，最も実績があるバナジウム系の場合，酸化力が強い5価のバナジウム硫酸水溶液で加速試験が行われている。有機溶剤系については比較的新しい系であり，寿命についてはこれから評価が進むと思われる。

カーボンは局部的に電位が高くなると酸化されて二酸化炭素として消失するため，双極板の電気化学的な寿命についても考慮する必要がある。

また，高い圧力で電解液が流れる場合があるのでその影響や，機械的なストレス試験，ヒートショックの影響，析出物が出来たときの影響などについても実際に電池を運転するときは確認が必要である。カーボン腐食は黒鉛化度が高い方が耐久性に優れているので，カーボンブラックよりも黒鉛化度が発達した黒鉛の方が腐食しにくい。

### 3. 3 不純物

金属イオン，有機物イオンなどの不純物は電池の性能を低下させ寿命を短くする原因となるため，双極板から電解液中に不純物が溶出しないように双極板原料を管理する必要である。許容できない不純物によって，析出物の発生[14]，隔膜の劣化，水素の発生[5]，反応妨害などの不具合が発生して電池性能を低下させる。双極板に不純物が含有すると電解中へ溶出するリスクがあり，また，双極板の劣化によっても不純物濃度が増加する可能性がある。しかし，耐久性に優れる双極板であれば，電解液中に問題なる量の不純物は溶出されてこない。電解液中の不純物元素イオンの定量分析方法については特開2015-81912で紹介されている[16]。

## 3.4 機械的特性

双極板はカーボンが高充填されているので全般的に硬くて脆いのが特徴である。RFBは大きいもので5,000 cm²以上あり、厚みも薄いもので1 mm以下であるため、組立てや搬送などのハンドリングで破損してしまうケースが多い。双極板の破損は電解液を外部へ漏えいしてしまうリスクがあるので、目で見えないクラックまでを管理する必要がある。破損の対策としては曲げても割れないように柔軟性を付与、繊維補強、または厚みを厚くするなどの対策がされる。

柔軟性を付与する方法として、柔らかい膨張黒鉛や異方性が小さい炭素材料を用いる方法、弾性率が低い樹脂バインダーを用いる方法などが挙げられる。しかし、膨張黒鉛自身は柔らかいが、バインダーにフェノール樹脂やエポキシ樹脂などを用いると硬くなってしまう。柔軟性を付与するには耐酸性に優れるハロゲン系のエラストマーなどが採用される。しかし、コストを考えて材料を選択していくと使用できるバインダーは限られてしまう。

逆に繊維補強により割れにくくする場合、炭素繊維や炭素繊維基材と複合化させる例がある[8, 9, 11]。

## 3.5 成形加工特性

バインダー樹脂にカーボンを充填していくと流動性が低下して成形性が悪化するが、カーボンの種類や形状、粒度などによって与える影響が大きく異なる。図8にカーボンの充填率とMFR（流動性）の挙動を示した。ケッチェンブラックのような比表面積の大きい導電性カーボンブラックは少量の添加で急激に流動性が低下するため高充填すると成形できなくなってしまう。一方、黒鉛はカーボンブラックに比べ高充填領域まで充填しても成形ができる。また、粒度は大きく形状は丸めの方が、流動性が良い傾向である。しかし、充填率が80 wt%越えてくると、材料の粘弾性特性が損なわれて塑性体に似た挙動に変化していき加えた力だけ変形するようになる。

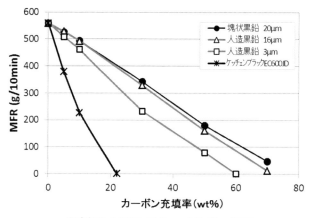

図8 カーボン充填率とMFRの関係

第6章 双極板

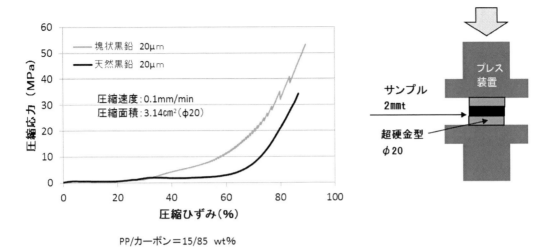

図9 圧縮成形における応力の挙動

従って,変形させるためにどれだけの応力が必要になるかが高充填領域での成形性の指標になる。図9はφ20の超鋼治具の間にカーボン樹脂組成物を挟んで圧縮していったときの応力の変化の違いを示した。天然黒鉛系は比較的小さい応力で薄くなり,塊状黒鉛系は薄く潰すには天然黒鉛系よりも大きな応力が必要であることがわかる。これは圧縮して潰されていく過程で材料が動く際の治具と材料の摩擦力が影響しており,天然黒鉛の方が塊状黒鉛に比べて滑りやすい組成物になることを示唆している。

カーボンを高充填すると粘弾性体から塑性体へ変化し,究極まで充填率を高めると流動性がなくなり粉体成形のようにカーボン粒子同士を樹脂で接着するような加工方法になっていく。生産性を考えると流動性は高い方が有利でありコストに効くので,高充填しても成形性を損なわない材料設計が課題である。

## 4 最近の技術動向

RFBはコストを下げることが重要課題であり,セルのコスト削減には性能を向上させてコンパクトにできれば効果が大きい。また,セルの生産性を向上させるため組立ての工数を如何に削減できるかが課題になる。近年,双極板の周辺技術によってセルの出力密度が向上し,組立てコストの削減につながる成果の報告が増えている。

従来のRFBの出力密度は80〜100 mWcm$^2$であったが,現在は倍以上に向上できることが確認されている。これは双極板に流路を形成することがキーポイントとなっており,燃料電池で蓄積された技術が活かされている。

テネシー大学では60％の充電状態で557 mWcm$^2$のピーク出力密度を有するバナジウムレドックスフロー電池を実証した[17]。United Technologies Research Centerではテネシー大学の

結果をさらに上回る出力密度を達成できることを証明した[18]。これらの成果の注目すべき点はどちらも，双極板に流路を形成させた構造で実証していることである。バナジウム系以外にも鉄－クロム系，水素－臭素系のレドックスフロー電池においても，フローフィールド構造が出力密度向上の鍵を握っていることを示している[19〜22]。出力密度の向上によってセルをコンパクトにでき，部材を削減できるため，コスト削減に効果的である。

双極板周辺では絶縁フレームやガスケットが別パーツであるためセルの組立てが煩雑になり生産性が落ちる原因となっている。RFBは部品点数が多いので，組立てに掛かる時間をできるだけ短縮したい。従って，それらのパーツが一体化されていた方が組立時間の短縮ができてコスト削減につながる。例えば，射出成形によりパッキンと絶縁フレームと双極板を一体化させた構造体によって部品点数を削減できるという報告がされている[23, 24]。

## 5 おわりに

RFBの進歩は目覚ましく最近はRFB自動車も登場している。詳しい技術内容やコストは明らかにされていないがナノフローセル社は既にRFB自動車を公道で走らせている[25]。最高出力136 ps，最高速度200 km/h，航続距離は1,000 kmを超えるという車を発表している。この車に採用されている双極板がどのようなものであるかは不明であるがカーボン系である可能性は高い。有機系の電解液であれば金属も使える可能性がある。自動車用途に使用できるまでRFBが進歩したのも双極板の進化に伴ってのことだと想像される。RFBはやっと研究が活発になった段階であり，これからも進化していくことが予想されるが，今後も双極板の工夫，進化がその発展に重要な役割を果たすと考えられる。

## 文　　献

1) N. H. Hagedorn,"NASA Redox Storage System Development Project Final Report", DOE/NASA/12726-24, NASA TM-83677（1984）
2) W. Lia *et al, International Journal of Hydrogen Energy*, **41**(36) P16240-16246,（2016）
3) 前田修平ほか，レドックスフロー電池用双極板及びその製造方法，特開 2012-221775（2012）
4) 高橋朋寛ほか，樹脂組成物，特開 2016-186084（2016）
5) 小田嶋智ほか，2次電池用反応電極層付双極板，特開平 6-290796（1994）
6) B. Caglara, *Journal of Power Sources*, **256**, P88-95（2014）
7) M. Park *et al, J. Mater. Chem. A*, **2**, 15808-15815（2014）
8) K. H. Kim *et al, Composite Structures*, **109**, 253-259（2014）

9) H. N. Yu *et al*, *J Power Sources*, **196**(23), 9868-9875 (2011)
10) P. Qiana *et al*, *Journal of Power Sources*, **175**, Issue 1, 613-620 (2008)
11) J. W. Lima *et al*, *Composite Structures*, **134**, 483-492 (2015)
12) 田尻博幸ほか, 燃料電池用セパレータの製造方法, 特開 2001-122677 (2001)
13) 片野 秀臣, 樹脂組成物, 樹脂組成物の製造方法, 粉状混合物, レドックスフロー電池用双極板, 及び燃料電池用セパレータ, 特開 2016-41806 (2016)
14) Ryojun SEKINE 他, レドックスフロー電池用電解液, およびレドックスフロー電池, WO2014203409 A1 (2014)
15) Yongrong DONG ほか, レドックスフロー電池用電解液, およびレドックスフロー電池, WO 2014203410 A1 (2014)
16) 粕谷浩二ほか, 不純物元素イオンの定量分析方法, 特開 2015-81912 (2015)
17) D. S. Aarona *et al*, Dramatic performance gains in vanadium redox flow batteries through modified cell architecture, *Journal of Power Sources*, **206**(15), 450-453 (2012)
18) M. L. Perry et al, High Power Density Redox Flow Battery Cells, *Electrochemical Society Transactions*, **53**(7), 7-16 (2013)
19) Y.K. Zeng *et al*, A high-performance flow-field structured iron-chromium redox flow battery, *Journal of Power Sources*, **324**(30), 738-744 (2016)
20) K. T. Cho *et al*, High performance hydrogen/bromine redox flow battery for grid-scale energy storage, *Journal of the Electrochemical Society*, **159**, A1806-A1815 (2012)
21) Kyeongmin Oha *et al*, Effect of flow-field structure on discharging and charging behavior of hydrogen/bromine redox flow batteries, *Electrochimica Acta*, **230**(10), 160-173 (2017)
22) T. Jyothi Latha *et al*, Hydrodynamic analysis of flow fields for redox flow battery, *J Appl Electrochem*, **44**, 995-1006 (2014)
23) Antonio Rodolfo dos Santos *et al*, Development of improved bipolar plates for vanadium redox-flow batteries with functionality integration, IFBF Conference Paper・July 2014 with 213 Reads
24) Chih-Hsun Chang *et al*, Development of Integrally Molded Bipolar Plates for All-Vanadium Redox Flow Batteries, *Energies*, **9**, 350 (2016)
25) Nanoflowcell, http://www.nanoflowcell.com/

# 第7章 システム設計

## 1 大規模レドックスフロー（RF）電池[1)]

重松敏夫*

### 1.1 大規模蓄電池に要求される特性

蓄電池にも小型から大規模まで種々の種類，用途があり，各々要求特性は異なる。表1に本稿で対象とする大規模蓄電池に要求される特性を整理した。RF電池は，モバイル機器に使用されるような小型軽量用途ではなく定置型で使用される大規模蓄電用途に適している。

RF電池は，出力（kW）を決めるセル部と容量（kWh）を決めるタンク部を独立に設計することが可能で様々な用途に対して最適な設計が可能であり，大規模化も容易である。タンク・配管・ポンプなどのシステム構成機器は，汎用のプラント技術が適用可能であり，保守性にも優れている。運用面では，充放電中においても電解液の電位を測定することで正確に充電状態（残存容量）を把握できる利便性があり，また電池反応がイオンの価数変化のみであるため原理的には充放電サイクル数の制限が無い。安全面では，電解液は常温で使用される水溶液であり発火などの危険は無く，設置上の制約もほとんど無い。

コスト面から見た場合，電解液が半永久的に使用できることを考慮すると，より長期間の使用を想定したLCC（ライフサイクルコスト）で，より有利である。また，時間容量の長い用途で

表1 大規模蓄電池に要求される特性とレドックスフロー電池の適合性

| | 要求される特性 | レドックスフロー電池の適合性 |
|---|---|---|
| 出力・容量 | ・大容量（MW級）<br>・用途に応じた出力（kW）と時間容量（kWh）の設計 | ・大容量化が容易<br>・セル（kW）とタンク（kWh）の独立設計可 |
| 充放電サイクル | ・充放電の高速応答性<br>・長サイクル寿命<br>・高効率 | ・イオンの価数変化であり，反応は速くサイクル制限が無い。電解液の熱容量が大きく，高頻度な高出力充放電繰返しにも最適<br>・セル設計，ポンプ動力制御等により高効率設計可 |
| 運用，保守性 | ・残存容量管理の容易さ<br>・保守が容易なこと | ・電解液の電位測定により，運用中も，常時正確に充電残量を測定可 |
| 耐久性 | ・20年以上 | ・常温使用であり，構成材料は20年設計可<br>・電解液は半永久的に使用可 |
| 安全性，設置性 | ・高い公共安全性<br>・設置制約が少ないこと | ・常温運転で，発火，熱暴走の恐れなし<br>・危険物に該当せず，設置制約は少ない |

\* Toshio Shigematsu　住友電気工業㈱　フェロー　パワーシステム研究開発センター　担当技師長

# 第 7 章　システム設計

は，タンク部のみの増量設計で良いので，kWh あたりのコストで，より有利となる。

システム設計に際しては，これらの原理的な特徴，特性を活用することが肝要である。

## 1.2　レドックスフロー電池の基本システム構成
### 1.2.1　システム構成要素

RF 電池は，電池反応を行う流通型電解セル（以下，セルと称する），活物質の溶液（電解液）を貯蔵する正負極のタンク，さらに電解液をタンクからセルへと循環するためのポンプ，配管等から構成される。交流電力系統とは，PCS（交流/直流変換器）を介して連系される。ここでは，主な構成要素について要求される機能と設計例を説明する。

#### （1）　セルスタック

RF 電池に用いられるセルを複数積層したものをセルスタックと称している。セルスタックの構成例を図 1 に示す。単セル電圧は，高々 1.4 V 程度であるので，実用的な高電圧を得るためには，電池セルを多数直列接続させる必要がある。その方法として，燃料電池等でも用いられている双極板を用いた直列積層方式が採用されている。

セルの役割は，電解液中のバナジウムイオンを効率良く酸化還元反応させることにあり，セルの内部抵抗が小さいことが好ましく，またその際に副反応を起こさないことが望ましい。セルを構成する部材には，図に示されるように，電極，隔膜，双極板，さらにそれらを収納し，セルを形成するフレームから成る。材料面からは，電解液として酸性水溶液が用いられるため，すべての接液部には耐酸性が要求される。

以下，セルを構成する主要な部材について，その要求特性と使用材料について述べる。

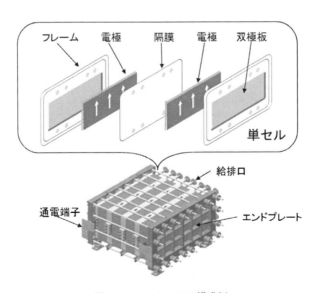

**図 1　セルスタックの構成例**

① 電極

電極は電解液中のバナジウムイオンがセル内を通過する際に酸化還元反応を生じる場を提供するのみで自らは反応しない。電解液の通過性に優れた構造，形態を有しており，極力表面積が広く，電気抵抗の低いことが重要である。一般に，カーボン繊維から成る織布，不織布等が用いられている。近年では，燃料電池で使われるセル技術を適用したセル構造が提案されており，こうしたセルでは，カーボン繊維とカーボンで構成される薄いカーボンペーパーなども使用される。

通常カーボン材料は撥水性を示すが，レドックス反応活性化の観点からは，電解液（水溶液）との親和性に優れている事が重要であり，また副反応となる水の分解を生じさせない観点から，水素過電圧，酸素過電圧の大きい材料特性が要求される。

② 隔膜

隔膜の主な役割は，電池内部の荷電キャリアである$H^+$イオンを透過させること及び自己放電抑制のために正負のバナジウムイオンを透過させないことである。一般には，イオンの選択透過性を有するイオン交換膜が用いられている。電池内部でのエネルギー損失低減の観点から，隔膜は極力低抵抗であり（$H^+$イオン透過性に優れていること），かつ自己放電が小さいこと（バナジウムイオンの透過を抑制すること）が望ましいが，この２つの機能がトレードオフの関係にある事が開発・設計のポイントである。最終的には，電力貯蔵システムとしての用途，使い方に応じて，総合的なエネルギー損失を最小とするように設計する事が肝要である。

③ 双極板

双極板の主な役割は，隣り合う正極と負極を電気的に接続すること，および隣り合う正負極の電解液を混合させないこと，またセルスタック構造体としての必要強度を保持することである。電気抵抗が低く，電解液に対する耐食性，印可される電圧に対する耐酸化性，構造体としての機械強度が求められる。一般には，導電性プラスチック等と称されるカーボンと樹脂の混合品が用いられている。また，上述の燃料電池セル技術を適用したセルでは，双極板に電解液流路溝を設ける構造が採用されている。この構造を採ることで電解液送液時の圧力損失を低減し，薄い電極の適用を可能としている。

④ フレーム

上記の材料を収納し，電解液を各セルへと送排液させ，かつ外部および正負極間の電解液シール機能を担う構造体として，セルを形成する枠状の部材がフレームである。耐酸性，製造時の加工性等を考慮し，塩化ビニル，ポリエチレン等の汎用プラスチック材料が使われている。

(2) 電解液

RF電池の電解液に適用されるレドックス系には，価数の変化する金属イオンが候補対象となる。1970年代に電子技術総合研究所（現在の産業技術総合研究所）で検討されたレドックス系[2]の候補を例示する。図２が硫酸水溶液系，および図３が塩酸水溶液系での例である。

図中に示された電位が０Vと1.23Vの箇所は，水の分解による水素ガス発生と酸素ガス発生の平衡電位を示しており，この左右のラインから著しく外れるレドックスイオンは，ガス発生の

第7章　システム設計

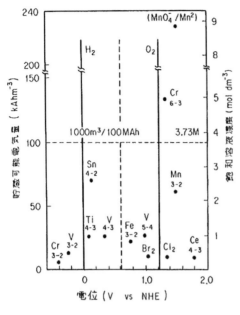

図2　硫酸水溶液でのレドックス系

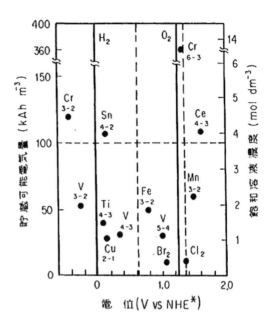

図3　塩酸水溶液でのレドックス系

ために使用困難である。但し，使用する電極材料に応じて水素過電圧，酸素過電圧が存在し，その過電圧の大きさは材料によって異なることが知られている。例えばカーボン材料を用いた場合には，実際の水素ガス発生電位は，より卑な電位となり，酸素ガス発生は，より貴な電位となる。さらに，水溶液の種類，pHなどによっても，レドックス系の電位は変化するので，個々のレドックス系につき実測する必要がある。従って，実用を想定した場合の起電力の大きさ，貯蔵可能電気量（溶解度），経済性等を考慮して選定，開発がなされる。

これまでに，各研究機関などにおいて，様々なレドックス系が検討されているが，実用段階に至った系としては，主に，鉄($Fe^{2+}/Fe^{3+}$)−クロム($Cr^{3+}/Cr^{2+}$)系，バナジウム($VO^{2+}/VO_2^+$)−バナジウム($V^{2+}/V^{3+}$)系[3]等が知られている。特にV系電解液は，正負の金属イオンが同一であるため，鉄クロム系等の2液型構成とした場合にみられる隔膜を通しての正負電解液の混合による電池容量低下が生じないことが大きな特徴であり，現在，世界中で広く開発，一部で実用化が進められている。

本編第4章2節には，TiとMnを適用する研究例[4]が紹介されている。また，最近では，これらの金属イオンに代わり，本書第3編に記載されている有機系電解液の研究が盛んである。設計の自由度が高いことが魅力であり，今後の開発による発展の可能性を大いに秘めている。

(3)　電解液タンク，ポンプ，配管

① 電解液タンク

電解液タンクの役割は，使用される電解液を長期間，安定に貯蔵しておくことであり，使用する電解液の貯蔵に適した材質であれば，設置形態に応じて，様々な材質・形状のタンクが適用で

きる。汎用のポリエチレンタンク等のプラスチック製のタンクや樹脂をライニングした金属製タンクなどが一般的である。また，ビル等のデッドスペースとなっている地下湧水槽を活用するフレキシブルな形状を有するゴム製タンクの例もある。

② ポンプ

電解液を扱う点から耐酸性仕様のポンプが用いられる。また，電力貯蔵システムとして，電力を蓄える際の効率は重要な性能であり，より消費動力の少ない高効率のポンプが望ましい。また，セルに送られる電解液量はセルに通電される電流に応じた最適値が存在するため，この観点から流量制御が行われる場合もある。

③ 配管

セルのフレームの材質と同様に，使用される電解液に適した配管材料が用いられる。一般には，塩化ビニル，ポリエチレン等の汎用のプラスチック配管が適用される。

### 1.2.2 システム設計

前述のシステム構成要素を用いて，システムが設計される。使われる用途などに応じてユーザーから基本的な仕様である電池出力／容量等が与えられ，セルスタック数，電解液量（タンクの大きさ）などが決まる。

以下，システム設計に際して考慮すべき事項を説明する。

① **セルスタックの構成**[5]

セルスタックは複数のセルを積層したものであるが，大規模電池システムとして必要な出力を得るためには，複数のセルスタックが直並列に接続される。このように多数のセルを接続する際，フロー電池特有の留意すべき事項の一つとしてシャントカレントがある。セルは電気的に直列に接続されているが，電解液はこれらのセルに並列に供給されている。従って，各セルは電解液で並列に接続された状態になる。電解液は導電体であるため，各セルの電圧によって，その間の電解液の電気抵抗に応じた漏れ電流が生じる。これをシャントカレント（漏洩電流）と称している。シャントカレントは，セルスタック内だけでなく，直列に接続されたセルスタック間，さらにはタンクを含めた電解液循環系内において生じる。この電流はシステム内での電流損失となるので，極力小さくすることが望ましい。

セルを設計する際には，電解液をセル内へ導入，排出する給排孔，給排溝の形状，直列積層数を決める必要があるが，この際，シャントカレントを考慮することが重要である。図1に示したセルスタックは，積層セルの間に給排板と称する部材を挿入しており，この間の配管の電気抵抗を増大させることで，シャントカレント損失を減少させた設計例である。あるいは，電解液循環系を複数に区分し，独立にすることも行われる。

但し，電解液の電気抵抗を大きくすることは，通常，配管を細長く設計する事になるため，電解液の圧力損失を増加させ，ポンプ動力損失を増大させることになる。この点を考慮して，最終的には，システムとしてのエネルギー損失を最小化させるように設計することが重要である。

第 7 章　システム設計

② 電解液貯蔵タンクおよび循環系の構成

　電解液貯蔵タンクおよび循環系には，ある程度，既存のプラント技術が適用できる。使われる用途・設置場所に応じて，様々なレイアウト設計が可能である。また，設置される温度環境，運用条件に応じて，冷却，加熱が必要となる場合がある。電池反応は，温度特性を有しており，所望の電池特性，性能を得る観点からは，ある温度以上で動作させることが必要であり，また使用材料の耐久性の観点からは，使用温度上限の制約がある。従って，低温環境下で使用する場合には，配管の保温，ヒータの設置や建屋内に収納される場合があり，高温となる場合には，冷却装置が設けられる。こうした場合には，システム効率の観点から，これら補機動力の低減を考慮した設計が重要である。

③ システム設計

　最終的にシステムの効率を検討することが重要である。電力貯蔵の観点から効率は極力高いことが望ましい。RF 電池システムでは，エネルギー損失の内訳として充放電時にセルスタックの内部抵抗に応じて発生するジュール損失が大半であり，次に PCS の交流直流変換に伴う損失，さらに補機動力であるポンプ動力損失が挙げられる。この点から，設計システム効率に応じて，セルスタックの出力／効率特性に応じた定格出力の決定，電解液流量制御等によるポンプ動力の低減，PCS の出力／効率特性を考慮した機器選定などが重要である。

### 1. 2. 3　電気システムとしての構成

　電気設備として取り扱われる観点から留意すべき事項としては，電解液が電位を有していることであり，所定の電気絶縁性が要求される。また，安全・環境面から留意すべき事項として，電解液の漏洩対策が必須であり，防液堤を設置すること，また外置きの場合には，万一電解液が漏洩した場合に雨水と共に外部へ排出されることがないように配慮する等の対策が取られる。

　なお，こうした大規模な電力貯蔵設備の設置に際しては，公共保安の観点から関係法令に基づいて必要な措置を講ずる必要があり，具体的な事項は，電力貯蔵用電池規程（JEAC5006-2014）を参照する。

## 1. 3　大規模レドックスフロー電池の設計例

### 1. 3. 1　需要家設置の例

　RF 電池は，当初電力負荷率の低下を背景に，夜間電力を貯蔵し昼間に放出することで，負荷を平準化し負荷率を向上することを目的に揚水発電を補完する大規模電力貯蔵システムを目指して開発が始まった経緯がある。但し最初に実用化されたのは需要家に設置されたシステムである。需要家は安価な夜間電力を活用することで電気料金メリットを享受し，負荷平準化に貢献する。

　大学に設置された負荷平準化システム（500 kW×10 h）の事例[6]がある。収納建屋 1F にセルスタックを収納した電池盤を配し，地下室にゴム製の電解液タンクとポンプを設置したレイアウトが採用されている。瞬時電圧低下（瞬低）抑制システム（1,500 kW×1 h）の事例[7]もある。この用途では，瞬低発生時に，電池システムが高速に応答し，瞬低が生じている瞬時の間，負荷

へ電力を供給することが要求される。RF電池は，瞬時高出力特性を有していること，また必要な時間容量に合わせてタンク容量を設計することができるため要求に見合う経済的な設計が可能である。必要に応じて負荷平準化やピークカットの機能を兼ね備えることもできる。この事例では，既存建屋を活用し，セルスタックは建屋2F部分に電池盤に収納して設置され，電解液タンクは汎用のポリエチレン製タンクを用いて建屋1Fに設置されている。

負荷平準化と瞬低抑制の機能に加えて，さらに消防非常用電源の機能を加えた多機能なRF電池[8]とすることも可能である。通常は，あらかじめ設定されたプログラムパターンに応じて，夜間に充電し，昼間に放電する負荷平準化運転が行われており，瞬低発生時においては瞬時に重要負荷運転を行い，さらに，万一の火災発生時においては，消防防災システムとして対象となる防災負荷（消火ポンプ，排煙ファン等）へ電力を供給することが可能となる。

### 1.3.2 電力系統での実証試験例

現在，世界規模で太陽光，風力等の再生可能エネルギーの導入が進んでいる。これらの発電出力は不規則に変動するため電力系統に大量に導入されることによって電圧上昇，周波数変動，余剰電力が発生する課題があり，すでに一部地域ではこれらの課題が顕在化しつつある。対策の一つとして蓄電池の活用が有効であると期待され，大規模な実証試験が進められている。

蓄電池の活用方法として，再生可能エネルギーの発電サイトに設置して出力変動を平滑化する方法と，電力会社に設置して電力系統における調整力とする方法が考えられる。以下に，各々に対するRF電池の実証試験例について述べる。

#### (1) 風力発電に併設された実証試験例

「風力発電電力系統安定化等技術開発」と題したNEDOのプロジェクト[9]において，2003年から2007年の間，北海道苫前ウィンビラ発電所にRF電池（定格出力AC 4 MW／6 MWh：最大出力6 MW）を併設して風力発電の出力変動平滑化の実証試験が行われた[10]。一般に，風力発電の出力変動には，ミリ秒から時間オーダに至るまで，様々な周期のものが含まれるが，RF電池は，電池容量の大小を電解液量の増減によって設計対応することが可能なことから，いずれの要求にも適切に対応できる。短周期変動に対しては，高出力特性を活用した設計によって，経済性をより向上させることも可能である。

本システムは4バンクで構成されている。各バンクは1,500 kVAの定格出力を有し，1バンクの構成は図4に示すように4モジュールで構成されている。1モジュールは，正極，負極の各々が各1組の電解液タンク（各15 m$^3$）とセルスタック6台，および熱交換器1台で構成されている。1セルスタックあたりの定格直流出力は45 kWである。セルスタックは電気的に4直列6並列に接続され，1バンクの定格直流出力は1,000 kWである。4直列のセルスタックに対して，モジュールを4分割としているのは，先に述べたシャントカレント抑制を図った設計である。

本システムは，短周期（数秒から数10分以下）の出力平滑化を目的としている。平滑化制御の方法は，発電出力を所定の時定数の一次遅れ要素で平滑化した値を目標値とし，RF電池に要求される出力は，目標値と発電出力の差分とする。さらに実際には，RF電池の過充電や過放電を抑

# 第7章 システム設計

え,常に設計範囲の充電状態にしておくために,補充電または補放電による修正量を加えている。

平滑化時定数10分にて運転を行ったときの各出力,補充電・補放電電力およびモニターセル電圧を測定した結果を図5に示す。モニターセル電圧は電池の起電力であり,充電状態を表す。

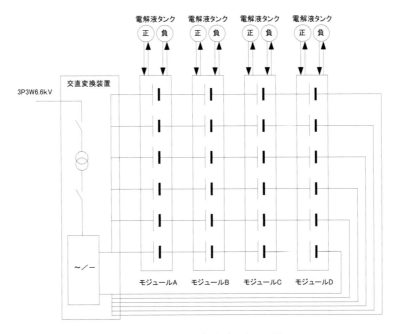

図4 主回路概略構成(1バンク分)

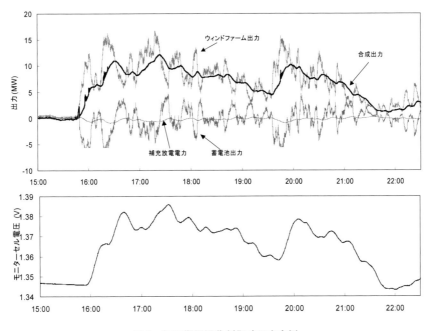

図5 短周期平滑化制御時の出力例

同図より，平滑化制御が設計通りに行われ，補充電／補放電操作によって，充電状態も所定のレベルに収まっている。

なお発電出力は大小様々に変化するが，RF電池の効率の観点からは，RF電池は所定の出力範囲で稼働させることが望ましい。この観点で要求される電池出力に対して必要最小のバンク数で運転対応させるバンク制御が有効であり，要求される電池出力に応じた電解液流量制御もポンプ動力低減の点で有効である。

### (2) 電力系統での実証試験の例[11]

2015年12月に，経済産業省のプロジェクトとして，北海道電力株式会社と住友電工は共同で北海道電力株式会社の基幹系統の変電所に15 MW×4 h容量のRF電池を設置し，風力発電や太陽光発電の出力変動に対する新たな調整力としての性能実証および最適な制御技術の開発を行う取組みを開始した。設備の外観を図6に示す。

北海道では，すでに一定量の太陽光発電，風力発電が導入されており，これらの出力変動には，秒から時間オーダに至るまで，様々な周期のものが含まれている。電力系統安定化の観点からは，周波数調整の対象となる秒～分オーダの短周期変動を初めとして時間オーダの長周期変動に至るまで様々な周期の需給調整力が必要となる。RF電池は，時間容量を電解液量の増減によって設計対応可能であり，本設備は，こうした需給調整力の検証を行うため，4 h容量の設計としている。特に，短周期変動に対しては，定格の2倍である出力30 MWを活用した運用も可能としている。システムを構成する出力制御の最小単位となる1バンクの構成を図7に示す。1バンクは，5組のモジュールと交直変換装置（PCS）により構成され，電池システム全体は13

図6　15 MW/60 MWh RF電池システム（北海道電力）

第7章 システム設計

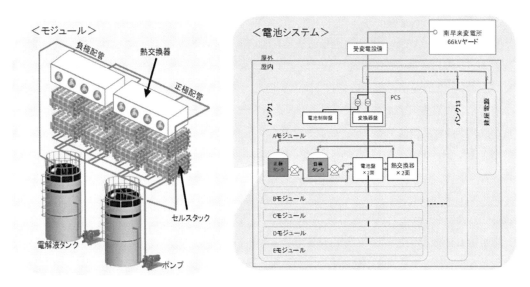

図7　15 MW/60 MWh RF電池のシステム構成

バンク（65モジュール）構成となっている。最小単位のモジュールは，図に示すように，セルスタック4台を内蔵した電池盤2面，熱交換器盤2面，電解液タンク2基，ポンプ2台，および配管により構成される。

様々な試験が実施されており，図8は公表成果の一部である。周波数調整機能の検証試験結果の例であり，追加的な調整力とすることで系統周波数の偏差を減少させる効果が確認されている。

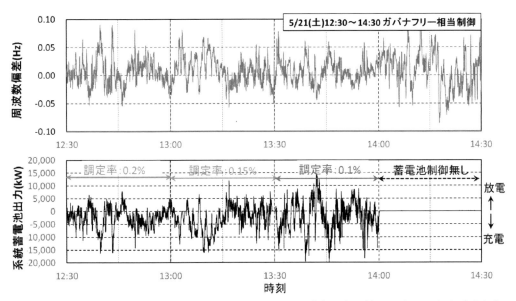

*調定率とは周波数偏差に対する出力の感度を表し値が小さいほど高感度となる

図8　短周期変動抑制制御の試験結果

## 1.4 課題と今後の展開

RF電池はすでに大規模電力貯蔵システムとして運用可能な技術レベルに達している。最大の課題は，これらの電池設備が経済的に成立するコストを実現することにある。現在，世界的にRF電池の研究開発が活発化しており，セル構造，セル材料，電解液などの各要素技術に関して，新たな提案が多くなされている。基本的な考え方は，セルについては，機能部材である電極，隔膜等の性能向上やセル構造の改良を進めて高出力化，高効率化を図ること，電解液については，より安価な活物質を開発すること，さらにエネルギー密度を高めてコンパクト化を図ること，またシステムについては，汎用コンテナなどに部材をコンパクトに収納し，設置面積を低減し，現地工事も簡素化すること等である。図9に住友電工において実証試験中のコンテナ型RF電池[12]の外観を示す。

大規模RF電池の実系統での運用試験が予定通りに進捗し，一方で，上述の新たな技術開発の進展とも相まってRF電池のコスト低減が進み，機能面，経済面で十分に実用に供しうる電池設備となることを期待している。

図9 コンテナ型RF電池システム（住友電工）

## 文　献

1) 電気化学会エネルギー会議　電力貯蔵技術研究会編,「大規模電力貯蔵用蓄電池」, P.63, 日刊工業新聞社 (2011)
2) 金子浩子他, 電子技術総合研究所彙報, **41**, 877 (1977)
3) M. Rychik, M. Skyllas-Kazcos, *J. of Power Sources*, **22**, 59 (1988)
4) 董雍容他, SEIテクニカルレビュー, **190**, 27 (2017)
5) 田中敏夫他, 住友電気, **137**, 191 (1990)
6) 森井浩他, 電設技術10月号 (2001)
7) 新里剛他, 電気学会B部門大会, 254 (2001)
8) 高尾光昭, OHM, 42 (2006)
9) NEDO, 平成19年度成果報告書「風力発電電力系統安定化等技術開発」(2008)

第7章　システム設計

10)　柴田俊和,電気設備学会誌,10月号,P.800（2005）
11)　笹野栄一他,電気化学会第84回大会,特1M23（2017.3）
12)　矢野敬二他,SEIテクニカルレビュー,**190**, 15（2017）

## 2 多目的レドックスフロー電池

内山俊一*

### 2.1 まえがき

レドックスフロー電池（RFB）は，電解液流通型電解槽の各単セルに対して，共通の活物質を供給できる活物質再生型の燃料電池とも言われている。そのため，双極板（BPP）を介して積層された単電池間や積層電池（セルスタック）間の充電深度（SOC）にばらつきが生じず，均等充電や完全放電などによってSOCをそろえる必要がない。また，炭素繊維電極表面に，必要な活性化処理を施したRFBは，電極部分の大きな二重層容量によって，キャパシタとしての機能も有している。このような特徴のために，RFBは使い方についての自由度が非常に大きいものになっている。例えば，電圧の異なる複数の多様な入出力に対しても，中間端子を持つセルスタックによって同時に受け入れていくことも可能である。また，瞬間的に定格を大きく上回る入力があっても，まず，それを二重層容量で受けてから電極と電解液間の電荷移動反応によって充電していくことができるので，充電受入性の面でも優れた電池と言える。最近のスマートグリッドの傾向として，コスト上の問題から，給配電システムを強化，高機能化することによって，用いる二次電池の容量をできるだけ小さくする傾向がある。RFBは従来の二次電池にはない付加価値によって，このようなコストの課題を超えて，新たな用途を開拓していけるものと期待できる。

本来，RFBのセルスタックは，液流通型の電解槽であり，従来の電解槽技術と組み合わせてさまざまな機能を持つ電力貯蔵設備あるいは電源などとして活用することができる。ここでは，RFB技術を用いた新たな応用例についても紹介する。

### 2.2 緒言

現在のRFBは，開発当初からNASAにおいても炭素繊維の不織布（フェルト）が使われていた[1]。わが国でも以前から，炭素繊維織布（カーボンクロス）を液体クロマトグラフ検出器（フロークーロメトリーセル）[2]や排煙脱硫・脱硝装置の吸収液再生用電解槽[3]などの電極として使用していた。この吸収液再生用の電解槽は，電気透析槽を改造した，大きさが約 $100$ cm$^H$ × $50$ cm$^W$ のカーボンクロス電極を用いる複極式電解槽であった。一方，RFBについては電極反応性を改善して充放電効率を向上させるため，金属を担持[1]するか，あるいは炭素繊維表面を活性化処理[4]して電極としていた。わが国では樹脂との複合材料であるCFRP製造のために，炭素繊維表面分析について，すでにESCA，オージェ，顕微ラマン，SIMSなどの情報がそろっていたので，活性化処理の結果と表面分析結果との対応を評価することは比較的容易であった[5]。

二重層容量については，検出器や初期のFe-Cr系RFBの段階で，すでに $1$ Fcm$^{-2}$ 近くに達するものが得られていた[5]。ただ，その後のRFBおいて，電極の高度な活性化にはあまり依存

* Shunichi Uchiyama　埼玉工業大学　学長

第7章　システム設計

しない傾向になり，その結果として，電池の二重層容量も大きいものにはならなかった。変動の激しい入力に対しても高い充電受入性を持つことが一つの特徴である多機能型（多目的型）のRFBは，キャパシタとしての機能を持つことも重要であり，これは電極表面の活性化処理によって達成することができる。写真1に従来型の活性化処理炭素繊維電極表面のFE-SEM像を，写真2に高度に活性化処理した炭素繊維電極表面のFE-SEM像を示す。活性化処理反応は炭素繊

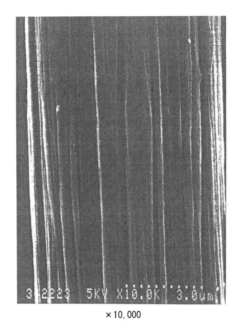

写真1　従来の活性化処理法による電極表面のFE-SEM像

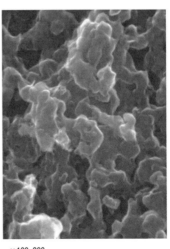

写真2　高度活性化処理後の電極表面のFE-SEM像

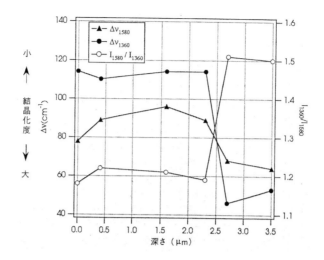

図1 高度活性化処理炭素繊維電極断面の1,360 cm$^{-1}$,1,580 cm$^{-1}$ラマンピーク比

維の表面だけで行われていて,繊維内部は処理前の状態にある。これは炭素繊維断面をミクロラマン分光法で観察することによって確認できる(図1)。

単電池間で電解液を共有するRFBは単電池をBPPで積層して一つのセルスタックを構成するが,そのとき,途中のBPPの間に集電用の銅板などを挟み込めば,中間端子として,そこからの入出力も可能になる。このようなRFBでは,さまざまな複数の入出力源をコンディショナーで調整してRFBに接続する場合,コンディショナーの負担を軽減あるいは省略することが可能になって,二次電池システムの簡略化およびコストの削減に繋がっていくものと期待される。とくに,中小の複合発電設備を有する公共施設など,地域のエネルギーセンター(防災拠点)に成り得る施設において,RFBはこのような使い方に適していると考えられる。

炭素繊維の比表面積を数10〜100 m$^2$/g程度までに大きくした電極は,Fe-Cr系やV系のRFB電極としてだけでなく,さまざまな用途にも適用できる。とくに環境関連機器などに用いて,環境保全の付加価値をもち,そこに使用されていた従来の機器よりもコスト的に有利であれば実用化の道は早いと考えられる。このような例として電極に微生物を担持した複極,積層式の電気化学リアクターがあり,電気的に反応を制御するものから,電力を回収できるものまで提案されている[6〜9]。

## 2.3 多目的レドックスフロー電池

通常の二次電池では入出力やSOCの管理が重要であり,コンディショナーによってその入出力源との調整を行っている。一つの二次電池に対して複数の電源,負荷を接続する場合は,基本的にはそれぞれの電源,負荷ごとのコンディショナーによる連携あるいは独立した制御のもとで充放電を行うことになる。現在,コンディショナーは性能,容量ともに向上し,また,コストも低下してきたが,それでも,スマートシテイなどにおいて,使用する二次電池の容量をできるだ

第 7 章　システム設計

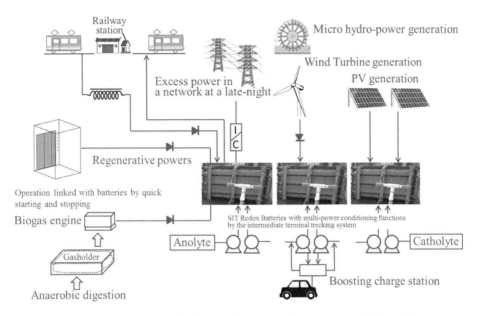

図 2　マルチパワーコンディショナーとしてのレドックスフロー電池システム

け小さく抑えるか，あるいは使わないさまざまなシステムとして提案されているのは，依然として二次電池，コンディショナーともにまだ，コストの問題を抱えているためである。前項で述べたような多機能型の RFB を用いることによって，このような問題を解決し，新たな道を開くことができるものと期待される。このようなシステム想定例を図 2 に示す。

### 2. 3. 1　埼玉工業大学レドックスフロー電池

　埼玉工業大学ものづくり研究センターは，2016 年夏に完成した実験室，ゼミ室，展示スペースをもつ建築面積 1,030 $m^2$ の木造ホール（設計監理：株式会社 松田平田設計，構造監修：稲山正弘東京大学大学院教授）で，側壁に取り付けられた約 2.7 kW 多結晶シリコン太陽電池（公称最大出力動作電圧 192 V）のバックアップ用二次電池も兼ねて，ENERGY & HVAC 社との共同研究のもとに同社の研究開発機関，GEBI 製の 5 kW RFB を設置した（写真 3 および 4）。当初は 2 kW 電池として使用していたが，電解液を内部抵抗の小さな組成に変更して，現在，出力を 5 kW に上げて使用している。電解液のタンクは容量 200 L のポリプロピレン製で，補機としてリバランスシステムおよび正・負極液の SOC モニタリングセルを付けている。図 3 に本電池システムを示す。この電池は，見掛けの正・負極面積が 380 $cm^2$ の単電池を 40 セル積層したセルスタック 3 基で構成され，各スタックへの送液はそれぞれのスタックごとに合計 6 基のポンプによって独立に制御されるようになっている。そのため，各セルスタックの入出力の大きさに合わせて送液量を調整し，使用しないスタックがある場合は，そのスタックへの送液は停止できるようになっている。各セルスタックは 10 セルごとに中間の入出力端子をもつので，電気的に直列接続されている全 120 セルは 10 セルごとに 12 分割され，それぞれ独自に入出力できるよう

レドックスフロー電池の開発動向

写真提供：日暮雄一

**写真3 ものづくり研究センターの太陽電池（2.7 kW 多結晶シリコン）**

**写真4 ものづくり研究センターのレドックスフロー電池（5 kW，120 セル）**

になっている。そのうちの 20 セルを用いて，充放電を行ったときの電流・電圧曲線を図4に示す。現在，20 セルで 1 kW の出力が可能であり，システムとしては 6 kW の電池になる。太陽電池からの出力は MPPT（Maximum power point tracking）機構[10]によって，自動的に各中間端子，最終端子間を選択して印加するようになっている。このシステムの場合，曇天時で太陽電池の出力が非常に小さいときでも，太陽電池から最低 10 セル積層分の電圧を出していれば充電することが可能である。この考え方は開発初期のレドックス電池においても採用されていて，太陽電池出力における下限電圧の制限がなく，図5に示すような晴天時，曇天時の太陽電池出力であっても RFB に充電できるようになっている[5]。また，別途に設置している小型風車の誘導発電機からの出力も，この電池で直接受け入れている。小型風車（写真5）の出力は，整流素子を通して，直接，RFB 1 ブロック分の 10 セル間に入力している。図6は 17.5 V あたりで変動

# 第7章 システム設計

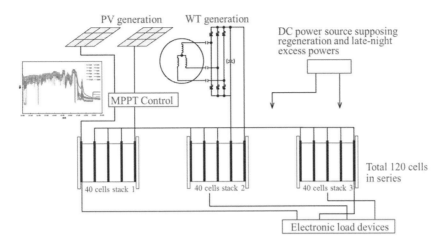

**図3 埼玉工業大学5 kW レドックスフロー電池システム**

Charge acceptability : over 80%, even in the voltage doubler than rated input voltages.
Charge-discharge efficiency : Approx. 80% at rated power densities.

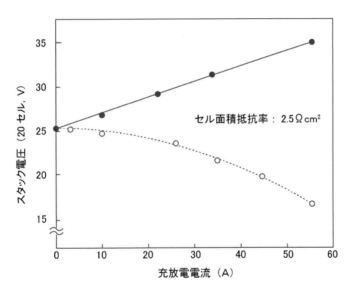

**図4 6 kW（120セル）スタック中20セル（1 kW）を用いた充放電分極（電流－電圧）曲線**
1.5 M-V/2.5 M 硫酸酸性水溶液
16℃, ～1.5 L/(min, pump)

している風車からの出力が，電池に接続されると，10セルの電池電圧である約14 V に平滑されていることを示している．同じく，10セル間に，100 A 程度のパルス入力を印加するために，開路電圧よりも約10 V 程度高くした定電圧パルスを60 ms 間印加したときの電圧の変化を図7に示す．印加直後に電流がやや大きくなるが，その後，電流は一定になって受電されている．

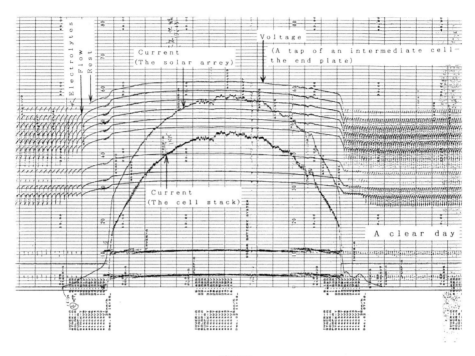

晴天時

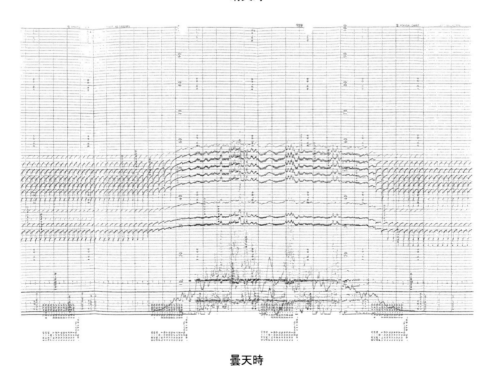

曇天時

図5 晴天時，曇天時における一日の太陽電池出力電圧とレドックスフロー電池中間端子電圧（時間－電圧）曲線

# 第7章　システム設計

写真5　500 W 小型風車

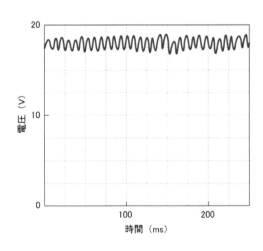

開路時の風車出力電圧

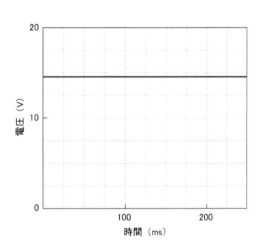

10 セルスタック接続時の電圧

図6　小型風車の接続

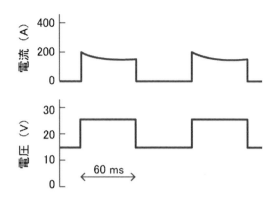

図7 10セル間に約10Vのパルスを60ms印加したときの電流-時間曲線
約100Aのパルスになるよう電圧を調整

### 2.3.2 多目的レドックスフロー電池 ―レドックスキャパシタとしての利用―

電気二重層キャパシタの二重層容量は5,000 F/Lを超えるのに対して，電解液を静止系で保持しているバナジウム系レドックス電池（VRFB）の二重層容量は2,000 F/L程度までである。しかし，エネルギー密度に関してはキャパシタが5 Wh/L程度であるのに対して，VRFBは高濃度の電解液を用いれば20 Wh/Lを超すことができる。この特徴を活かしたまま，キャパシタ機能を必要とする電力貯蔵システムを構築することが理想である。具体的な利用分野としては，昇降機群の回生電力貯蔵システムなどが考えられ，鉄道における複数の列車の回生電力貯蔵システムとする場合は次のような使い方になると考えられる。

架線電圧が直流1,500 Vの鉄道システムにおいて，電動車輌がVVVFインバータ制御された走行モータ（かご形三相誘導電動機）を用いている場合，回生ブレーキ（発電ブレーキ）作動時の主電動機の発電電圧を1,800 V程度にすることによって，回生可能な状態を作る。列車の減速が進んで，発電電圧が1,500 V以下になると回生失効を招くため，通常は摩擦ブレーキによって減速を進める方法がとられる。回生電流をRFBに充電するときは，電気的に直列に積層している単電池の積層数を減らして，充電電圧を下げていく必要がある。ここで調節する単電池の積層数は，VRFBにおいて，おおよそ800セルから1,200セルと考えられる。一方，列車の発車時に貯蔵した電力を架線に戻すときは，RFBを十分に高い電圧で放電することが重要であり，この放電時には2,000セル程度の積層数になる。このようなRFBは電解液マニホールド内の漏洩電流を抑える工夫が必要である。埼玉工業大学のRFBは，同じマニホールドで送液するセル数を20セルに抑えている。さらに徹底した漏洩電流低減法はスリットを十分に長いチューブにしてセルスタックの外部に出すことによって，漏洩電流を抑えるだけの電気抵抗を持たせる構造にすることも行われている[5]。

スマートコミュニティ，スマートシティなどにおける電力を中心とするエネルギーネットワーク，また，大型ビルなど一つの施設に限定された領域におけるエネルギー受給システムでは，それらの電力需要ピークに対応するための給電能力を発電設備だけに頼らず，エネルギー（電力）

第 7 章　システム設計

貯蔵システムを併用すれば，発電設備の負担を減らす上で効果的であると考えられる。しかし，現状は，エネルギー（電力）貯蔵設備の導入コストが大きいため，蓄電設備をできるだけ使用せず，ネットワーク内での需要と供給のバランスをとるために送配電ネットワーク構成法の工夫とコンディショナーによる電力の質の変換によって達成しようという傾向になっている[11]。RFBは，複数，かつ同時に生じる不規則な充放電に対応できるとともに，中間端子の活用によってコンディショナーの負担を小さくでき，結果的にシステムの簡略化，低価格化が達成できる。この点でスマートコミュニティ，スマートシティなどに適した電池と言うことができる。

RFB に大きなエネルギー密度を期待することは困難であるが，活物質が水溶液であれば，火災事故などを起こしにくい安全な電池である。また，電池内の充放電反応はポンプによる活物質輸送によって進行するので，短絡事故があっても一気に放電電流が流れ，電池が発火するようなこともない。図 8 は電極面積 6,000 cm$^2$ の Fe-Cr 系 RFB（10 セルスタック）の 10 s 間短絡試験の結果である。3,000 A を超える電流は流れるが，電池の内部抵抗によって，せいぜい定格電

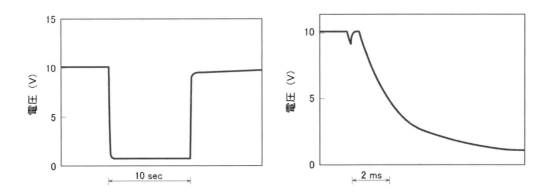

電圧－時間曲線

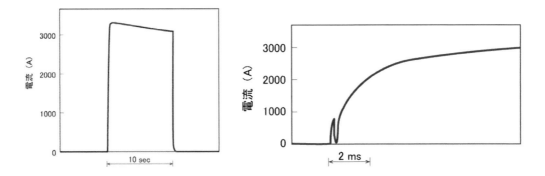

電流－時間曲線

図 8　6,000 cm$^2$，10 セルスタックの 10 s 間短絡試験結果

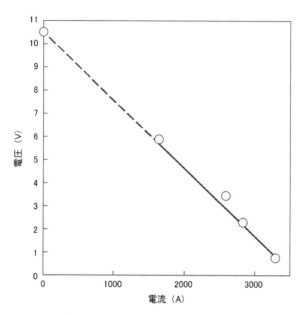

図9 6,000 cm², 10セルスタック短絡時における電流－電圧の関係

流の10数倍の電流が流れる程度である。これは10C充放電時と同様の状況と言える。このときの電流と電圧の関係をプロットすると，図9のような直線関係が得られ，その傾きが電池の内部抵抗である。現在のVRFBでは内部抵抗が面積抵抗率として$1\Omega cm^2$を切っているものが多く，20Cを超える充放電も可能な電池になっている。したがって，高濃度活物質の電解液を用いた，キャパシタ型のRFBは，ガソリン自動車のスターター用電池としても使用できる可能性がある[12]。

## 2.4 レドックスフロー電池技術の新展開

RFBのセルスタックは電解液流通型の電解槽技術を基本としている。このような電解槽はRFBに限らず，多くの適用分野が考えられる。しかし多くの被電解物質が懸濁性，乳濁性であったため，捕捉率が高くても，目詰りを起こしやすい炭素繊維集合体であるカーボンフェルトやカーボンクロスを用いるのは難しかった。カーボンフェルトを用いる電解槽はもっぱらRFB開発によって発展してきた。

しかし，電解液を電極内で流通させない利用法については適用が容易であり，この商品化例として，食品中などのビタミンCを絶対定量する迅速クーロメトリー[13]がある。これを写真6に示す。ビタミンC計では還元型-L-アスコルビン酸をカーボンフェルト電極によって捕捉率100%のもとで直接，電解酸化して，電量分析する方法である。さらにカーボンフェルト電極に酵素や微生物を担持することによって，バイオクーロメトリーにもなる。例えば，グルコースオキシダーゼを担持することによって，血清中グルコースの絶対定量などができ[14]。これらは

第7章　システム設計

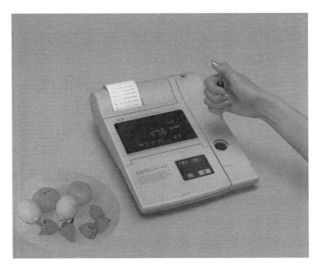

写真6　レドックスフロー電池構成と同じ検出器をもつ迅速ビタミンC計

RFBの派生技術として開発されたものである。

　RFBと同様にBPPを用いるタイプの電解槽で，熱交換器を兼ねた燃料電池の例として，下水処理施設における，活性汚泥と嫌気性消化汚泥の燃料電池型熱交換器が提案されている[15]。この場合の正極活物質となる活性汚泥の酸化還元当量は 10 m eq./L，負極活物質となる嫌気性消化汚泥のそれは 15 m eq./L と小さい値であったが，ブロワやポンプの一部を駆動させる程度の電力を取り出せるという付加価値を持つ熱交換器であり，セル枠から電極までを一体化した安価な装置[5]とすることによって十分にメリットを出せるものと考えられる。この概念図と両極液のサイクリックボルタモグラムの例を図10に示す。

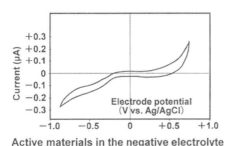
Active materials in the negative electrolyte

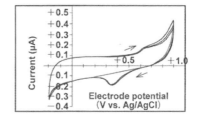
Active materials in the positive electrolyte

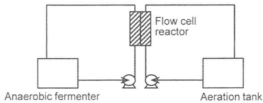

図10　熱交換機能を有するフロー型電解槽を用いる活性汚泥－嫌気性消化汚泥発電

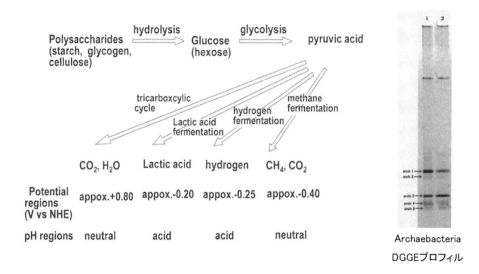

図11 高度活性化処理炭素繊維電極を用いる担持微生物の代謝制御
菌叢密度：高度活性化処理炭素電極を用いるリアクター… $1 \sim 3 \times 10^{11}$ cells/g
従来のスラリー（完全混合）型リアクター……$10^{7 \sim 8}$ cells/g

また，炭素繊維など微生物を担持する導電性電極は，電位とpHを調節することによって，担持された微生物の代謝を調整し易くなり，図11に示すような制御が可能となる[7]。このような制御は酸化還元系だけに限定されず，ネルンスト式によるpHと電極電位の関係を利用して加水分解（酵素）反応に適用するまでになっている[8]。

このほか，バナジウム－空気において，V(Ⅲ)イオンをV(Ⅱ)イオンに還元する方法として電解還元ではなく還元剤，還元作用を利用する方法なども検討されてい[15]。

## 2.5 結言

安全面，取扱性，寿命面などで優れた特性を発揮できるRFBを，一方で，コスト，エネルギー密度の課題に対応して行くことも重要であり，これによってRFBを普及させていく。コスト面では，すでに幾つかの現実的な対応が進められているが，さらにRFBの機能を拡張して，その付加価値を大きくすることによっても，その普及を促進できるものと考えられる。ここでは，埼玉工業大学で25年以上にわたって研究，開発を行ってきた内容を中心に，RFBの多機能化，新規分野の開拓について紹介させて戴いた。

第 7 章　システム設計

## 文　　献

1) L. H. Thaller, *Proceeding of 9th IECEC*, NASA TM X-71540（1974）
2) 武藤義一ほか，化学の領域 増刊，**88**，p.188（1966）
3) 蓮井 寛ほか，日本化学会誌，**4**，pp.626-633（1978）
4) M. Inoue, et. al., *J. Electrochem. Soc.*, **134**, 756（1987）
5) O. Hamamoto, *et al.*, Proc. Symposium on batteries and fuel cells for stationary and electric vehicle applications, *Electrochem. Soc.*, pp.178-188（1993）
6) J. Takahashi, Renewable Energy 2010 Proceedings, Yokohama, 2010-06, O-Bm-10-2
7) S. Uchiyama, *et.al.*, The 7th. Asian conference on electrochemistry, Kumamoto, 2010-05, 1B09（2010）
8) O. Hamamoto, Proc. of workshop on greenhouse gases reductioin management in agriculture and forest sectors, Taiwan National Univ., 2016, pp.2-16（2016）
9) S. Uchiyama, *et al.*, *Electroanalysis*, **14**(**23**), pp.1644-1647（2002）
10) H. Cnobloch, *et al.*, *Siemens Forsch.-u. Entwickl.-Ber.* **Bd. 17** Nr.6（1988）
11) 日本経済新聞「仮想発電所」，2017 年 2 月 12 日朝刊
12) 増田 洋輔ほか，第 57 回電池討論会，3D17，p.271（2016）
13) S. Uchiyama, *et al.*, *Anal. Chem.*, **60**, p.1835（1988）
14) 内山 俊一ほか，分析化学，**38**(**11**)，pp.622-626（1989）
15) 内山 俊一ほか，電化第 65 大会講演要旨集，1G25（1995）

## 3 第2世代レドックスフロー電池

津島将司[*1]，鈴木崇弘[*2]

### 3.1 はじめに

　レドックスフロー電池は，電解液中の活物質（通常はイオンであるが，スラリー電池の場合には固相粒子）の電気化学反応を用いたフロー（流体）電池である。外部から活物質を電極に供給するという点で，鉛蓄電池，ニッケル水素電池，リチウムイオン二次電池，などの固体電池とは異なる。その模式図を図1に示す。活物質を含んだ流体を外部タンクに貯蔵しておき，必要に応じてポンプにより電池本体（セルまたはスタック）へと供給し充放電を行う二次電池である。電池容量は外部タンクの電解液容量で決まり，電池出力は電解液を供給する電池本体内部の電極面積により決まる。これにより，電池容量と電池出力を個別に設計でき，大型から小型まで幅広いニーズに対応することが可能となる。加えて，電解液中に溶解した活物質イオンの価数変化により充放電を行うことから，通常の二次電池のように活物質の電極材料への溶解再析出や挿入脱離といった過程を伴わない。そのため，電解液を回収することで，活物質の回収・リサイクルも容易に行うことができる。

　電池本体は単セルが複数個積層されたスタックから構成される。図2に示すように単セルは負極と正極の多孔質炭素電極により隔膜（イオン交換膜）を挟み，それぞれの電極に活物質を含んだ電解液を外部から供給する。双極板は集電体ならびに電解液供給流路としての機能を有する。活物質にはバナジウム（V），鉄（Fe），クロム（Cr）などの金属イオンを用いるのが一般的であり，硫酸水溶液などの電解液に溶解させて供給する。いずれの反応系を採用しても，電極反応は負極，正極の多孔質炭素電極表面上で進行する。双極板は集電体としての機能を持ち，多孔質電極への電子輸送は双極板を介して行われる。

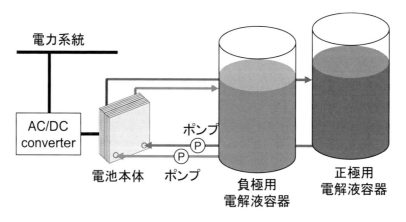

図1　レドックスフロー電池の構成

---

\*1　Shohji Tsushima　大阪大学　大学院工学研究科　教授
\*2　Takahiro Suzuki　大阪大学　大学院工学研究科　助教

第7章　システム設計

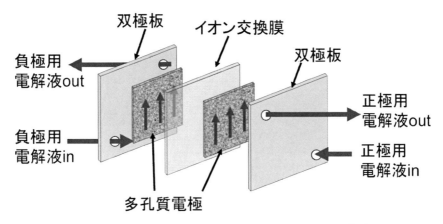

図2　レドックスフロー電池単セルの構造（フロースルー構造）

レドックスフロー電池の普及拡大のためには低コスト化が必須であり，エネルギー変換効率を一層に高めること，すわなち，電池内部抵抗を一層に低減し高性能化することが求められている。これにより，電池本体のコンパクト化が可能となり，コスト削減につながる。

電池内部抵抗の低減は，電極における電気化学反応に伴う損失の低減とイオン輸送抵抗の低減により実現される。そのため，多孔質炭素電極表面の反応活性と多孔質電極内部への電解液の供給が重要となり，電極材料の開拓と流路構造の設計が技術的課題となる。

近年，レドックスフロー電池は飛躍的な性能向上を見せており，特に，電極材料と流路構造に関して新たなアプローチが取られている。筆者らは従来型を第1世代レドックスフロー電池，現在，国内外で活発に進められている新規な構造のレドックスフロー電池を第2世代と呼ぶべきものと考えている。本節では，第2世代レドックスフロー電池の特徴を示し，そのような構造を採用する背景について，電池内における電気化学反応と輸送現象の観点から，我々のグループの取り組みとともに述べることとする。

## 3.2　第2世代レドックスフロー電池の電極流路構造

従来のレドックスフロー電池においては，厚さ数mm程度の多孔質炭素材料が電極として用いられ，電解液供給のための流路構造としてはフロースルー構造が採用されてきた（図3(a)）。これらを第1世代とすると，近年，第2世代と呼ぶべき高性能化が固体高分子形燃料電池の要素技術を適用することで実現された。その鍵は，「薄型多孔質電極」と「新規な流路構造」の採用である。多孔質電極については，電極厚さは薄いほうがイオン輸送抵抗および電子輸送抵抗の低減につながる。このとき，「薄型多孔質電極」に十分な量の電解液を供給することが重要であり，圧力損失の増大を抑制した流路構造が必要となる。これまでに，「薄型多孔質電極」と「蛇行流路」（図3(b)）または「櫛歯構造流路」（図3(c)）を採用して，電池性能が大幅に向上したことが報告されている[1~3]。

## レドックスフロー電池の開発動向

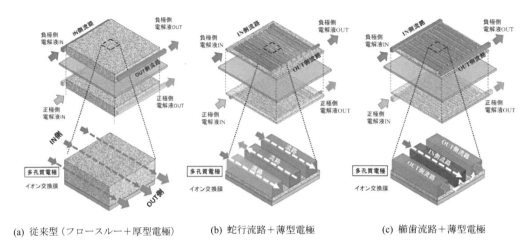

(a) 従来型（フロースルー＋厚型電極）　　(b) 蛇行流路＋薄型電極　　(c) 櫛歯流路＋薄型電極

**図3　レドックスフロー電池の電極流路構造と多孔質電極内の電解液流動**

我々のグループでは「薄型多孔質電極」について，より積極的に電解液を供給するために「櫛歯流路」（図3(c)）に着目し，電極材料から流路構造に至る実験[3]と解析[4]を行っている。「櫛歯流路」においては，電解液の流入（IN）側流路と流出（OUT）側流路が多孔質電極を介して連通しているため，電解液は多孔質電極内を必ず通過する構造になっている。このとき，活物質も移流により多孔質電極内へ輸送される。「蛇行流路」（図3(b)）では活物質の多孔質電極内への輸送を主に濃度拡散によることから，より積極的に活物質を電極内部へ供給する，という点で「櫛歯流路」が優れている。加えて，フロースルー構造（図3(a)）と比較した場合に，圧力損失の大幅な低減も実現できることから，蓄電池システムとしての効率向上につながる。我々のグループでは活物質として主にバナジウム系を扱っているが，得られる知見は反応系に限定されるものではなく，様々な反応系のレドックスフロー電池に適用可能なものである。

図4は設計・製作したレドックスフロー電池の単セル構造と外観写真である[3]。単セルはセル筺体としてのエンドプレート，集電体，ガスケット，多孔質炭素電極，陽イオン交換膜から構成されている。電極面積は約3 cm$^2$である。図5に実験に用いている多孔質炭素材料の一例を示す。ファイバー直径10 $\mu$m程度の無配向積層型の炭素材料である。炭素材料については，その表面が電極反応面となることから，活物質イオンに対して触媒活性を示すことが求められる。酸処理や熱処理などが活性向上に効果的であることが報告[5]されており，炭素材料表面に存在する酸素含有官能基が触媒活性をもたらすものと考えられている。

実験評価用セルを用いて，これまでに様々な多孔質炭素材料と流路構造について検討を行ってきた。図6は「櫛歯流路」を採用して得られたセル性能を示したものであり，放電時における電流電圧特性を表している[6]。この時のセルの出力密度は920 mW/cm$^2$であり，「蛇行流路」による文献値（557 mW/cm$^2$）を上回る性能が得られている。

レドックスフロー電池では，放電電流の増加に伴うセル電圧の低下分がエネルギー損失に相当

第7章 システム設計

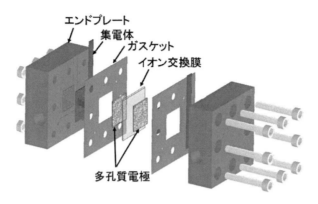

(a) セル構造

(b) セル外観

図4 実験評価用レドックスフロー電池

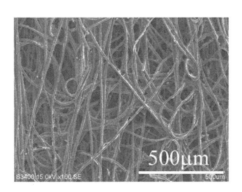

図5 多孔質炭素材料の電子顕微鏡像

し，主な要因として，電極における電気化学反応，電池内のイオン伝導と電子伝導，電極への活物質の輸送，が挙げられる。

現在，国内外において，さらなるセル性能の向上のために，電極における電気化学反応に伴う

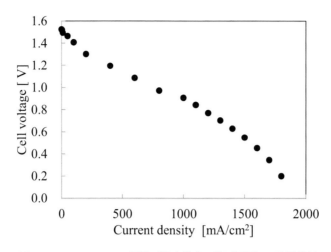

図6　レドックスフロー電池（櫛歯構造＋薄型電極）の放電特性

内部抵抗（反応過電圧と呼ばれる）の低減が進められている。反応過電圧は，①電極表面の触媒反応活性，②電気化学反応に寄与する実効的な電極表面積，③電極表面の活物質濃度，のそれぞれを増大させることができれば，一層の低減が可能となる。

①触媒反応活性の向上については，先に述べたように炭素材料表面に存在する酸素含有官能基の寄与が大きいと考えられることから，酸素含有官能基密度の増大が求められる。②電気化学反応に寄与する実効的な電極表面積の増大については，ファイバー直径を微細化した多孔質炭素電極の開発が進められている[7]。ファイバー直径の微細化については，電極表面積増大の正の効果とともに，圧力損失増大の負の影響が懸念されることから，レドックスフロー電池の反応流動解析にもとづいた最適ファイバー直径の導出が求められる[8]。③電極表面の活物質濃度の増大については，多孔質電極内の電解液流動と反応に伴う活物質イオン濃度分布を理解した上で電極内反応輸送場を制御することが求められる。

図7は空隙率の異なる多孔質電極内の流動を数値シミュレーションした結果である。ファイバー直径はいずれも10 $\mu$m とし，空隙率がそれぞれ60％（図7（a））と80％（図7（b））になるようにランダム積層配置して3次元多孔質電極構造を再構築したものである。図中下段の流線を見ると，空隙率60％のものは空隙率80％のものと比較して，電極内の電解液流動が不均一であることがわかる。電極内で電解液流動が不均一化すると，局所的に活物質不足となる可能性があり，セル性能の低下をもたらす。ここで，空隙率60％のものは第1世代レドックスフロー電池で採用されてきた電極，空隙率80％のものは第2世代において検討されている電極に相当する。すなわち，第1世代においては電極厚さ数mmのものを圧縮して用いており，この電極を圧縮率50％，すなわち厚さを半分にまで圧縮して用いた場合には，圧縮前空隙率を80％とすると使用時空隙率は60％にまで減少する。一方，第2世代においては，圧縮前空隙率が85％前後と高く，さらに，圧縮を抑えて使用時空隙率を80％程度として使用される。このとき，図7

第7章 システム設計

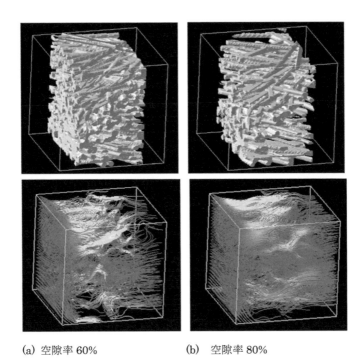

(a) 空隙率60%　　　(b) 空隙率80%

図7　多孔質電極内電解液流動の数値解析結果（上：電極3次元構造，下：電極内流線）

(b) 下段で見られるように，電解液は比較的均一に流動することとなる。これらの電極内流動の均一性の違いがセル性能の差となって表れてくる。加えて，第1世代におけるフロースルー構造は電極内での圧力損失が大きくなり，電極内における電解液流速を高めるのが難しい。電解液流速は大きいほど，炭素ファイバー表面近傍での物質伝達を促進するため，電極表面における活物質イオン濃度を高める効果を有する。第2世代レドックスフロー電池における櫛歯構造流路の採用は，電解液流速を高めるという点で有利であり，薄型電極の採用とともにセル性能向上をもたらす。

これらの知見に加えて，多孔質炭素電極を模擬した構造（図8 (a)）について，反応流動解析を実施したものが図8 (b) である。空隙率80%の条件であるが，局所的に見ると多孔質電極内で電解液流動は均一とは言えず，選択的な流れが生じていることがわかる。これに伴い活物質濃度についても不均一な分布が形成されている。特に，ファイバーが密集し電解液流動が乏しい箇所について活物質濃度の低下が顕著であり，このような箇所が多孔質電極内にいくつも存在していることが見て取れる。局所的な活物質濃度の低下は近傍の電極表面での電気化学反応を阻害するため電池性能の低下をもたらす。

このような状況を基礎的に把握するために，二本の炭素ファイバー周りの反応流動解析を行ったものが図9である。電解液はファイバー下方より流入する条件とし，ファイバー周囲の活物質濃度分布を見ると，放電に伴う活物質の消費により炭素ファイバー周囲の活物質濃度が低下し

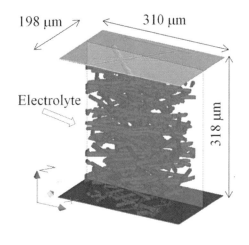
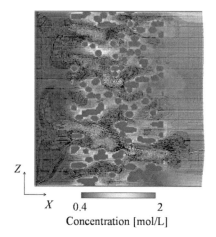

(a) 解析領域

(b) 放電時の活物質濃度と速度ベクトルの二次元分布((a)中の点線領域)

図8　多孔質電極における反応流動解析結果

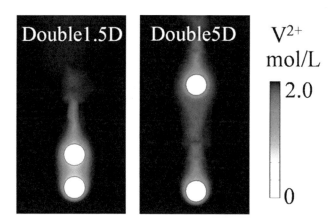

図9　炭素ファイバー周囲の活物質濃度分布（解析条件：電流密度 30 mA/cm$^2$）

て濃度境界層が形成されていることがわかる。レドックスフロー電池においては，電解液の動粘性係数よりも活物質イオンの拡散係数が著しく小さいために炭素ファイバー周囲の濃度境界層の形成がより顕在化する。

このようなファイバー周囲の活物質濃度の低下は図10に示すように局所的な電気化学反応の低下をもたらす。図10は2本のファイバーを配置した場合におけるそれぞれのファイバー表面での局所反応率を示したものである。ファイバー表面での位置は，電解液の流動方向に対するファイバー前縁からの角度で表している。前方（1$^{st}$）と後方（2$^{nd}$）のファイバーについて比較すると，ファイバー間隔が5 D（ファイバー直径の5倍）と1.5 D（ファイバー直径の1.5倍）

第 7 章　システム設計

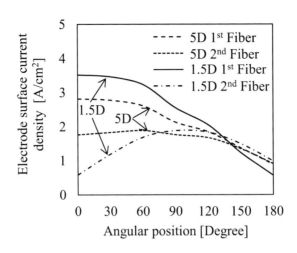

図 10　炭素ファイバー表面の局所反応率（解析条件：電流密度 50 mA/cm$^2$）

のいずれの条件においても，前方のファイバー表面での反応率が大きく，後流に位置するファイバーは反応が阻害される傾向にあることがわかる。さらに，ファイバー間隔が狭く（1.5 D）なると，後方のファイバーの前縁部において反応率が急激に落ち込み，前方のファイバー前縁部に反応が集中している。局所的な反応率の偏りは電極面の利用を阻害し，セル電圧の低下をもたらす。以上のことは，現在，検討が進められている薄型電極においても，より均一な電解液流動場を実現する炭素電極材料の開発が必要であることを示している。

## 3.3　まとめ

レドックスフロー電池は従来型のフロースルー構造と厚型多孔質電極を用いて高性能化のための研究開発が進められてきた。その中で近年，固体高分子形燃料電池の要素技術を適用することで大幅なセル性能の向上が報告された。本節では，これら第 2 世代型の特徴について述べ，我々のグループで進めている「櫛歯構造流路」と「薄型多孔質電極」について紹介した。今後，セル構造と材料の見直しは，電池内のエネルギー損失要因を詳細に解析することで更なる進展が期待できる。その際，流路構造と電極構造は電池システムの圧力損失の低減という観点から非常に重要となる。レドックスフロー電池では活物質を電解液とともに送液することで電池本体に供給することからポンプ動力が必要となり，システム全体のエネルギー効率を低下させる要因となる。一方，本稿で示したように多孔質電極を十分に活用するためには，電極表面における活物質濃度の低下を極力抑えることが求められ，その最も効果的な手法は電解液流速を増加させることである。しかしながら，電解液流速の増大はポンプ動力の増大を招くため，全体のエネルギー効率の向上という点からは相反する特性を示すこととなる。そのため，いかに圧力損失の増大を抑制しながらも十分な電解液流速を確保するのか，ということが重要となり，それを実現するための反応と流動の制御のための電池設計が求められている。電池内の反応流動制御，という観点では多

孔質電極の材料構造も極めて重要であり，既に示したように現状の多孔質炭素電極内では偏流が生じており，電極相界面は十分に活用されているとは言い難い。ファイバー径についても十分に最適化されているとは言えず，反応活性の向上とともに，さらなる研究開発が求められる。

**謝辞**

　本節で紹介した研究成果は，JST さきがけ「エネルギー高効率利用と相界面」領域の支援のもとに得られたものです。関係各位に感謝いたします。

文　　献

1) Aaron, D. S. *et al.*, *J. Power Sources*, **206**, 450-453（2012）
2) Perry, M. L. *et al.*, *ECS Trans.*, **53**(7), 7-16（2013）
3) Tsushima, S. *et al.*, Proc. 15th Int. Heat Trans. Conf., IHTC15-9326（2014）
4) Tsushima, S. *et al.*, The Fisrt Pacific-Rim Therm. Eng. Conf., PRTEC-15318（2016）
5) Agar, E. *et al.*, *J. Power Sources*, **225**, 89（2013）
6) 津島将司，JST CREST・さきがけ「相界面」研究領域 第2回公開シンポジウム（2016）
7) 山本耕平ら，第53回伝熱シンポジウム講演論文集，B312,（2016）
8) 津島将司ら，第21回動力・エネルギー技術シンポジウム講演論文集，C245,（2016）

# 4 レドックスフロー電池の応用としての間接型燃料電池

城間 純*

## 4.1 「間接型燃料電池」の概念

　レドックスフロー電池は電気エネルギーを入力し電気エネルギーを出力する蓄電デバイスである。一方，「燃料電池」は化学エネルギー（燃料と酸素）を入力し電気エネルギーを出力するエネルギー変換デバイスであり，模式的には図1（a）のようにアノード（負極，燃料極）で燃料物質が酸化し，カソード（正極，酸素極）で酸素が還元することで発電する。本節で「間接型燃料電池」として紹介するものは，図1（b）に示すような，電力を取り出すためのレドックスフロー電池と，放電したアノライト（負極側電解液）を燃料によって還元することで充電状態に再生する化学反応槽，放電したカソライト（正極側電解液）を酸素により酸化することで充電状態に再生するための化学反応槽の3要素を組み合わせることにより，全体として図1（a）の燃料電池と等価に機能するシステムである。このようなシステムは，レドックスフロー電池の立場から見れば，電気エネルギーではなく化学エネルギーで充電することを特徴とする「化学再生型レドックスフロー電池」であり，燃料電池の立場から見れば，燃料や酸素が電極上で直接反応しないことを特徴とする「間接型燃料電池」であると表現することができる。歴史的には，"redox fuel cell"[1]，"redox type fuel cell"[2]，"chemically regenerative redox fuel cell"[3]ほかいくつかの呼称が用いられているが，本節では，通常の燃料電池の問題点を解決するための一手段という位置付けで記述することから「間接型燃料電池」と呼ぶことにする。間接型燃料電池では，燃料の持つ還元力はまずアノライトに含まれる酸化還元対（図1（b）ではRed'/Ox'）に渡され，また，酸素の持つ酸化力はまずカソライトに含まれる酸化還元対（図1（b）ではRed''/Ox''）に渡され，それぞれが電極で反応する。すなわち，これらの電解液に含まれる酸化還元対は，還元力や酸化力を伝達する媒体（酸化還元メディエーター）として働いていることになる。電解液の再生反応には通常触媒が必要であり，電解液再生反応槽の形態としては，触媒が固体であれば，触

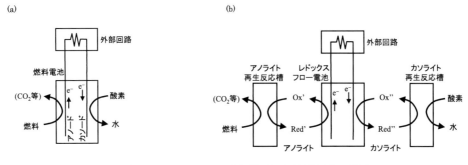

図1　(a) 通常の燃料電池と (b) 「間接型燃料電池」の模式図

---

* Zyun Siroma　産業技術総合研究所　電池技術研究部門　次世代燃料電池研究グループ
　主任研究員

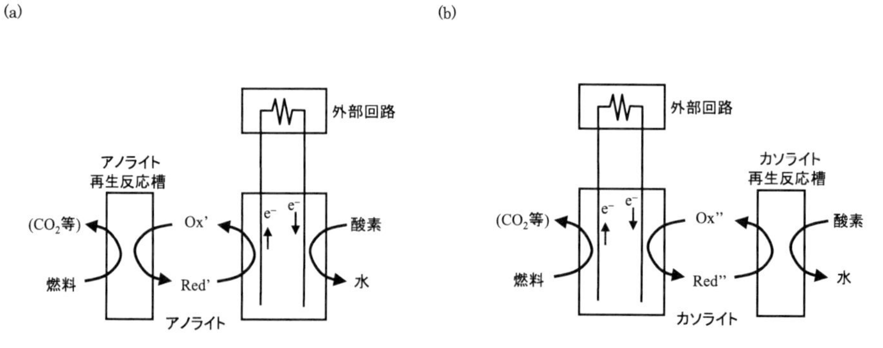

図2 「間接型燃料電池」のバリエーションとして，(a) アノード側のみ，および (b) カソード側のみ「間接化」したもの

媒粉末を担持した担体を詰めた槽中に電解液を流しながら反応ガス（水素や酸素）をバブリングさせるなどの方法をとる。

上述のように，燃料電池の一種として見た場合には反応物が電極上で直接反応しないことを特徴とするシステムであるが，図1 (b) に示したようなアノード，カソードの両方を間接化する形式[1~14]だけでなく，図2 (a) のようにアノードのみを間接化する形式[15,16]，図2 (b) のようにカソードのみを間接化する形式[17~25]もそれぞれいくつか提案されている。両極とも間接化するにせよ，どちらか片側だけにせよ，そのような「間接化」をする第一の意義は，通常（すなわち「直接型」）の燃料電池において，電極触媒の活性が低かったり，白金など高価な触媒を用いないと所望の性能が得られないという問題に対し，活性が低い触媒でも使いこなせるようになる可能性が開けるという点にある。

## 4.2 固体高分子型燃料電池の原理と課題

燃料電池は用いる電解質の種類の違い（作動温度の違いでもある）によりいくつかの種類があるが，本節で述べる「間接型燃料電池」は，固体高分子型燃料電池（PEFC）をベースに「間接化」したものであるとみなすことができる。これは，PEFCの作動温度が燃料電池としては最も低い部類（70~80℃）であり，反応の環境が酸水溶液と同等であることや，構造上レドックスフロー電池との類似点が多いことによる。そこで，PEFCの電極反応の「間接化」にどのようなメリットがあるかを述べるのに先立ち，まず，通常のPEFCの原理・構造と電極触媒の活性を決める要因・特徴について簡単に述べる。

PEFCの発電部分である膜-電極接合体の模式図を図3に示す。電解質には水素イオンを伝導させる目的で陽イオン交換膜を用い（電解質膜），その両面に電極触媒を含む多孔質電極（ガス拡散電極）を接合し，それぞれ燃料（ここでは水素ガスを想定）の酸化反応の場であるアノードと酸素の還元反応の場であるカソードとして機能させる。電解質としての陽イオン交換膜としては，レドックスフロー電池での隔膜と同様，一般的にはNafion®に代表されるパーフルオロ

# 第7章　システム設計

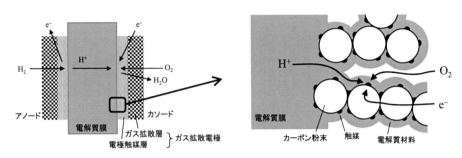

図3　(a) 固体高分子型燃料電池の発電部である膜－電極接合体の模式図と (b) 反応部位微細構造の模式図（反応はカソード側で例示）

スルホン酸系ポリマーが用いられている。ガス拡散電極のうち，実際に反応が進行する場は電極触媒層であり，触媒として数 nm の白金または白金合金微粒子を担持したカーボンブラック粉末と，電解質膜と同様の陽イオン伝導性ポリマー材料（イオノマー）によって形成されている。このように電極内にイオン伝導媒体としてのポリマーを含有させる点はレドックスフロー電池と大きく異なる。これは，以下に述べるように，レドックスフロー電池の反応場が2相界面であるのに対し，PEFC の反応場は3相界面近傍[*1)]に限定されていることに由来する。

　一般に電気化学反応は，電子伝導体（固体）とイオン伝導体（液体）の2相界面で起こり本質的に面状（2次元）である。レドックスフロー電池の場合はカーボンフェルト電極内部の炭素繊維と酸溶液の界面である。これに対し，燃料電池は，電子伝導体（固体），イオン伝導体（一般的には液体，PEFC の場合はポリマー），反応ガス（気体）の3相界面で進行し，反応ガスの電解液への溶解を考えなければ本質的に線状（1次元）である。このことが，ガス拡散電極の反応性を支配する要因として物質移動（拡散・泳動）の影響が大きいことの原因となっている。レドックスフロー電池では，本質的には2次元である反応場を擬3次元化し見かけの電流密度を稼ぐため，多孔質電極を採用している。PEFC ガス拡散電極においても同様だが，歴史的には，当初は図3（b）のような構造ではなく，白金黒をバインダーで結着させたのみでイオノマーを含まない電極を単純に電解質膜に押し当てただけの構造であり，白金が電解質膜と接触している部位の文字どおりの3相界面でしか反応が期待できないものであった。その後，白金黒から白金担持カーボンへの置き換え（担体としてのカーボン粉末の利用），溶媒に溶解させたイオノ

---

*1)　図3（b）のポンチ絵では触媒粒子表面がすべて電解質材料（イオノマー）の薄膜で被いつくされているように描いており，そのような場合には厳密な意味での「3相界面」は存在しないが，実際には，そのようなイオノマー薄膜が充分薄ければ，気体の溶解・拡散により直下の触媒表面まで到達し反応する。ここではそのような部位も含まれるような広義な表現となることを意図して「3相界面近傍」と表記した。

マーを作成した多孔質電極に含浸・乾燥させて複合化する方法による反応場の擬3次元化[26]，さらにバインダーを排し白金担持カーボン粉末とイオノマーを含むスラリーから製膜する方法による電極触媒層の薄膜化[27]，といった改良がなされてきた。これらの改良は，見かけの電流密度を増やすと共に，使われていない白金触媒を排除することで高価な白金の使用量を減らすことを意図している。しかし，このような構造上の工夫によるガス拡散電極での反応場の擬3次元化は，物質移動が反応抵抗に大きな影響を持つ因子となることを意味し，反応場の拡大には限界がある。有効な反応場の厚さは，通常のPEFCの電極でたかだか10 $\mu$m，直接メタノール型燃料電池（DMFC）のように高電流密度を取り出さないものでも100 $\mu$m程度しか期待できない。触媒量を増やすことを意図してそれ以上の厚さで作製しても，有効な反応厚さは増えず単に物質移動抵抗の増加のみを招いてしまう。このような事情がPEFCに利用できる電極触媒に求められる最低限の活性を規定している。

水素－酸素で運転する通常のPEFCは既に商品化されているが，現状では両極とも白金触媒が必須であり，白金のコストは大きく，かつ資源量に限りがある問題もあるため，白金使用量の低減や，さらには非白金の触媒への転換が求められている。ただし，水素酸化反応は高速であり，水素極に用いる白金量は多くないので，主として酸素極での白金使用量の低減が当面の課題となっている。白金に代わる酸素還元触媒の研究は活発に行われているが，実用可能なレベルの活性を持つものはまだ見いだされていない。PEFCでの電極反応の置かれている雰囲気は強酸水溶液と同等であり，これに耐える触媒でなくてはならないという条件があることもPEFC電極触媒の探索の幅を狭めている要因となっている。また，酸素の還元は4電子反応であるが，2電子還元生成物である過酸化水素が副生成物として微量に放出され，これが電解質膜内でラジカル種を生成することで電解質膜材料の劣化を招くことが分かっている。価格の問題に加え，耐久性の向上も商品としてのPEFCの課題であり，過酸化水素生成による電解質膜の劣化を抑制することも重要であるが，非白金触媒の候補には酸素還元時に副生する過酸化水素が多いものも多く，実用化においてはこの問題が顕在化する可能性がある。

DMFCなど，水素以外の燃料を用いるPEFCも古くから研究され，商品が登場したこともあるが，実用化に至ったとは言い難い状況である。第一の問題は，アルコールなど水素以外の燃料を小さな過電圧で酸化できる充分な活性を持った電極触媒が開発されていないことである。現状で燃料電池として意味のある電流密度で作動することができるDMFCのアノードは白金系の触媒をふんだんに用いた電極触媒層に限られている。

水素を燃料とする場合でも，現在実用化されている定置用PEFCは都市ガスを水蒸気改質して水素に転換して用いるため，そのままでは大量の一酸化炭素を含む。しかしながら，一酸化炭素は白金の電極触媒作用を強力に被毒するため，シフト反応を行なうCO変成器，選択酸化反応を行なうCO除去器により，数ppmオーダーまで一酸化炭素を取り除いた上で燃料電池に供給している。しかも，そのようにして一酸化炭素濃度を低くしても，純白金では充分な性能が出ず，一酸化炭素による被毒の程度の少ない白金合金触媒が使用されている。このような事情か

# 第7章　システム設計

ら，一酸化炭素による被毒の程度がより少ない電極触媒の開発が求められている。CO 変成器，CO 除去器の搭載はシステムのコスト増加をもたらすため，もしこれらが不要なほど一酸化炭素に対する耐性が高い電極触媒が開発されれば，PEFC の低コスト化には大きく貢献する。

## 4.3　固体高分子型燃料電池の課題解決の一手段としての間接型燃料電池

既述のように低コスト化と資源量の観点から，白金使用量の低減あるいは非使用が PEFC の課題として残っている。その解決として，新規な電極触媒の探索・開発が進められているが，そのような方向とは異なる観点での解決手段の一つとして電極反応の間接化を挙げることができる。

図 1 (b) に示す原理から分かるように，間接型燃料電池においては，燃料物質や酸素は電解液の再生反応槽において酸化還元メディエーターと反応する。この反応にも何らかの触媒を用いることになる。再生反応槽内での反応は酸化還元反応であるが，反応場が 2 次元である電気化学反応ではなく 3 次元の化学反応であり，ガス拡散電極に存在する物質移動（拡散・泳動）の制約から開放される。従って，反応速度を上げるためには単純に触媒量を増やせばよい点が大きな特色である。既述のように，直接型燃料電池の場合，例えば活性が半分であるからと言って触媒層の厚さを 2 倍にしても同等の性能は発揮できないが，間接型燃料電池の電解液再生反応の場合，触媒の活性が低ければ単純に使用量を増やせばそれに比例した反応速度が期待できる。また，電極触媒と異なり電子伝導性は必要なく，また，強酸性の電解質膜と接していないので，電解液の選択によっては，強酸性雰囲気に耐えない物質の適用も可能性がある。さらに，触媒は固体である必要すらなく，電解液に溶解した状態で機能する物質であってもよい。これらの特徴により，触媒設計の自由度が大きく，低温運転でありながら直接型燃料電池では困難な触媒の非白金化の可能性が大きくなる。当然のことながら，通常（直接型）の PEFC 用電極触媒として働く物質も適用可能であり，性能がまだ充分でない開発途上の非白金電極触媒（酸化物系，炭素系等）であっても，多孔質体に担持するなど電解液再生反応槽に適合する形態にすれば使用可能になる。

間接型燃料電池はレドックスフロー電池を主体とするシステムなので，当然のことながら電力貯蔵デバイスとしての特徴がある。1 章で触れられているように，レドックスフロー電池は通常の蓄電池と異なり「出力の規模と容量の規模を独立に設計できる」という点に特徴があった。この点は，間接型燃料電池にとっては，「発電速度と再生反応速度を独立に設計できる」ということに置き換えられる。すなわち，酸化還元メディエーターの形でエネルギーが貯蔵されており，再生反応槽と発電セルでの反応速度が常時一致しなくてもよいため，最大出力に応じた規模が要求されるのは発電セルのみであり，電解液の量にもよるが，再生反応槽は平均出力に応じた規模に抑えることが可能である。

PEFC との比較で優位性を持つ可能性があるその他の事項としては，熱管理の容易さ，電解質膜の劣化抑制の可能性，触媒が劣化した際の交換の容易さ，供給ガスの加湿が不要になる点も

挙げることができる。PEFC の電解質（隔膜）である陽イオン交換膜は，含水状態でないと水素イオン透過性を発揮しないので，供給する燃料ガスと空気をあらかじめ加湿する必要があり，水分管理，熱管理を複雑にしている。また，生成熱を除去するため，ガスの供給とは別途，冷却水を循環させている。間接型燃料電池の発電部はレドックスフロー電池であり，電解液を循環させているので，冷却水の系統を別途用意する必要は無く，当然のことながら電解質膜の含水に特別の配慮は不要である。熱管理に関しては，そもそも間接型燃料電池での発電セルでの発熱量はPEFC に比べてずっと小さいと期待できる。水素の燃焼反応はエントロピー減少反応なので，損失なく可逆的に（＝熱力学的な起電力で）反応が進行したとしても熱は発生する。このエントロピー減少は，反応に伴う気体の体積減少に由来する部分が大きい。間接型燃料電池の場合，反応に伴う体積減少はほぼ電解液再生反応槽が担うため，熱の大部分はここで発生し，発電部での発熱は過電圧で失われるエネルギーに相当する分にほぼ限られると考えられる。

図 2 で示した「片側だけ間接型」の場合，イオン交換膜が不要となる。電解液を循環させるのは片側だけであり，対極側は一般的にはガス拡散電極を採用することになる。従って，電解液が対極に漏れださないように撥水性の電極を用いるなどの対策があれば，電解液を保持するだけの単なるセパレーターでも原理的には作動可能で，イオン交換膜である必然性は無くなる。

### 4. 4 間接型燃料電池の開発課題

間接型燃料電池の実用化にとって最大の課題は，適切な酸化還元物質を見いだすことである。電解液中の酸化還元物質はレドックスフロー電池にとっては蓄電するための活物質であるが，間接型燃料電池にとっては酸化還元反応を媒介する酸化還元メディエーターであり，長期安定性（耐久性），適切な酸化還元電位，低い電極反応過電圧が求められる。蓄電池としてのレドックスフロー電池の場合，溶解度の高さも重要な因子であるが，間接型燃料電池の場合エネルギー密度は重要ではないので，必要な出力密度が得られるのであれば，溶解度は必ずしも高くなくてもよい。

間接型燃料電池の本質的な欠点は，反応の過程が増えることで，エネルギーの損失する機会が増加することにある。この影響を小さくするため，メディエーターの電位が適切であることが重要である。例えば水素－酸素燃料電池の場合，水素電極の平衡電位は 0 V，酸素電極の平衡電位が 1.23 V であるから，燃料電池の潜在的な発電能力はこれらの差であるところの 1.23 V である。もしここでアノライト用に 0.1 V のメディエーター，カソライト用に 0.9 V のメディエーターを採用した場合，メディエーターに還元力・酸化力を渡した時点で既に最大起電力が 0.8 Vまで低下することになる。逆に，メディエーターの電位が水素・酸素の平衡電位に近すぎても，再生反応槽での反応速度が得られないおそれがある。従って，それぞれ「0 V よりいくらか貴」，「1.23 V よりいくらか卑」な電位を持ち耐久性その他の要求を満たすメディエーターを探索することになる。

レドックスフロー電池は活物質の供給が液体であり，気体で供給する PEFC に比して電流密

# 第7章 システム設計

度が劣るのではないかという懸念も想定される。この点については，第7章3節で述べられているようなレドックスフロー電池自体の大電流密度化に向けた改良により解決に向かうものと考えられる。

## 4.5 アノード（燃料極）側の間接化の研究動向

「水素の電位よりいくらか貴」な電位を持つメディエーターとして，単独の金属イオンでは $Sn^{2+/4+}$ (0.15 V)[1,2,9]，$Cu^{+/2+}$ (0.15 V)[1,9]，$Ti^{3+}/TiO^{2+}$ (0.1 V)[2,8] が候補に挙がっており，その他，$Mo^{III/IV}$（約 0 V）[11]や，電位的にはかなり高いが $Fe^{2+/3+}$ (0.77 V)[9,12] を用いた報告もある。また，タングストケイ酸[10,11]，モリブドリン酸[15,16]，タングストリン酸[16]などのヘテロポリ酸も検討されている。なお，バナジウムレドックスフロー電池の負極で用いられている $V^{2+/3+}$ (−0.26 V) は，水素電位よりも卑であり水素によって還元できないので適用できないが，燃料として金属亜鉛を用いて再生する燃料電池[11]で用いられている。金属を含まないメディエーターとしては，キノン類[13,14]の有機物が検討されている。

水素とメディエーターとの反応のための触媒としては，まずは白金[4,7,8,10]その他の白金族[10]が使われているが，当然，そういった貴金属は使わないことが本来の指向であり，タングステンカーバイド[11]，溶解させた状態でのフタロシアニン錯体[10]やポルフィリン錯体[13,14]が報告されている。後者のような可溶性の触媒を用いる場合，電解液中にメディエーターと触媒が共存し，完全に均一な反応となるが，これは間接型燃料電池に特徴的な形式である。

水素以外の燃料を用いる試みとしては，上述の金属亜鉛[11]の他，ギ酸[11]，改質都市ガスの利用を念頭に置いた一酸化炭素[15]あるいは一酸化炭素と水素の混合物[13,14]や，メタン[12]の直接利用がある。Kimら[15]は，ヘテロポリ酸をメディエーターとし，金触媒を用いて純一酸化炭素と反応させている。筆者らのグループ[13]では，水素酸化用と一酸化炭素酸化用それぞれのための可溶性の錯体触媒を共に添加し，水素と一酸化炭素の混合ガスを供給した際に，どちらの燃料物質もメディエーターの還元に寄与していることを示した。Bergensら[12]は，メディエーターとして $Fe^{2+/3+}$ を含む硫酸水溶液をアノライトに用い，白金を触媒として，メタンによるメディエーターの還元再生を行った。通常，水溶液系の温度では，メタンを燃料として利用しようとしても，電極触媒であれ化学触媒であれほぼ反応は進行しない。しかしこのシステムでは，アノライト再生反応槽のみ加圧（54気圧）して120℃まで温度を上げることで反応速度を確保しつつ，レドックスフロー電池部は大気圧・通常の温度（80℃）で運転している。このように，再生反応と発電反応の環境をそれぞれ最適化するというのは間接型燃料電池の特徴を生かしたものである。

## 4.6 カソード（酸素極）側の間接化の研究動向

「酸素の電位よりいくらか卑」な電位を持つメディエーターとして，単独の金属イオンでは $Fe^{2+/3+}$ (0.77 V)[1,3-8,12,19,20]，$VO^{2+}/VO_2^+$ (1.0 V)[9,10]，金属以外では $Br^-/Br_2$[1,3,5,6]，$NO_2^-/NO_3^-$ [21] が検討されてきた。酸素とメディエーターとの反応のための触媒にはまずは白金の使用から開始

された[4,7,8]が，NO[5,11]，ヘテロポリ酸[10]，炭素系触媒[14]が報告されている。近年，メディエーターとしてヘテロポリ酸類を使用することで実用に近い発電性能を発揮する報告がACAL社のグループから示され[17,18]，その他のグループからもヘテロポリ酸を使用した報告[14,22〜25]が続いている。ヘテロポリ酸は触媒として利用されている物質であり，酸素還元に対する活性があることから，間接化のためのメディエーターとしてヘテロポリ酸を用いる場合，再生反応槽内に別途触媒を用意しなくても反応が進行することが多いのが特徴である。ただし，ヘテロポリ酸の酸化還元サイクルでの可逆性・安定性には問題があり，さらなる検討の必要性が報告されている[25]。

### 4.7 間接型燃料電池システム全体に関連する研究動向

Ilicicら[20]は，メタノールやギ酸を燃料として用いる燃料電池の構築のため，対極である酸素極に$Fe^{2+/3+}$のメディエーターを用いたセルを構築している。DMFC類のアノード側はそのままでカソード側のみを間接化する試みであるが，これはDMFC類特有の事情によるものである。DMFC類の問題点としては，既に述べたように，メタノールその他，水素以外の燃料では活性の高い電極触媒が見いだされていないという点のほか，アルコール類は電解質膜と親和性・透過性が高いので，酸素極側へクロスオーバーした燃料によって酸素極の電位が下がってしまう（混成電位）という問題がある。燃料極の活性を考えれば燃料濃度は高いほうがよいが，クロスオーバーの問題から，あまり高濃度にはできなかった（例えば1 mol/L）。そこで，カソードを間接化し，電極触媒のない電極で運転すれば，クロスオーバーした燃料に対する感応性が下がり，供給燃料の濃度を上げることができ，アノードの反応性を稼ぐことができる，というアイデアである。すなわち，アノードの活性が低い問題の解決のためにカソードを間接化するという，本節で述べてきた間接型燃料電池の研究動機とは異なる視点の取り組みであり，興味深い。

アノード・カソードともに間接化する間接型燃料電池の場合，一般的にはアノライトとカソライトの組成は異なると考えられ，隔膜内の拡散により混合する問題（クロスオーバー）の対策が必要となる。蓄電デバイスとしてのレドックスフロー電池の場合，全バナジウム系では回避されるが，既述のように，全バナジウム系はアノード電位が不適当であることから間接型燃料電池には向かない。筆者らはセパレーターとして用いられている陽イオン交換膜の代わりに新たに水素ガス相を設け，アノライトとカソライトを物理的に隔離するシステムを提案している[13,14]。反応の過程がさらに増えることでエネルギーの損失が懸念され，また，水素ガス相の圧力管理の技術的課題もあるが，クロスオーバー問題に対処するひとつの方法として可能性があるものと考えている。

第 7 章　システム設計

## 文　　献

1) A. M. Posner, *Fuel*, **34**, 330 (1955)
2) 芦村進一, 三宅義造, 電気化学, **31**, 598 (1963)
3) 芦村進一, 三宅義造, 電気化学, **31**, 602 (1963)
4) 芦村進一, 三宅義造, 電気化学, **37**, 54 (1969)
5) 芦村進一, 三宅義造, 電気化学, **37**, 119 (1969)
6) 芦村進一, 三宅義造, 電気化学, **39**, 944 (1971)
7) 芦村進一, 三宅義造, 電気化学, **43**, 214 (1975)
8) 芦村進一, 三宅義造, 電気化学, **44**, 46 (1976)
9) D.-G. Oei, *J. Appl. Electrochem.* **12**, 41 (1982)
10) J. T. Kummer, D.-G. Oei, *J. Appl. Electrochem.* **12**, 87 (1982)
11) J. T. Kummer, D.-G. Oei, *J. Appl. Electrochem.* **15**, 619 (1985)
12) S. H. Bergens et al., *Science*, **265**:5177, 1418 (1994)
13) Z. Siroma et al., *J. Power Sources*, **242**, 106 (2013)
14) 城間ら, 第 23 回燃料電池シンポジウム, P13 (2016)
15) W. B. Kim et al., *Science*, **305**, 1280 (2004)
16) 中田ら, 電気化学会第 82 回大会, 3B09 (2015)
17) ACAL Energy Ltd., Patent: WO 2007/110663
18) R. Singh et al., *J. Power Sources*, **201**, 159 (2012)
19) K. Fatih et al., *Electrochem. Solid-State Lett.*, **11**, B11 (2008)
20) A. B. Ilicic et al., *J. Electrochem. Soc.*, **155**, B1322 (2008)
21) S.-B. Han et al., *Chem. Commun.*, **47**, 3496 (2011)
22) 森川ら, 電気化学会第 82 回大会, 3B08 (2015)
23) T. Matsui et al., *ACS Appl. Mater. Interfaces*, **8**, 18119 (2016)
24) 中田ら, 電気化学会第 84 回大会, 3D17 (2017)
25) 畑中ら, 第 57 回電池討論会, 3F16 (2016)
26) E. A. Ticianelli et al., *J. Electrochem. Soc.*, **135**, 2209 (1988)
27) M. S. Wilson, S. Gottesfeld, *J. Electrochem. Soc.*, **139**, L28 (1992)

# 第8章　評価手法

## 1　レドックスフロー電池のSOCの計測方法

金子祐司*

　レドックスフロー電池の評価をする上で欠かす事のできない充電状態SOC（State of Charge）の計測方法について述べる。

　レドックスフロー電池は，再生可能型二次電池として，近年，再び注目され，その技術も飛躍的に進歩してきている。有機系を含む様々な電解液を使用したレドックスフロー電池も登場しつつあり，電池の評価のための正確なSOCを知ることが重要視される。

　レドックスフロー電池は，電解液内の活物質の濃度比から電池のSOC，すなわち電池の残存容量が直接推定可能な数少ない電池である。そのため電池の残存容量を正確に測定することが可能である。レドックスフロー電池のSOCの定義として，①負極液の組成比に基づく「負極液のSOC」，②正極液の組成比に基づく「正極液のSOC」，③初期条件の異なる正・負極液を組み合わせた場合の「単セルのSOC」④「大型の実用システムのSOC」すなわち「所定の完全充電状態から所定の放電終始電圧までの電気量の百分率で放電深度DOD（Depth of discharge）を定義し，これから，SOC = 100 − DOD（％）とする」などが考えられる。

　ここでは，レドックスフロー電池の様々な評価に対応させるため，以下の実践的なSOCの計測方法について解説する。

1　電流積算法によるSOCの計測
2　OCVからSOCの計測
3　分光法によるSOCの計測
4　クーロメトリーによるSOCの計測

### 1.1　電流積算法によるSOCの計測

　電流積算法は，電池の端子電圧から推測する方法で，電流の収支を絶えず積算して，初期のSOCからSOCの変化分を加えて計算する方法である[1]。ほとんどの電池システムで何らかの形で用いられている。充電過程においては，端子電圧で充電終止電圧，放電過程においては放電終止電圧を設定し，セルに定電流 $i$（放電では $-i$ になる）を流して電流容量を計測する。

　電流積算法からのSOCは，次のように充電試験開始からの時間 $t$（s）における充電試験時の

---

*　Yuji Kaneko　産業技術総合研究所　省エネルギー研究部門　テクニカルスタッフ　博士（理学）

## 第 8 章　評価手法

電気容量の変化分から SOC を求める方法であるので，満充電容量を $Fc$（C）とすると SOC の変化分（$\Delta S$）は，(1) 式のように表される。

$$\Delta S = \int \frac{i \mathrm{d}t}{Fc} \tag{1}$$

電池の初期の SOC を $S_0$ とすると，SOC は (2) 式のように表される。

$$SOC = S_0 + \Delta S \tag{2}$$

　レドックスフロー電池の場合の $Fc$ は，タンクの電解液の活物質量（モル数）をファラデー定数に乗じれば求めることができる。$Fc$ は，正・負極側のどちらかで予測する必要がある。レドックスフロー電池は，活物質の濃度の低い（モル数が小さい）電極側から求めたものが真の $Fc$ となる。$S_0$ は充放電開始前の無負荷時の電池内部が平衡状態となっている開路電圧 OCV（Open Circuit Voltage）を測定することで求めることができる。OCV から SOC の推定方法については，1.2 項で解説する。

　電流積算法を用いるときは，充放電サイクルを繰り返すうちに電池の容量低下にともない $Fc$ が変化することを考慮する必要がある。そのため，他に $Fc$ を知るための方法と併用することが必要になってくる。また，長時間運転をする場合，電流を積算することから電流センサの誤差も蓄積することになる。これらの問題を解決する手段のひとつとして，充放電サイクル中の充放電切り替え時に，適当な時間の OCV 測定を加えるとよい。たとえ電池の容量低下で $Fc$ が変化しても，その時点での OCV から SOC を推定することは可能である。

　電流積算法による SOC の推定は簡単なように思えるが，電池の容量低下による $Fc$ の変化に対応するためには，OCV を測定するような他の方法と併用して，$Fc$ を確認する必要がでてくる。

　通常，フロー電解セルでは，充放電試験時の充放電電流による過電圧により，スタックの端子電圧からは通電中には正確な OCV を測定することはできない。OCV とフロー電解セルの端子電圧の間には (3) 式のような関係があるからである。

$$OCV = セル端子電圧 - 過電圧 \tag{3}$$

充放電中の SOC を推定したい場合，充放電途中で定期的に OCV 測定過程を入れる方法もある[2]。他の $Fc$ の確認方法としては，1.4 項で解説するクーロメトリーを用いて測定することも可能である。

　電流積算法以外にも，はじめから過充放電保護を作動させない OCV 範囲内で，SOC を 0～100% と定義して用いる電圧参照法もある[3]。この方法も一般的な二次電池の SOC の推定方法として用いられているが，OCV の推定範囲をあらかじめ決めておく必要がある。OCV は，(3) 式のように，通電中や充放電直後には観測できない。問題点は，その OCV の推定演算や繰り返し動作による誤差を生じやすいために，正確な SOC を推定することが難しいことに由来する。

*195*

## 1.2 OCV から SOC の計測

フロー電解セルの端子電圧は，(3) 式に示されるように過電圧を含むため充放電中の OCV の測定はできない。充放電中の OCV を測定する方法としては，野崎ら[2]が行った充放電途中で OCV 測定過程を随所に行う方法もあるが，1 サイクルの時間が多くなってしまう。それを解決するためには，別に OCV 用のセル（小型のフローセル）を用意し，フロー電解セルと併用して充放電中の OCV から SOC を推定すればよい[4]。OCV 用セルは，例えばマイクロセル[5]のようなものでよい。OCV 用セルのレドックスフロー電池の充放電試験を行うときの循環ラインの途中に配置するが，その配置場所については後で示す。

まず，OCV から SOC の推定方法をバナジウム系電解液のレドックスフロー電池の場合を例にとって示す。

正・負極ともにバナジウム系電解液を用いたレドックスフロー電池の場合，その電極反応および電池反応は，(4)，(5)，(6) のように示される。

正 極 側：$VO_2^+ + 2H^+ + e^- \rightleftarrows VO^{2+} + H_2O$ (4)

負 極 側：$V^{2+} \rightleftarrows V^{3+} + e^-$ (5)

電池反応：$V^{2+} + VO_2^+ + 2H^+ \rightleftarrows V^{3+} + VO^{2+} + H_2O$ (6)

次に，(4)，(5) 式より，負極液または正極液の組成比に基づく電極電位の関係は，熱力学平衡論により次の Nernst の式に基づき (7) および (8) のように示される。

$$\text{正極側電位}：E_0(+) = E_{0(4-5)} + \frac{RT}{zF} \ln \left[ \frac{\alpha^{V(V)} \cdot \alpha_{H^+}^2}{\alpha^{V(IV)} \cdot \alpha_{H_2O}} \right] \quad (7)$$

$$\text{負極側電位}：E_0(-) = E_{0(2-3)} + \frac{RT}{zF} \ln \left[ \frac{\alpha^{V(III)}}{\alpha^{V(II)}} \right] \quad (8)$$

ここで，$\gamma$ を活量係数，$c$ を濃度とすれば，活量 $\alpha(=\gamma c)$ である。例えば，$\alpha^{V(V)}$ は，5 価のバナジウムの活量を示している。(6) 式より，電池反応における起電力（$\Delta E$）は (10) 式で表される。

$$E_0 = E_{0(4-5)} - E_{0(2-3)} \quad (9)$$

$$\Delta E = E_0(+) - E_0(-) = E_0 + \frac{RT}{zF} \ln \left[ \frac{\alpha^{V(V)} \cdot \alpha^{V(II)} \cdot \alpha_{H^+}^2}{\alpha^{V(IV)} \cdot \alpha^{V(III)} \cdot \alpha_{H_2O}} \right] \quad (10)$$

なお，SOC は実濃度 $c$ で定義されているので，以下の議論では $\gamma = 1$ と仮定している。

(7)，(8)，(10) 式を SOC で表すと，正，負極の電極電位および電池の $\Delta E$ と SOC の関係は (11)，(12)，(13) 式のようになる。

第8章　評価手法

$$E_0(+) = E_{0(4-5)} + \frac{RT}{zF} \ln\left[\frac{SOC \cdot c_{H^+}^2}{(1-SOC) \cdot c_{H_2O}}\right] \tag{11}$$

$$E_0(-) = E_{0(2-3)} + \frac{RT}{zF} \ln\left[\frac{SOC}{1-SOC}\right] \tag{12}$$

$$\Delta E = E_0 + \frac{RT}{zF} \ln\left[\frac{SOC^2 \cdot c_{H^+}^2}{(1-SOC)^2 \cdot c_{H_2O}}\right] \tag{13}$$

$$\text{正極側}：SOC = \frac{c^{V(V)}}{c^{V(IV)} + c^{V(V)}} \tag{14}$$

$$\text{負極側}：SOC = \frac{c^{V(II)}}{c^{V(II)} + c^{V(III)}} \tag{15}$$

(13) に示されるように，OCV から SOC を推定する場合，OCV の実測値が $\Delta E$ に近づけるために，$H^+$ や $H_2O$ の濃度も考慮する必要がある。Corcuera ら[6]は正極側において充放電で変化する [$H^+$] を (16) のように示し，(4) の正極側の半セルの電圧において，初期の [$H^+$] を固定した場合の SOC と正極側の電圧の比較を試みている。

$$[H^+] = \alpha/\gamma = [H_2SO_4]_0 + [VO_2^+] = [H_2SO_4]_0 + [V_T] \cdot SOC \tag{16}$$

$$E_0(+) = E_{0(4-5)} + \frac{RT}{F} \ln\left[\frac{SOC([H_2SO_4]_0 + [V_T] \cdot SOC)^2}{1-SOC}\right] \tag{17}$$

$\gamma$ は活量係数，[$V_T$] は電解液中の全バナジウム濃度，[$H_2SO_4$]$_0$ は正極側の SOC が 0 における酸濃度を示している。正極側のシミュレーションでは，[$V_T$] = 1.6 M，[$H_2SO_4$] = 4 M のとき SOC が 0.2 以上のとき，同じ OCV に対して計算値と実測値では SOC が 8% までのずれがあることが示されている。Knehr ら[7]は，バナジウム系電解液のレドックスフロー電池システムにおいて，(18) 式のような従来から簡易的に用いられている SOC と $\Delta E$ の関係に，正極側の [$H^+$] および膜の両側の硫酸濃度差による電位差を加えて考慮した (19) 式を提案した。

$$\Delta E = E_0 + \frac{RT}{zF} \ln\left[\frac{\alpha^{V(V)} \cdot \alpha^{V(II)}}{\alpha^{V(IV)} \cdot \alpha^{V(III)}}\right] \tag{18}$$

*197*

$$\Delta E = E_0 + \frac{RT}{zF} \ln \left[ \frac{\alpha^{V(V)} \cdot \alpha^{V(II)} \cdot \alpha_{H^+}{}^2 \cdot \alpha^+{}_{H^+}}{\alpha^{V(IV)} \cdot \alpha^{V(III)} \cdot \alpha^-{}_{H^+}} \right] \tag{19}$$

特に，膜を介した両極の硫酸活量（正極：$\alpha^+{}_{H^+}$，負極：$\alpha^-{}_{H^+}$）が$\Delta E$に影響を及ぼすという考えを導入することにより，計算では，SOCに対するOCVの関係が，(19) 式から$\Delta E$と実測値のOCVが近づくことを示した。バナジウムの正・負極側の電極反応に伴う標準電極電位は，(4) では1.00 (V) (vs. NHE)，(5) では－0.26 (V) (vs. NHE) である[8]。このとき電池の$\Delta E$は，SOCが0.5のとき1.26 (V) となるが，実際のバナジウム硫酸水溶液系レドックスフロー電池では，1.40 (V) 前後くらいである[6]。(19) 式のKnehrらの検証では1.38 (V) となる。さらに，バナジウム硫酸水溶液系の正極および負極における電極電位 $\{E_{0(4-5)}$および$E_{0(2-3)}\}$ は，硫酸濃度によって多少変化するために[9]，電解液中の硫酸濃度に対応したバナジウムの電極電位（$E_{0(4-5)}$および$E_{0(2-3)}$）を用いることも正確なSOCを推定するのに重要である。

　実際のOCV測定において，実践的な面から考慮しなければいけないことの一つとして，レドックスフロー電池の充放電試験のための循環ライン上のOCV用セルの適切な配置場所がある。フロー電解セルのみの場合でも，前述[2]のように，充放電サイクル中の充放電切り替え時や充放電試験の途中にOCV測定過程を加えればよい。フロー電解セルとポンプを繋ぐラインとは別にOCV用セルを直接電解液タンクに繋ぐ場合でもよい。電解液タンクとフロー電解セル，ポンプを繋ぐ循環ラインと同一ラインに設置する場合（図1）は多少考慮する必要があり，例えばOCV用セルをフロー電解セルの送液の出口側に装着した場合（OCV用セル③），電解された直後の活物質の濃度が高いため，電解液全体の組成がセル本体内の電解液の組成と大きく異なり，真の電池のSOCとはならない。Watt-Smithら[10]は，フロー電解セルの送液の出口側にOCV用セルを導入した循環ラインを示しているが，その点を理解しており，校正プログラムを用いて補正している。このように，定電流充放電の場合ではフロー循環速度，電流値がわかれば，電解直後（OCV用セルをフロー電解セルの出口側に装着した場合）のOCVを推定することは可能である。一例として，図2に電解により活物質濃度が10 (%) 変化したとき（セル出口側）のSOCとOCVの計算結果を示した。フロー電解セルに循環速度 $v$ (mL·min.$^{-1}$) で流入した電解液が，電流 $i$ (A) で電解されるとき，活物質濃度を10 (%) 変化させるための$v$と$i$の関係を示した計算結果を図3に示した。例えば，フロー電解セルでフロー電解セルに入っている活物質の濃度の10 (%) を電解したい場合，3.00 (mL·min.$^{-1}$) の循環速度では0.48 (A) である。

　充放電中の電池のOCVを直接観測するための適切なOCV用セルの位置を確認するために，図1に示されるようにフロー電解セルの出口側とポンプの前後の3ヶ所にOCV用セルを配置して充放電中のOCVを計測した[11]。ポンプの出入口側に設置されたOCV用セル①，②では，充放電中のOCVは同一であった。充放電中の電池のOCV測定ではポンプの出入口のどちらにOCV用セルを配置しても問題ないが，正，負極液のSOCを推定するための正，負極側の電解液の参照極電位の測定[12]および正，負極側の電解セルの過電圧の測定を行う場合[13]は，OCV用

## 第 8 章 評価手法

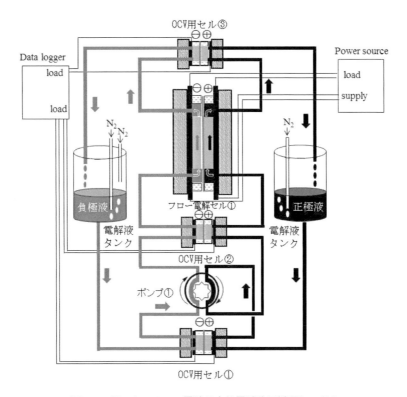

**図 1** レドックスフロー電池の充放電試験用循環システム

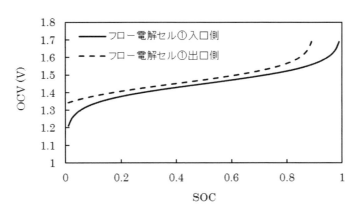

**図 2** フロー電解セル液入口側と電解により活物質濃度が 10（%）変化したとき（フロー電解セル出口側）の SOC と OCV の関係

セル①，②の位置が問題になってくる。(11)，(12) 式に示されるように，正極液の組成比に基づく「正極液の SOC」，負極液の組成比に基づく「負極液の SOC」を推定するために，充放電中の正，負極側の電解液の参照極電位の測定は重要である。循環システム内に参照極と OCV 用セルとを導入する場合，最も容易な導入位置は OCV セル③であるが，OCV 測定と同様に電解

*199*

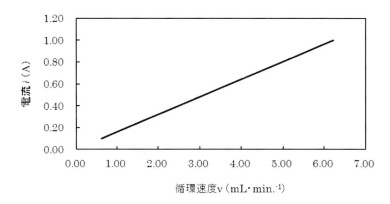

図3 電解による活物質の10（％）の濃度変化のための循環速度 $\nu$ と電流 $i$ の関係

表1 野崎らが示したSOCモニターのための計測方法の比較[14]

|  | OCV measurement | Voltametry | Coulometry | spectrometry |
|---|---|---|---|---|
| principle | Nernst eqn. | Fick's eqn. | Faraday's law | Beer's law |
| meaurables | $[Cr^{2+}]/[Cr^{3+}]$ $[Fe^{3+}]/[Fe^{2+}]$ | $[Cr^{2+}]$ $[Fe^{3+}]/[Fe^{2+}]$ | $[Cr^{2+}]$ $[Fe^{3+}]/[Fe^{2+}]$ | $[Cr^{2+}]/[Cr^{3+}]$ $[Fe^{3+}]/[Fe^{2+}]$ |
| linearity | non-lenear (log funcn.) | linear | linear | non-lenear (log funcn.) |
| error | Ca. 5% | 1-3% | 0.1-1.0% | 1-5% |
| Effect of bubbles | small | small | large | large |
| Time for measurement | real time | real time | Batch (5-10 min.) | real time |
| note | Simplest for SOC monitor | more complicate than OCV measurement method and special auxiliaries needed | | |

セル本体内の電解液組成と大きく異なるために不向きである。また，OCV用セル②の位置では，例えば，しごきポンプを用いた場合，循環液の分離がポンプを通して起こるため参照極電位を測定することはできない。OCV用セル①では電解液がタンクと繋がっているために参照極を循環ライン直接付ければ測定することは可能である。OCV用セルとフロー電解セルを使用して正，負極側それぞれの過電圧の測定する場合は，今度はOCV用セル①が導入されているタンクとポンプの間では，OCV用セル②の位置が最適となり，フロー電解セル本体に電解液が入る上流位置にあたり，OCV用セル①，③の位置に比べて適している。野崎ら[14]は，Fe-Cr系レドックスフロー電池において様々なSOCを推定する方法を示しているが，その中でOCVからSOCを推定するこの方法が，最も簡便な方法であるとしている（表1）。

## 1.3 分光法によるSOCの計測

充放電試験において，例えば正・負極液の（活物質の）色が変化するとき，紫外可視分光法によるSOCの推定が可能となる。充放電測定中に，分光光度計を用いて特定の波長における吸光

## 第 8 章 評価手法

度を測定することにより，容易に電解液内の活物質の濃度を測定することができる。

例えばバナジウム系電解液の場合，バナジウムは 2 価，3 価，4 価，5 価の 4 種のイオンになることが知られており，溶液の色も紫色，緑色，青色，黄色を示す。バナジウム系レドックスフロー電池の充電過程では，正極側ではバナジウムイオンの 4 価から 5 価に酸化され，そのとき電解液も青色から黄色に変わる。負極側ではバナジウムイオンの 3 価から 2 価に還元され，そのとき電解液も緑色から紫色に変わる。例として，Kazacos ら[15]は充放電中の負極液のバナジウムイオンの 3 価から 2 価の色の変化をそれらの可視紫外吸収スペクトルを測定し，負極側の SOC に対して 750 nm の吸光度が比例関係を示したことから，SOC モニターとして有効であることを示した。また，Tang ら[16]も，充放電中の電解液の可視紫外吸収スペクトル測定において，負極液の SOC と吸光度の関係を調べた結果，750 nm 以外にも 433 nm と 600 nm の吸光度において SOC と比例関係があることを示した。正極液の SOC は，どの波長でも単純に比例関係を示さず，その原因はバナジウムイオンの 4 価と 5 価の複合体の形成のためとしている。Buckley ら[17, 18]は，正極液の SOC と可視紫外吸光度の関係を調べて，複合体の形成を考慮した特定波長における SOC と吸光度の関係を示す方程式を立てて，正極側の電解液の吸光度から SOC を推定する方法を報告している。実際の計測の一例としては，図 1 の循環システムの途中（例えば OCV 用セル①とポンプ①の間）に分光光度計を導入し，充放電中，電解液を分光光度計のフローが付いたキュベットで吸光度測定すれば活物質の濃度を決めることができる。近年，Liu らは，バナジウム系レドックスフロー電池において，充放電中の電解液の分光測定ができる循環システムを報告している[19, 20]。

### 1.4 クーロメトリーによる SOC の計測

クーロメトリーは，電気量を測定して化学分析をする方法で，電解された物質の量を測定する絶対定量法のひとつである[21]。電流量を時間積分して電気量として測定する方法で，求められた電気量は分子量に比例するので分子の絶対量がわかる。OCV 測定法や分光測定法からの SOC と比較しても誤差は小さい（表 1）。例えば，高濃度のバナジウムイオン溶液を電解液として用いたとき，充電によるバナジウムイオンの価数が変化するに従い，硫酸溶液中でのイオンの安定性が変わることからバナジウム化合物が析出し，電池の作動を妨げるという問題がある[22]。また，Fe-Cr 系のレドックスフロー電池のように，負極側の Cr イオンの電極反応が Fe イオンより遅い上，充電時の水素発生による電流効率の低下，次第に両者が混合して電池容量が低下するという問題もある[2]。このように充放電中に問題が起こる場合は，まずはそれらを対処する方法を考えることが優先されるが，その時点の電池の残存容量を知ることも重要である。この観点からも蓄電池の残存容量の推定法としては，対象とする二次電池を所定の放電条件で完全放電し，放電に要した活物質の電気量から求めるクーロメトリー法は有効である。

レドックスフロー電池では，通常の二次電池の活物資に相当する化学物質が，レドックス溶液としてタンクに貯蔵されているという特長があるので，タンク内に貯蔵されているレドックス溶

液の極一部を完全放電すれば，電池の残存容量つまり SOC を正確に測定できる。

クーロメトリーによる SOC の測定法には，①内容積一定の電解セルにレドックス液をサンプリングして定電圧で完全放電する方法，②定電流で完全放電する方法などがある。

関口らは，バナジウムレドックスフロー電池における電解液のバナジウムイオンの価数と濃度をクーロメトリー分析法を用いて報告している[23]。電解セルはイオン交換膜を介した両側に作用極と対極，参照極により構成される。測定方法は，対極側には硫酸水溶液を連続循環させ，作用極側に一定流量の試料溶液を流しながら参照極に対してバナジウムが酸化または還元される一定電位をかけて，試料溶液がフロー電解セルを通過する間に定電位電解を行い，その電気量を測定することによりバナジウムイオンの価数と濃度を測定する（図4）。別に濃度を確認する方法として，同じ試料で硫酸第一鉄アンモニウム滴定法を行い，クーロメトリー分析法から得られたデータと比較をし，繰り返し分析精度を 2% 以内としている。

レドックスフロー電池では，本来，充放電中の電池の SOC を知ることが必要であるために，迅速な変動に対応する連続的かつ応答速度の早い測定方法が望まれる。そこで充放電中にクーロメトリーを迅速に行う方法として，電解液をフローさせながら活物質の濃度を推定できるフロークーロメトリーがある。フロークーロメトリーの原理については，優れた本があるので参照されたい[24]。

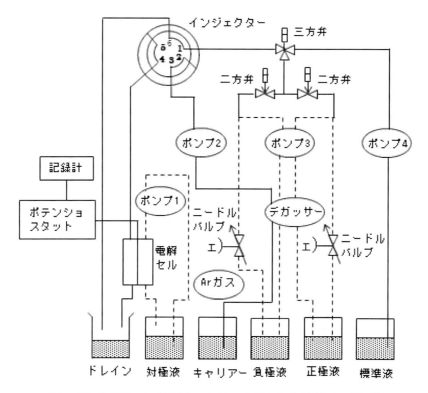

図4　関口らが行ったバナジウムイオンの価数と濃度を測定する装置[23]

# 第8章 評価手法

クーロメトリーには，定電流法と定電圧法がある。フロークーロメトリーにおいては，フロー電解液中の活物質が瞬間的に100％の電解を行う必要がある。そのため，副反応を起こさせず正確に終点を検知するために十分に低い定電流を流してその終点を計る定電流法よりもそのシステムで流すことができる最大限の電流を流して電解を行い，電解に使用された電流を測定する定電圧クーロメトリーのほうが有利である[20]。

実際のフロークーロメトリーでは，まず充電および放電過程中の適当な時間でフロー電解セル中の電解液の電解を素早く行い，電解に要する電流を測定する。さらに，満充電された電解液（セル容積分に相当する量）を完全放電するために要する電流を測定することにより，両者の比からSOCを推定する。クーロメトリーの測定時間は，充電された活物質の濃度と循環速度によって変わる。例えば活物質 $1.00$（$mol \cdot L^{-1}$）のセル容積分の電解液 $2.00$（mL）の場合，数分で終了する。また，セル内の活物質が100％の電解効率で電解されなくてはならないため，適切な循環速度を考える必要がある。

最後に，SOCの計測方法として，近年，拡張カルマン法[25]，電解液の粘度測定[26]，電解液の導電率測定[6]からのSOCの推定方法の報告があることも参考までに付記しておく。

## 文　　献

1) 枝本吉広ほか，*CALSONIC KANSEI TECHNICAL REVIEW*, **13**, 10 (2013)
2) 野崎健ほか，電気化学，p.229, 55 (1987)
3) 田口義晃ほか，平成20年電気学会産業応用部門大会，Ⅲ-183, (2008)
4) L. H. Thaller, RECENT ADVANCES IN REDOX FLOW CELL STORAGE SYSTEM, NASA TM-79186, (1979)
5) ㈲筑波物質情報研究所，http://www.tmil.co.jp/
6) S. Corcuera *et al.*, *Eur. Chem. Bull.*, **511**, 1 (2012)
7) K. W. Knehr *et al.*, *Electrochem. Comm*, **342**, 13 (2011)
8) C. P. de Leon *et al.*, *J. Power Sources*, **716**, 160 (2006)
9) A. J. Bard, "Encyclopedia of Electrochemistry of the Elements volume Ⅶ", p.299, MARCEL Dekker, Inc. (1976)
10) M. J. Watt-Smith *et al.*, *J. Chem. Technol. Biotechnol*, **126**, 88 (2013)
11) 金子祐司ほか，電気化学会第82大会要旨，講演番号 1D33, (2015)
12) 金子祐司ほか，2015年電気化学秋季大会要旨，講演番号 1H27, (2015)
13) 金子祐司ほか，電気化学会第83大会要旨，講演番号 1J36, (2016)
14) K. Nozaki *et al.*, *Proceeding of symposium on stationary energy storage: Load leveling and Remote application*, **241**, 88 (1988)
15) M. Skyllas-Kazacos *et al.*, *J. Power Sources*, **8822**, 196 (2011)

16) Z. Tang *et al.*, *ECS Transaction*, **1**, 41 (2012)
17) デニス ノエル バックリーほか, バナジウムレドックスフロー電池の充電状態の判定方法, 特願 2016-535671 (2016)
18) C. Petchsingh *et al.*, *J. Electrochem. Soc.*, **163**, A5068 (2016)
19) L. Liu *et al.*, *J. Spectroscopy*, **1**, 2013 (2013)
20) L. Liu *et al.*, *Applied Energy*, **452**, 185 (2017)
21) 内山俊一ほか,「高精度基準分析法 クーロメトリーの基礎と応用」p.1, 学会出版センター (1998)
22) 手塚美章, バナジウム電解質, その製造方法およびバナジウムレドックス電池, 特願 2014-169856 (2014)
23) 関口純恵ほか, バナジウムレドックスフロー電池用電解液のバナジウムイオンの価数と濃度の測定方法及びその装置, 特開平 9-101286 (1997)
24) 内山俊一ほか,「高精度基準分析法 クーロメトリーの基礎と応用」p.30, 学会出版センター (1998)
25) B. Xiong *et al.*, *J. Power Sources*, **50**, 262 (2014)
26) Q. Xu *et al.*, *Appl. Energy*, **139**, 130 (2014)

## 2 レドックスフロー電池の電解液の連続測定

佐藤　縁[*1]，野﨑　健[*2]

### 2.1 はじめに

本節ではレドックスフロー電池（RFB）の電解液の密度，粘度，導電率などの物性値の連続測定法について解説する。RFBは，第1章でも述べたように，タンクに貯蔵した電解液をポンプでフローセル（流通型電解槽）に流して充放電する化学プラントとも言える電池システムである。ここで，電解液の物性値測定の目的を整理すると，①RFBの基本設計（最適化）のために電解液の物性値を予め測定する場合と，②RFBの運転制御を目的として，充放電中にリアルタイムで測定する場合，および③RFBの保守管理，異常検出などが考えられる。

### 2.2 RFBの基本設計に必要な電解液の物性値

#### 2.2.1 セルスタックのシャント電流損失とポンプ動力損失

電池は直流出力であるので交流の電力系統に接続するためには交流―直流変換器（電力変換装置，PCS）が必要である。PCSの設計からすると，直流電圧は数百V以上であることが，PCSの変換効率やコストの観点から要求される。ところが，スタックについては第1章3節で少し述べたがシャント電流損失があるため，セル数をあまり増やすことが出来ない。シャント電流の計算は具体的なセルスタックの形状に合わせて容易にシミュレーションできるが[1]，実際のRFBシステムではもう一つの要因である電解液の送液動力（ポンプ動力）が関連して簡単ではない。実際のセルスタックについてのシミュレーションと実測値の比較については，文献2の図3.6に詳しい[2]。この図では直列積層セル数が，数十セルになると電流効率が数％低下することが示されており，通常ポンプ動力損失とシャント電流損失が，ほぼ等しくなるように設計するので，両者による損失は10％弱で，これがRFBシステムが他の蓄電池より効率が低い要因の一つとなっている。なお，配管の電解液の電気抵抗は配管の断面積に比例するのに対し，圧力損失は配管径の1.5乗に比例するので，同じ長さの配管であれば配管径を大きくして大流量にすれば，ポンプ動力損失を低減できる。また，タンクとポンプを分割して電気的に絶縁すればセルの積層数を抑制することができ，文献2の図3.7と図3.44に，そのような回路構成例が示されている。RFBシステムの直並列接続と配管系の最適化については，実用システムの目的（用途，規模）に応じて多様である（文献2の図3.22，3.27，3.44を参照のこと）。なお，RFBシステムの最適化にとって重要な因子に温度管理の問題がある。RFBシステムの排熱のほとんどが電解液の温度上昇になるので，このための熱交換機（放熱器）について検討すると，広く使用されている大気中への放熱器が一般的であり，RFBの充放電エネルギー効率を70％，充放電時間が等しいと仮定

---

[*1] Yukari Sato　産業技術総合研究所　省エネルギー研究部門　エネルギー変換・輸送システムグループ　研究グループ長

[*2] Ken Nozaki　元 産業技術総合研究所

すると，RFB のエネルギー損失は充放電時それぞれ 15％になり 1000 kW の RFB システムでは 100 kW を越える放熱が必要になる。無論これは気温の高い立地や夏季の最大値であり，気温が低い場合は，逆に保温が必要になる。

　ここで，上記のシャント電流損失，ポンプ動力，電解液の温度管理に必要な電解液の物性値としては，電解液の導電率，密度，粘度，熱容量（比熱）などが考えられ，RFB システムの充放電に伴う電解液の組成の変化により（第 1 章 4 節および表 3）それぞれ変化する（温度依存性も考慮すべきである）。電解液の密度を SOC を変化させて連続測定した例を以下に示す。図 1 は筆者の研究室で小型 RFB 実験システムに Anton-Paar 社製（DMA4500）密度計を接続した事

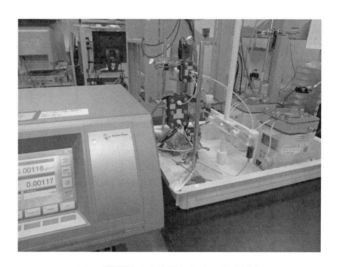

**図 1　電解液の充放電と密度の同時測定**
左は密度計（Anton-Paar 社製 DMA4500），中央－右はレドックスフロー電池

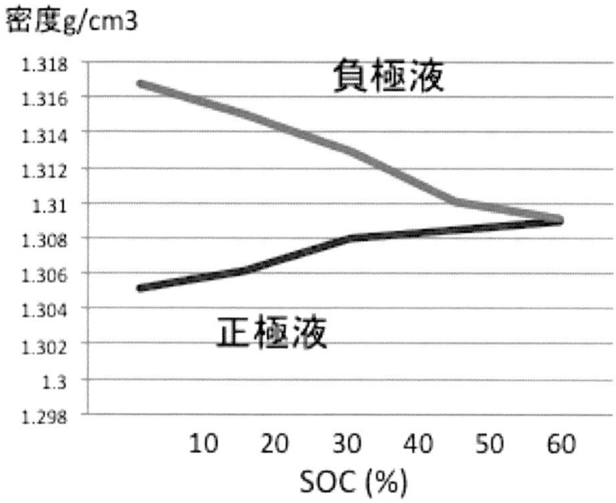

**図 2　正極液，負極液の各 SOC に対する密度変化（Ti-Mn 系）**

## 第8章 評価手法

例で，図2はSOC6〜58%での実測値である。なお，図には示されていないが，この装置は電解液の粘度も同時測定できる。電解液の導電率については市販の導電率計を改良して比較的簡単に連続測定できるが，比熱については強酸性のRFBの電解液に耐える連続測定検出器を特注しなくてはならず少々困難である。

### 2.2.2 セル性能に及ぼす電解液の特性

化学プラントとしてのRFBシステムの最適設計について2.2.1で検討したので，次にセルスタックの性能と電解液特性について解説する。セルスタックとして電極面積を2000 $cm^2$，BPP（バイポーラプレート）を含めたセルの厚さを3 mmとし，炭素繊維電極の厚さは2 mmと0.3 mmで最適化するものと仮定し，厚さ2 mmの電極は従来のRFBセルの設計方法[3]，厚さ0.3 mmの電極は最近のRFBセルの設計方法[4]に基づく。

ここで，電極面積という用語について注意が必要である。通常の平滑な電極を使用する場合，電極面積はその幾何学的形状に等しいが，炭素繊維電極の場合は，幾何学的面積以外に比表面積を考慮しなくてはならない。同じ炭素繊維を使用する場合，電極の空隙率（多孔度）が等しければ，薄い炭素繊維の方が比表面積は少なくなる。炭素繊維電極の比表面積がセル性能を支配しているのであれば，厚い電極の方が高性能の筈であるが，実際は厚さ0.3 mm程度の薄い電極を使用する方が内部抵抗が低く，高出力が得られる。この事は近年のセル設計の最適化[4]により，セル性能に支配する因子が炭素繊維電極の比表面積だけではなく別の要因を考慮しなくてはならない事を意味している。この問題については，本書の第2章と第7章3節に詳しい。

結論として現在の高性能セルに影響しているのは ① 電解液抵抗と ② 炭素繊維電極抵抗であり，特に ① の電解液抵抗，すなわち，電解液の導電率が要因である。VRFBの場合，電解液の導電率は1 $\Omega$cm程度であり，電極の空隙率を50%と仮定するとおよそ2 $\Omega$cmになり，単位面積（幾何学的面積）あたりの電極の厚さ方向の抵抗は0.2 $\Omega$/mmになる。電極厚さを薄くすれば電極液による抵抗は減少し，0.3 mmで電極面積あたり約0.06 $\Omega cm^2$，2 mmでは0.4 $\Omega cm^2$になる。Perryほかの文献値[4,5]では，VRBセルで0.33 $\Omega cm^2$と推定され，出力密度0.5 $W/cm^2$を達成したという。表1にRFBのセル性能の進歩を整理した。

表1で負荷平準化用は108セル直列，360 A，50 kWのスタックで電極面積5150 $cm^2$，電流密度70 $mA/cm^2$である[2]。また，抵抗値はスタックについてであり，単セルの値は，通常，1/3〜1/2と考えられるので単セルの抵抗率は6〜9 $\Omega cm^2$と推定される。なお，単セルを積層して

**表1 RFBのセル性能の進歩[3,4,6,7]**

| 名称 | 面積抵抗 | コメント | 文献 |
|---|---|---|---|
| 小型フローセル | 10〜1 $\Omega cm^2$ | Fe/Cr系（1987）（1 × 10 × 0.2 cm） | 3) |
| VRFBセル | 10 $\Omega cm^2$ | S.Kazacos et. al, (1987) | 4), 6) |
| 負荷平準化用 | 19 $\Omega cm^2$ | 住電（2000年頃）50 kWスタック | 2) |
| SORセル | 2.5 $\Omega cm^2$ | Quin et al. (2008) | 4), 7) |
| APSスタック | 0.3 $\Omega cm^2$ | UTRC, 20 kW (2013) | 4) |

スタックを構成する場合，スタック内の各セルへの電解液の等配が重要であり，各セル内の圧力損失のばらつきにより，各セルへの供給液量の不均等が生じ，電解液中の被反応物質濃度が低下する充電時の高SOC条件，放電時の低SOC条件で，セルの過電圧上昇，すなわち，セル抵抗率が上昇することになる。

図3にVRFBの過電圧（セル抵抗率）を測定するための小型フローセル（ミニセル）を使用した実験システム，図4，5に放電時の過電圧とセル抵抗率の実験結果を示す[8]。

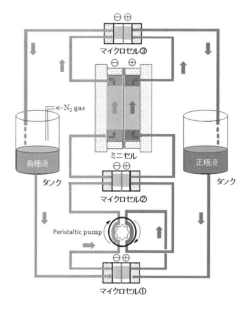

図3　小型フローセル（ミニセル）とOCVセルを用いた実験システム[8]

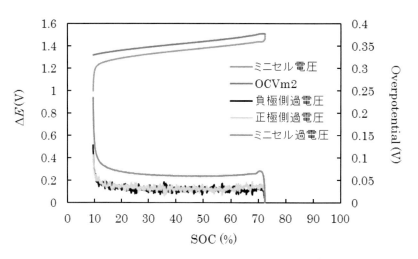

図4　VRFBの放電時のSOCと過電圧の実測例[8]
図中 m2 はマイクロセル2を指す。

第 8 章　評価手法

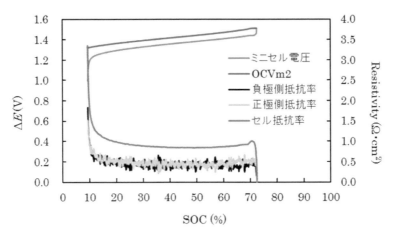

図 5　VRFB の放電時の SOC とセル抵抗率の実測例[8]

図 4 に見られるようにミニセルの過電圧（ミニセル電圧 − OCVm2）は，SOC15％以下で急速に上昇していることが判る．これは，図 6 に示すように単セル電圧が Nernst 式に従って変化するためで（第 8 章 1 節中の 13 式参照）[8]，通常の二次電池，たとえば LiB などが直列接続された場合，電池毎の SOC にばらつきが生じると，直列接続されたセルスタックの容量が低下する現象と類似である．LiB の場合は，均等充電を行うための充電制御回路が各セル毎に必要であるのに対し，RFB は各セルに充分な電解液を供給して各セルの送液量のばらつきを制御する．結果として，RFB の SOC は 15〜85％の範囲で制御される．これは比較的高価な電解液を使用する VRFB についても該当し，VRFB の活物質利用率は 70％程度になる．活物質利用率を向上するには充放電初期あるいは末期の流量を増加させれば良いが，これは圧力損失増，すなわち，ポンプ動力の増加に繋がり，システム効率とコストの最適化が重要になる．

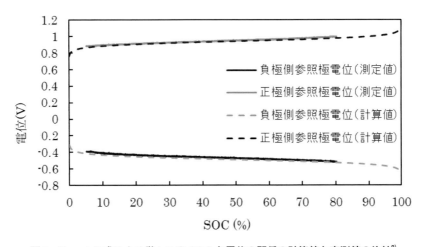

図 6　Nernst の式による単セルの SOC と電位の関係の計算値と実測値の比較[8]

以上を要約すると，RFBの基本設計においては，セルスタックの出力性能，エネルギー効率，経済性を最適化しなくてはならず，とくに，充放電に伴うSOCの最適範囲を設定することが重要であることが理解される。このため，電解液の各物性値とRFBの性能との関係を充分に把握しておく必要がある。

## 2.3 RFBの運転制御とモニタリング

RFBの電解液をサンプリングして測定できることは他の二次電池にはない特長であり，正負極液のレドックスイオン濃度からSOC（残存容量）を測定することにより，RFBの充放電制御が確実に実施できる（第1章3節参照）。

RFBの運転制御のための電解液のモニタリングについては1980年代に電子技術総合研究所（現 産業技術総合研究所）で研究開発が進められた[9]。当時はFe/Cr系が対象であったがVFRBにも基本的には変わらず適用できる。表2にVFRBについて修正した概要を記載する。表2に示すように，クーロメトリー以外はリアルタイムでRFBのSOCおよびレドックスイオンの濃度（または濃度比）を測定できる。また，クーロメトリーも数分の遅れで測定可能であり，通常のRFBの充放電時間を考えれば，十分な応答速度といえる。

SOCあるいは残存容量以外の電解液のモニタリングの測定には正，負極液のSOCのアンバランスの問題がある。Fe/Cr系の場合は，充電時に負極からの水素発生により負極液のSOCが低下する現象であり，正極液を水素還元してリバランスする。VRFBの場合は隔膜の選択性により，$VO^+$イオンが負極液に移動し，電解液組成が狂うことが主であり，これは定期的に低SOCの状態で正負極液を混合（リミキシング）することにより解決できる。このため，リバランスやリミキシングの頻度などの最適化制御は電解液組成を定期的に計測することが重要である。

SOC，すなわち，残存容量の計測方法については第8章1節で金子が解説しているので，詳しい説明は省略するが，RFBの運転制御の観点からはOCVセルを用いるSOC計測が実用的であり，電解液のリバランスやリミキシングなどの保守管理には表2の手法のいずれかを利用するとよい。なお，電解液の保守管理はリアルタイムの測定の必要が無いので，SOC 50%付近で電解液をサンプリングして自動計測しても良いので，筆者らの個人的意見としては分光光度法あるいはクーロメトリーが適していると考えられる。

表2 RFBの電解液モニタリング（ref.9を改変）

| | OCV測定 | CV | クーロメトリー | 分光光度法 |
|---|---|---|---|---|
| 測定イオン | $V^{2+}/V^{3+}$, $VO^{2+}/VO_2^+$ | $V^{2+}$, $V^{3+}$ $VO^{2+}$, $VO_2^+$ | $V^{2+}$, $V^{3+}$ $VO^{2+}$, $VO_2^+$ | $V^{2+}$, $V^{3+}$ $VO^{2+}$, $VO_2^+$ |
| 粘度 | 約5% | 1〜3% | 0.1〜1.0% | 1〜3% |
| 泡の影響 | 小 | 中 | 中 | 大 |
| 測定時間 | リアルタイム | リアルタイム | 数分 | リアルタイム |
| 備考 | 最も単純 | 比較的簡単 | 装置が複雑 | 装置が複雑 |

## 2.4 RFBの電極材料の評価手法と電解液

本節はRFBの電解液の連続測定が主題であるが，本章のタイトルは「評価手法」であるので，RFBの電極材料の評価手法について解説する。電極材料に関しては，RFBの研究開発の初期から研究が進められ，Fe-Cr系RFBでは（$Cr^{2+}|Cr^{2+}$）レドックスイオン対の電極反応が中心的課題であった。その理由は$Cr^{3+} + e^- → Cr^{2+}$の電極反応の$E^⦵$が$-0.4 \sim -0.5$ Vと相当に卑で，水素過電圧の非常に大きな電極材料を必要とし，さらに多孔質のフローセルに適した構造を要求されたからである。野崎らはフロクーロメトリー用のフローセル[10,11]を改良して，Fe-Cr系RFBに適用したところ，水素発生がほとんど無く，クーロン効率（電流効率）90％以上で充放電できた[3]。電極面積10 cm$^2$（1×10×0.2 cm）の小型フローセルを用いて各種炭素繊維材料を評価した結果を図7に示す[3]。

この図は1980年代後半のFe-Cr系RFBの電極性能であり，PAN系炭素繊維の最高性能（1 Ωcm$^2$）は，2012年以降のVRFBの高性能セル[4,5]の実現までの最高値に匹敵する。なお，炭素繊維電極の性能に関しては本書の第5章を参考にすると良い。

ここで，炭素電極材料の性能評価方法について整理すると次のようになる。すなわち，① 小型フローセル（ミニセル）による充放電試験[3]，② 作用極を液静止モードにするマイクロセルによるクーロメトリー[13~15]，③ 単繊維炭素電極（SFCE）[16~18]によるCVである。① の小型フローセル（ミニセル）による充放電試験は既に説明した。② のマイクロセルによるクーロメトリーは直径

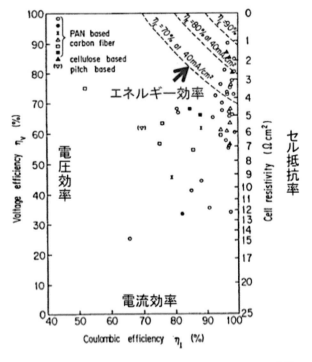

図7　小型フローセルを用いる炭素繊維電極材料の評価[3,12]

1 cm の小型セル（マイクロセル）を使用して炭素繊維電極を評価する[15]。金子らが RFB の正極と負極の過電圧を分離して測定した時のミニセルとマイクロセルの正面図と断面図を図8に示す[8]。
③ VRFB 用電解液について SFCE の結果の一例を図9に示す[17]。以上を表3に要約する。

　SFCE の問題点は炭素繊維の特性が繊維毎に均質でないと測定値がばらつくので，多数の電極を作製して測定する必要があることである。逆に，炭素繊維電極が均質に活性化処理を施されているかを測定するには優れた手法であるので，炭素繊維電極の製造工程の改良や管理に適している。一方，マイクロセルを用いる電圧ステップ法は充放電に要する時間が1時間以内で，電解液，電極材料，隔膜等の解析が可能なので RFB の基本的構成材料のスクリーニングに最適である。

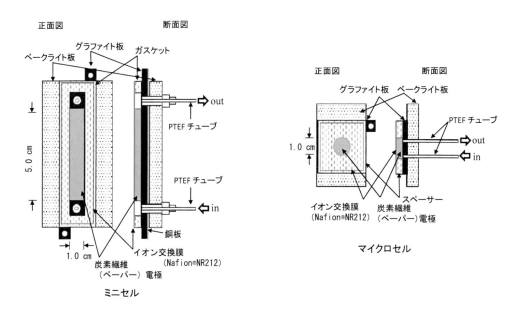

図8　ミニセルとマイクロセルの構造図[8]

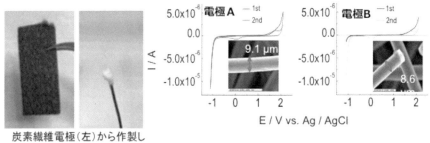

図9　単繊維炭素電極（SFCE）の実測例[17]

## 第8章 評価手法

**表3 炭素繊維電極材料の評価方法**

|  | 小型フロー電池<br>（ミニセル） | OCVセル<br>（マイクロセル） | 単繊維電極<br>（SFE） |
|---|---|---|---|
| サイズ | $10 \times 5 \times 0.2$（cm） | 直径1.0 cm | $\sim 10~\mu m \times 5$ mm |
| 用途 | フローセル構成<br>材料評価ほか | EMF測定,<br>電極性能評価ほか | 単繊維のCV測定,<br>電位窓を評価 |
| 測定手法 | 主に定電流充放電 | OCV測定，PSC，薄層電解法 | 3電極法CV |
| 備考 | 断面構造をセルスタックと同様にして大型システムの性能予測が可能 | 小型セルにより各種炭素繊維材料の評価が可能 | 単繊維がCV測定できるが，単繊維1本ごとに性能がばらつくことが多い |

　最後に筆者のグループで基礎研究を開始したRFBの水晶振動子マイクロバランス法（Quartz Crystal Microbalance, QCM）について少し説明したい。QCMはATカットされた水晶振動子の表面に物質が付着すると発振周波数が低下する現象を利用しており，真空蒸着装置の膜厚計などに利用される高感度（$10^{-9}$ gレベル）の質量測定法である[18, 19]。5 MHzの水晶振動子（QCMセンサーという）の場合，$17.7 \times 10^{-9}$ gHz$^{-1}$ cm$^2$であり，0.1 Hz程度の周波数変化は測定できる[18]。そこで，水晶振動子をレドックスフロー電池の電解液に浸漬して表面吸着量を定量できれば，電解液の各種イオンの吸着現象を解析できる。単分子層の吸着質量を計算すると，5 MHzの水晶振動子の場合，Na(23)：2.8 Hz，$H_2O$(18)：2.2，$SO_4^{2-}$(96)：11.9，$PO_4^{3-}$(95)：11.8，$ClO_4^-$(100)：12.4である[18]。また，水晶振動子の横ずれ振動に伴い表面付近の水溶液も振動するので，電解液の粘性も測定可能である。ただし，レドックス電解液は密度，粘性が高く強酸性で電位幅も広いので，これに耐えるQCMセンサーが必要になる。このため，筆者らを除いてRFBの電解液にQCMを適用した事例は無いと考えられる[19]。なお，筆者は過去20年にわたってアントラキノンを中心とする有機物の吸着の研究を進めており，QCMによる有機レドックス系の研究に強い関心を抱いている（本書，第9章参照）。

　筆者のグループで構築したレドックスフロー電池へのQCM測定装置の組み込み，同時連続測定の模式図を図10に，小型フローセルおよびQCMモジュールの写真を図11に示す。図12に長時間測定後の金センサーの表面を示す。QCMセンサーの表面に炭素や金の薄膜を形成させて，CVなどの電気化学測定も可能とする方法をE-QCMと呼ぶ。Ti-Mn系電解液[14]（第4章2節参照）にE-QCMを適用した実験例を図13に示す。使用したE-QCMシステムはQ-Sence E1（Q-Sence AB, Göthenburg, Sweden）である。

　ここで，$\Delta D$値は水晶振動子をパルス的に発振させて，その時の振動の減衰率から電解液の粘性を測定する場合の散逸の値である。このため$\Delta D$値を測定できるQCMをQCM-Dと呼ぶ。なお，水晶振動子の周波数特性（アドミッタンス）を測定して$\Delta D$値を測定するQCMもあり，QCM-Aと呼ぶことがある[20]。図13上（A）のCVのデータに見られる正負のピークのうち正のピークは$Mn^{2+}$の酸化波と見られる。ところが，生成する$Mn^{3+}$は不安定で不均化反応により$Mn^{2+}$と$MnO_2$が生じる[14]。$MnO_2$は，通常，溶解度が低く沈殿を生じやすいが，住友電

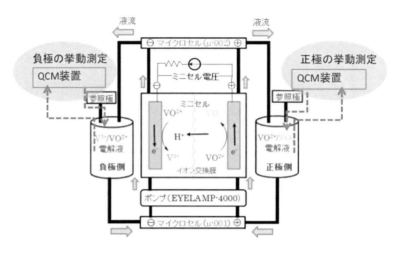

図10　レドックスフロー電池へのQCM測定の組み込み，同時連続測定の模式図

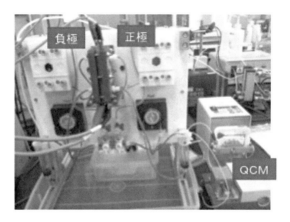

図11　小型電解セルおよびQCM測定モジュールの様子

図12　長期測定後の金センサー表面

第 8 章 評価手法

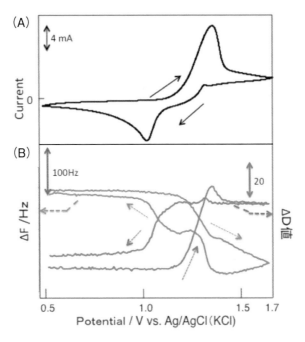

図13 チタン-マンガン溶液でのCV測定結果（A）と ΔF, ΔD値（B）
電気化学測定：RE Ag/AgCl, 走査速度 0.01 V/s。同時に測定した周波数変化量（ΔF/Hz）と消散値（ΔD）。金センサー（水晶振動子）を使用。溶液については文献14）に従った。

エの特許によれば正極液の $Mn^{2+}$ に, 負極活物質としても用いることができる $Ti^{4+}$ を混合した電解液を充電するとSOC90％まで沈殿せず[21], 電流密度 100 mA/cm$^2$ で, 電流効率（クーロン効率）99％以上を達成した[14]。このようにTi-Mn混合系の正極液は非常に複雑な挙動を示し, CVだけでは解析が容易ではない。

図13下（B）のΔF（質量増加に対応）を見ると充電方向では緩やかな一段の質量増に対し, 放電方向では2段の質量減が認められる。全質量変化は 1115 ng である。ΔDの変化もΔFに対応している。この結果の解釈については検討中であるが, 充電方向では一段のピークと重量増が, 放電方向では2段のピークと重量減に分離し, これが充電生成物の $Mn^{3+}$ と $MnO_2$ に起因することは確かではないかと考えられる。CVの掃引速度と小型フローセルの充電時間の差を考慮する必要があり, 図2の小型フローセルによる充電実験でSOC30％強で密度上昇が折れ曲がっているのと関連があるのかも知れない。さらに, $V_2O_5$ も $MnO_2$ と同様に金属多酸化物（Polyoxometalate, POM）を生成して不安定な濃度溶液を生成するので, QCMを中心とする電解液の物性の解析法は, RFBの電解液の研究開発の有力なツールになると考えられる。

## 2.5 おわりに

本稿ではRFBの電解液の連続測定を中心にRFBの評価手法も加えて, フローセル実験, マ

イクロセルによる電位掃引クーロメトリー（PSC）[13]，単繊維炭素電極 CV，E-QCM などを解説した．とくに PSC は Ti-Mn 系電解液の解析で通常の CV とは異なる解析結果が得られている[14]．この手法は薄層電気化学（Thin-Layer Electrochemistry）[22]に関連しているが，紙面の都合で詳細は割愛する．

## 文　　献

1) 金成克彦，野崎健，小沢丈夫，電気化学，**55**(3), 251-256 (1987)
2) 重松敏夫，電気化学会エネルギー会議電力貯蔵技術研究会（編），「大規模電力貯蔵用蓄電池」日刊工業新聞社（2011），第 3 章「レドックスフロー型電池」p63-76
3) 野崎健，浜本修，三根孝一，小沢丈夫，電気化学 **55**, 229 (1987)；**57**, 10 (1989)
4) M. L. Perry, R. M. Darling, and R. Zaffou, *ECS Transactions*, **53**(7), 7-16 (2013)
5) D. S. Aaron, Q. Liu, Z. Tang, G. M. Grim, A. B. Papandrew, A. Turhan, T. A. Zawodzinski, and M M. Mench, *J.Power Sources*, **206**, 450-453 (2012)
6) M. Kazacos, M. Skyllas-Kazacos, *J. Electrochem. Soc.*, **136**, 2759 (1989)
7) P. Quin, H. Zhang, J. Chen, Y. Wen, Q. Luo, Z. Liu, D. You, and B. Yi, *J. Power Sources*, **175**, 613-620 (2008)
8) 金子祐司，成田あゆみ，根岸明，野崎健，佐藤緑，嘉藤徹，「小型フローセルを用いるレドックスフロー電池の正・負極の過電圧の測定」，電気化学会第 83 回大会，J36（2016）
9) K. Nozaki, Proc. of Symposium Stationary Energy Storage: Load leveling and remote applications, Hawaii, **241**, 88 (1988)
10) 高田芳矩ほか，分析化学，**22**, 301 (1973)
11) 内山俊一編，「高精度基準分析法-クーロメトリーの基礎と応用」学会出版センター，p.43-45（1998）
12) 文献 2）の図 3-11
13) 根岸明ほか，第 38 回電池討論会（1997 年 11 月 11 日，大阪）1D03
14) 董 雍容ほか，*Electrochemistry*, **85**, 144 (2017) 図 3
15) Y. Sato, A. Narita, Y. Kaneko, A. Negishi, K. Nozaki, and T. Kato, "Characterization of Carbon Materials for Redox Flow Battery Electrodes by Voltage-Step Coulometry", *ECS Transactions*, **75**, 37 (2017)
16) 根岸明，金子浩子，野崎健，「レドックス電池用炭素電極と計測用電極」，電極触媒科学の新展開（高須芳雄，荒又明子，堀善夫　編），北海道大学図書刊行会，第 13 章（2001）
17) A.Narita, Y. Kaneko, Y. Sato, A. Negishi, K. Nozaki, and T. Kato, "Characterization of carbon fiber electrode for Vanadium-based Redox Flow Batteries", *ECS Transactions*, **68**, 89-95 (2015)
18) 嶋津克明，「固液界面マイクロアナリシス」，喜多英明（編著），「電極触媒の科学」p.63，北海道大学図書出版会（1995）

19) 佐藤縁ほか，日本分析化学会 65 年会（札幌），E3008（2016 年 9 月）
20) 岡畑恵雄（編著），「バイオセンシングのための水晶発振子マイクロバランス法」，p.279，講談社（2013）
21) 特許第 4835792 号（2011.10.7）
22) A. J. Bard, L. R. Faulkner, "Electrochemical Methods" $2^{nd}$ ed., John Wiley & Sons, New York, p.452-458（2001）

# 第Ⅲ編
# 新規レドックスフロー電池の開発

# 第9章　有機レドックスフロー電池

佐藤　縁*

## 1　はじめに

　レドックスフロー電池は，前章までに述べられているように，主に金属イオンを高濃度の酸性溶液（硫酸酸性あるいは塩酸酸性等）に溶解した電解液を用いて，耐久性・化学的安定性に優れた隔膜を用い，主に炭素電極を正極・負極に用いているものが多い。特に炭素電極は，高濃度な金属イオン・濃厚酸性溶液中での酸化・還元反応を繰り返し行うため，劣化に耐えうる工夫や処理がされているものも多い。金属イオンの酸化還元反応を利用するレドックス系は，1974年およびその前のレドックスフロー電池（RFB）の初期の頃からその中心であった[1〜4]。また亜鉛/臭素，多硫化物/臭素の系などのように金属の溶解析出反応を使う系も進められてきた[5]。

　そのような中，金属種を使う電解液の代わりに，ここ最近の動きとして有機化合物を用いたレドックスフロー電池の試みが報告され，これがにわかに注目されてきた。2014年Nature誌[6]に，2015年Science誌[7]に取り上げられた，アントラキノン類を負極側の活物質として用いる有機レドックスフロー電池（米国ハーバード大のAziz博士らのグループ）はその代表であり，それぞれ"A metal-free organic-inorganic aqueous flow battery"，"Alkaline quinone flow battery"と論文タイトルにあるように，「金属フリー」「有機-無機の水系フロー電池」「アルカリ」「キノン」と，これまでのレドックスフロー電池とは明らかに違うコンセプトであることを強調する論文が発表された。また，同じハーバード大学の別のグループからは，計算化学を駆使し，生物に学ぶ（"Bio-inspired"）電気化学活性な有機分子，という有機レドックス種に関する論文[8]も同時期に発表されている。ハーバード大学のみならず，スペインの大学（Autonomous University of Madrid）[9]や，米国南カリフォルニア大学のグループ[10]も，キノン誘導体を用いたRFBを，ハーバード大学の発表の頃と同時期あるいはむしろ若干早い時期に論文発表している。新しいレドックス系・有機レドックス系に注目が集まる中，前述のハーバード大のグループは有機金属錯体を使って，先に発表した有機系RFBで若干問題となっていた充放電の繰り返し時の安定性について解決できる物質が見つかったと報告し（2017年）[11]，さらに，2017年はじめに，"Redox-Flow Batteries; From Metals to Organic Active Materials"と，金属から有機系の活物質へ動きつつある潮流をまとめた総説がドイツ・イエナ大学のグループから発表された[12]。

　本稿では，水溶液系での有機化合物を電気化学活性種として用いる，水系有機レドックスフ

---

＊　Yukari Sato　産業技術総合研究所　省エネルギー研究部門　エネルギー変換・輸送システムグループ　研究グループ長

ロー電池を主として取り上げ,有機レドックス種としてよく用いられる分子類とその性質,有機レドックスフロー電池の構成例と電極材料,隔膜,課題および今後の展開について述べる。有機レドックスフロー電池に関連した周辺類似技術として,バイオ燃料電池用に探索され試してきた各種のバイオ関連のレドックス分子等についても合わせて紹介する。

## 2 有機レドックス種として用いられる分子類

### 2.1 キノン類

ベンゾキノン・ヒドロキノンに代表されるキノン類は,一般的に2電子2プロトン反応を示すことが知られており,キノンの電気化学応答については,古くからよく検討されている[13~15]。キノン類は,

$$QH_2 \rightleftarrows Q + 2e^- + 2H^+ \tag{1}$$

($QH_2$:ヒドロキノン種,$Q$:ベンゾキノン種)

に示す反応(2電子2プロトン反応)をし,酸化還元電位($E$)は次のようになる。

$$E = E^0 - (RT/2F)\ln[QH_2]/[Q] + 2.303(RT/F)\log[H^+] \tag{2}$$

([$Q$]は酸化状態(ベンゾキノン),[$QH_2$]は還元状態(ヒドロキノン)の濃度を表す)

つまり,キノン類の酸化還元電位は溶液のpHによって変化するものであり,緩衝溶液での測定と緩衝能の低い溶液とで測定した場合とでは,酸化還元反応が異なる場合があること,またキノン類を電極に固定した場合と溶液中に溶解している場合とでの酸化還元電位等の変化についても過去に報告がある[16~18]。

キノン類をRFBの電解液として使用する際には溶解度と酸化還元電位が重要になるが,例えばハーバード大学のグループは,ベンゾキノン,ナフトキノン,アンスラキノンなどについて,各種官能基を入れた場合の溶解度と酸化還元電位を計算で予測している[8]。キノン類に関しては,各種多環芳香族炭化水素パラキノンの誘導体について,計算と実測により,酸化還元電位が芳香環の数等で規則的に変化することを詳細に求めている例が30年以上前にもすでに報告されている[19]。

キノン類の酸化還元電位は,溶液のpH,芳香環の数,官能基の種類,位置,数によって変化するが,例えばアンスラキノン類の例では,9,10-anthraquinone-2,7-disulphonic acid(AQDS)の場合,1 mMの濃度(1 M $H_2SO_4$中)を調整し,グラッシーカーボン電極にて測定の場合,およそ+0.2 V(vs. SHE,SHEは標準水素電極)となる[6]。AQDSを負極,正極にHBr/$Br_2$を用いたRFBの場合,出力密度は0.246 $Wcm^{-2}$(SOC 10%),0.600 $Wcm^{-2}$(SOC 90%)程度である。しかし,AQDSに2つ水酸基(-OH)が入ったDHAQDS(1,8-dihydroxy 9,10-anthraquinone-2,7-disulphonic acid)の場合は,さらに酸化還元電位は負の方向に0.1 V

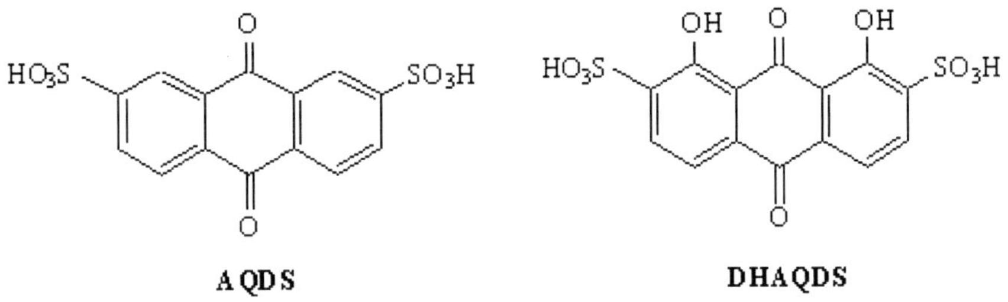

第9章 有機レドックスフロー電池

**図1 水系有機レドックスフロー電池に用いられるアンスラキノン類**
AQDS：9,10-アントラキノン-2,7-ジ硫酸（9,10-anthraquinone-2,7-disulphonic acid）
DHAQDS：1,8-ジヒドロキシ-9,10-アントラキノン-2,7-ジ硫酸（1,8-dihydroxy-9,10-anthraquinone-2,7-disulphonic acid）

程シフトするので，より電池の性能も上がることが期待される。図1にAQDS，DHAQDSの構造式を示す。

AQDSを活物質として用いる電池の特徴としては，① 希少元素を使用せず，カーボン，硫黄，水素，酸素からなる化合物なので安価に構築可能，特に水酸基の付いたアンスラキノン類は天然に存在するものでもあり再生も可能，② 非常に速い2電子の酸化還元反応を示すので，高額な金属触媒などは必要とせず，安価な炭素電極も利用できる可能性が高い，③ 金属イオン等と異なり，分子サイズが大きいので，隔膜を介してのクロスオーバーの影響が少ない，④ 1Mを超える十分な溶解度を確保できる，⑤ 水酸基などの官能基を入れることで，還元電位をより負側にシフトさせることが可能であり，OCV（open circuit voltage）を比較的簡単に20％ほど上げることも可能，などがあげられる。

この他，1,4-ナフトキノンほか，たくさんのキノン種がレドックス種として，あるいは金属キレート種その他として，エネルギーハーベスティング，エネルギー貯蔵物質として使われている現状について総説がでている[20]。

## 2.2 TEMPO, MVなどの利用

TEMPO（4-hydroxy-2,2,6,6-tetramethylpiperidin-1-oxyl; 4-HO-TEMPO）や，MV（methyl viologen；1,1′-dimethyl-4,4′-bipyridinium）などをRFBの活物質として使う例もある（図2）。例えば，LiuらはMVの溶液を負極液，TEMPOの溶液を正極液としてRFBを組み，水系の有機RFBとして報告している[21]。これは正負極ともオール有機化合物による水系RFBであり，臭素など有害な物質は使用せず，支持電解質もNaCl，液性は中性であるのでより安全性も高い。セル電圧は1.25Vであり，アンスラキノン/臭素を用いたもの（0.96V）よりも良い値となっている。またMVに構造が近いものとして，エチルビオローゲン（EV）やベンジルビオローゲン（BV）もあるが，水溶液としての物質の溶解度はMVが勝っており，MVでは3Mの高濃度の水溶液が調整できる。この系では充放電反応の繰り返し応答は100回以上可

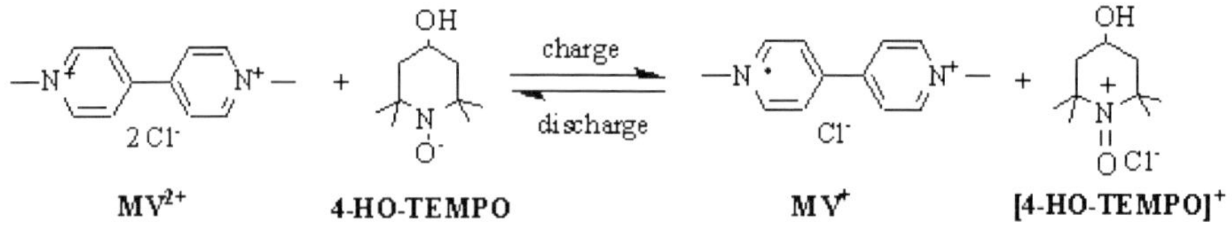

図2 MV，4-HO-TEMPO の反応

MV：methyl viologen；1,1′-dimethyl-4,4′-bipyridinium
4-HO-TEMPO：4-hydroxy-2,2,6,6,-tetramethlypiperidin-1-oxyl

表1 水系有機レドックスフロー電池の負極・正極物質の組み合わせ例，セル電圧。エネルギー密度等の結果。参考論文を参照

| 電解液<br>負極液/正極液 | セル電圧<br>[V] | エネルギー密度<br>[WhL$^{-1}$] | サイクル数 | 電流密度<br>[mAcm$^{-2}$] | 支持電解質 | 隔膜 |
|---|---|---|---|---|---|---|
| AQDS / Br$^2$ | 0.96 | 12.7 | 10 | 500 | H$_2$SO$_4$ HBr | Nafion® 117 |
| AQDS / BQDS | 0.76 | 4.1 | 12 | 8 | H$_2$SO$_4$ | Nafion® 112 |
| DHAQ / Fe(CN)$_6^{4-/3-}$ | 1.20 | 6.8 | 100 | 100 | KOH | Nafion® 212 |
| MV / 4-HO-TEMPO | 1.25 | 8.4 | 100 | 60 | NaCl | AME |

AQDS：anthraquinone-2,7-disulfonic acid, BQDS：1,2-dihydrobenzoquinone-3,5-disulfonic acid, DHAQ：2,6-dihydroxyanthraquinone, Fe(CN)$_6^{4-/3-}$：potassium ferrocyanide（K$_4$[Fe{CN}$_6$]），MV：methyl viologen, 4-HO-TEMPO：4-hydroxy-2,2,6,6,-tetramethylpiperidin-1-oxyl

能であり，また RFB のコストとしても十分安く抑えられることがわかっている（バナジウムの RFB 5万円/kWh，オール有機の本系で2万円/kWh と試算されている[20]）。表1に，キノン類，アンスラキノン類，MV などよく用いられる水溶性の有機活物質を用いた RFB の現時点での特徴をまとめた。

## 2．3 フェロセンなどの有機金属錯体の利用

ハイブリッド型の非水系の RFB では負極に固体電解質としてリチウムイオンが使われ，正極側の溶液として，前述の TEMPO やアンスラキノン類も使われる他，フェロセン，ポリハライドなども使用されている。

フェロセンを使った水系有機 RFB について，2014年にアンスラキノン/臭素等の発表をしたハーバード大学の Aziz 氏らが最近新たに報告している[11]。フェロセンはメタロセンの一つであり，五員環のシクロペンタジエニル環に鉄イオンが挟まれる形で構成されている金属錯体で，安定性にも優れており，酸化還元応答も速い。

Aziz 氏らのグループは，より低コストで製造可能な，しかも長期に稼働可能な有機物を使ったフロー電池技術を開発した，とこの論文[11]で発表している。この報告は，中性水溶液に電気を貯めることができるというものであり，正極にフェロセンの誘導体（bis((3-trimehylammonio)propyl)-ferrocene dichloride），負極にビオローゲンの誘導体（bis(3-trimethylammonio)

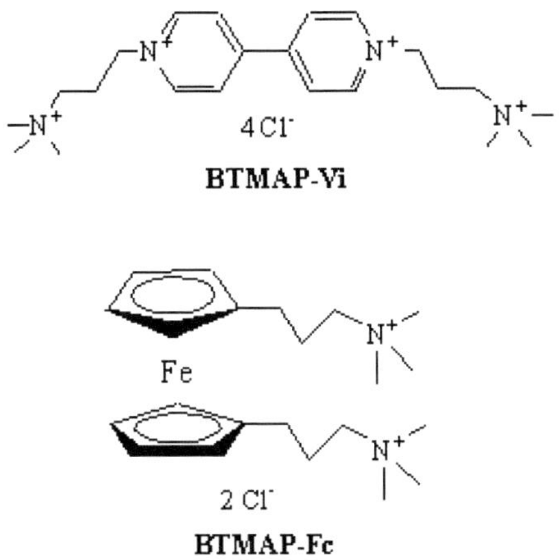

第9章　有機レドックスフロー電池

**図3　水溶性フェロセンおよびビオローゲン誘導体の例**
参考：文献11）

propyl viologen tetrachloride）を用いている。フェロセンは安定な比較的安価な錯体であり電荷の貯蔵にも向いているが水にはほとんど溶けず，水溶液として調整することが困難であった。これに水溶性を持たせるための官能基を入れ，溶解度を上げ，電池の正極液として用いることに成功している（図3）。また，この新しいRFBでは，液性を非腐食性の中性溶液としたため，万が一液が漏れたとしてもコンクリート等の建材を破壊することもなく，タンクやポンプなどに使用する部材も耐腐食性の材料を使う必要がなく，全体に安価に押さえられる可能性が高い。

再生可能エネルギーの貯蔵に向けての蓄電池開発の場合，米国エネルギー省（DOE）は100ドル/kWh未満をコストの目標としており[22]，ここまで安価に押さえられるようになると，従来の化石燃料による火力発電と比較しても十分にコスト競争で勝負できると考えられている。水系有機レドックス種を使ったRFBは現時点では最終的にはこのコストを目指している。

## 2.4　その他

このほかに水系有機レドックス種としては，レドックスポリマーを用いた系がたくさん報告されるようになってきている。代表例として，Schubertらのグループの報告などがある[23]。ここでは，腐食性もなく，安全で，低コストな物質を使った例として，正極負極ともそれぞれポリマー分子（TEMPO，およびビオローゲンを電気化学活性種とするポリマー）を使っている系が提案されている。高分子や流動相を利用したRFBについては本項の後の章でまとめられている。

## 2.5　生体関連分子から

生体系の有するエネルギー変換システムは，よく計算された電子授受，酸化還元が適切な場所で行われるように配置され，非常に効率のよい反応を実現している。生体関連のレドックス，特にバイオ燃料電池の基礎研究として長い間積み重ね慣れてきた研究分野にも，水系有機レドック

表2 生体内電子伝達に関係する分子の一例

|  | 酸化還元電位<br>(V vs. SHE), pH 7 | 特徴 |
|---|---|---|
| キノン類 | 14-NQ：0.036<br>AQDS：-0.203 | ○分子設計が容易<br>○比較的低コスト |
| フラビン類 | FMN：-0.211<br>FAD：-0.215<br>Riboflavin：-0.208 | △コストが高め |
| ニコチンアミドジヌクレオチド<br>(NAD) | NAD：-0.32 | △電極反応性が低い<br>他よりは不安定 |
| タンパク質<br>(チトクロム c, フェレドキシン,<br>プラストシアニンなど) | Cyt c：-0.4～-0.3<br>Ferredoxin：-0.4<br>Plastocyanin：0.39 | △不安定・電位制御は難しいこ<br>とが多い |

14-NQ：1, 4-naphthoquinone
AQDS：9,10-anthraquinone-2,7-disulphonic acid
FMN：Flavin mononucleotide
FAD：Flavin adenine dinucleotide

ス種の候補物質がある可能性が高い。

　例えば，NAD（NADPH），タンパク質（電子移動関連タンパク質），キノン，フラビンなどは，電子授受，エネルギー移動の鍵となる分子類であり，酵素との間の電子移動で重要な役割を担っている。フラビンやキノンは，pHの値により酸化還元電位も変化し，また，フラビンはその濃度等によってプロトネーション反応の速度も異なる。これらは生体関連物質であるので，基本的に水溶性のものが多数であり，また，電子移動も速いことが知られている。さらに多くの酸化還元反応は中性付近で行われる。これらの特徴を理解すると，生体関連分子の中から水系有機RFB候補分子が出てくる可能性もある。表2に，生体内の電子伝達に係る分子の代表例と特徴を示した。

　また，古くから酵素反応のメディエーターとして，様々な有機（低）分子を用いる研究も行われている。酵素反応を工学的に利用するためには，電極との電子移動反応を十分に効率良く迅速に行わせる必要があるが，これには適切なメディエーターが必要な場合が多い。有機化合物，金属錯体，レドックスタンパク質などの，酸化還元電位（式量電位）を広範にわたって調べ，まとめた総説がある[24]。この中に将来の水系有機RFBの候補分子種があるかもしれない。

## 3　電極材料と隔膜

　水系有機RFBでは，他の金属イオンを用いるRFBと同様，炭素繊維電極やカーボンペーパー電極などが電極材料として用いられている。これらは詳しく前章で述べられている。また多孔体炭素などを用いる例もある。

　また，隔膜については，表1に示す様に硫酸酸性溶液を用いる場合やアルカリ溶液の場合は，

## 第9章 有機レドックスフロー電池

論文に報告している世界では Nafion® を採用している。NaCl を支持電解質とした中性の系では，隔膜に AEM（アニオン交換膜）やアニオン導電性膜を用いている[11, 21]。

前章までにおいて，RFB によく使用される炭素電極材料について書かれているが，酸化還元活性種によって電極は「炭素」であってもかなり性質が異なるものをそれぞれ系にあわせて選択し，改良して使っているのが現状である。しかし水系有機レドックス種の場合，金属の RBF のように炭素材料の違いによる明らかな差が見られていない。

図4は我々が炭素電極材料の種類を変えて電位ステップ法により RFB の基礎的な測定をした結果のうち，2種類の炭素繊維電極の結果（ボルテージステップ法による電流−電気量の変化の測定結果，バナジウム溶液の場合と，アンスラキノン溶液の場合）について示したものである。これは，炭素材料と電解液について，どの組み合わせがよいか一次スクリーニングに利用できる方法でもある[25]。バナジウムイオンでは炭素電極による電流と電気量に大きな違いが観察されているが，有機系分子（ジヒドロアントラキノン）の場合，2種類のカーボン電極については充電反応，放電反応時の電流値に大きな差は見られないことがわかる。このほかの種類の電極を用いても，ジヒドロアントラキノンの場合は，放電時の電流の大きさにはバナジウムイオンの時に見られたような大きな差はなかった。バナジウム系では充電時，放電時の電流値に大きな差があったにも関わらず，有機系では差が見られないということは，他の論文でも同様のことを言及され

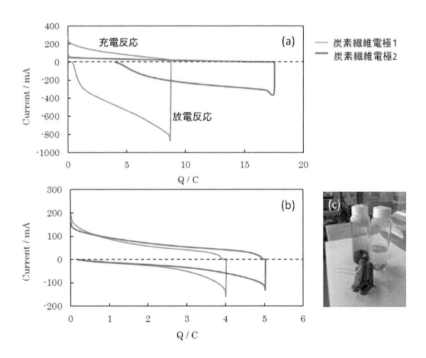

**図4 バナジウム系，有機系でのボルテージステップクーロメトリ法による測定結果**
(a) バナジウム溶液，(b) ジヒドロアンスラキノン/フェロシアニド溶液，(c) 実験用小型セルと有機系の溶液の写真。文献 25) に実験の詳細を示している。

ていたが，有機系では特殊な炭素電極を使う必要はなく，安価な材料でも使える可能性がある。我々の実験系では Nafion® を隔膜に用いたが，隔膜の影響の方が炭素電極材料よりも大きくなっている可能性もある。このように，有機系レドックス種の場合は電極のみならず隔膜の効果についても詳細に検討する必要があり，炭素電極材料，隔膜，有機分子系の組み合わせについてはまだこれから十分な検討が必要である。

## 4　問題点・課題・今後の展開

　安全で安心，低コストな RFB 構築の可能性を秘めた，水系有機レドックス種とその利用については，ここ数年で始まったばかりであり，多くの課題がある。

　有機レドックス種の濃度を 2 M 以上確保し，エネルギー密度を上げなければならない。溶解度を上げるためには，(有機)分子の設計にも工夫が必要となる。一分子で多電子反応をするような分子を工夫するのも一つであるし，電極の過電圧が大きいものを工夫していく必要もある。電極表面での電子移動反応が速い系を作る，あるいは速い電子移動が行えるような電極材料を検討し，電流密度を上げる必要がある。隔膜の研究も，有機 RFB に合わせて新規に必要であるし，究極のところは膜を必要としない RFB の考案も重要になる。

　金属イオン，特にバナジウム系の RFB は充放電サイクルを繰り返すことは無制限と言えるくらい電解液そのものは長寿命な系となっているが，有機 RFB でも安定な酸化還元応答を実現できる分子を十分に検討する必要がある。さらにこの系が実際に使用されるためには，RFB システムトータルとしてのコストも考える必要がある。今はまだ研究が始まったばかりであるが，これまで RFB の研究に参加して来なかった様々な分野の研究者が集まってきている今，興味深い系が生まれるかもしれない。

## 文　　献

1) L. H. Thaller, Proceedings of 9th IECEC, NASA TM X-71540 (1974)
2) 電気化学会 エネルギー会議 電力貯蔵技術 研究会編「大規模電力貯蔵用蓄電池」，日刊工業新聞社 (2011)
3) 産総研シリーズ「エネルギーエレクトロニクス」新しい電力供給システムを創る，丸善出版 (2003)
4) 佐藤　縁，「レドックスフロー電池の最新動向」，鉱山，745 号，14-23 (2017)
5) B. R. Chalamala, T. Soundappan, G. R. Fisher, M. R. Anstey, V. V. Viswanathan, and M. L. Perry, *Proceedings of the IEEE*, 2 (2014)
6) B. Huskinson, M. P. Marshak, C. Suh, S. Er, M. R. Gerhardt, C. J. Galvin, X. Chen, A.

Aspuru-Guzik, R. G. Gordon, and M. J. Aziz, *Nature*, **505**, 195 (2014)
7) K. Lin, Q. Chen, M. R. Gerhardt, L. Tong, S. B. Kim, L. Eisenach, A. W. Valle, D. Hardee, R. G. Gordon, M. J. Aziz, M. P. Marchak, *Science*, **349**, 1529 (2015)
8) S. D. Pineda Flores, G. C. Martin-Noble, R. L. Phillips, and J. Schrier, *J. Phys. Chem.*, **119**, 21800-21809 (2015)
9) S. Isikili, 2013 September, the doctoral dissertation: Quinone-Based Organic Redox Compounds for Electrochemical Energy Storage Devices
10) B. Yang, L. Hoober-Burkhardt, F. Wang, G. K. Surya Prakash, and S. R. Narayanan, *J. Electrochem. Soc.*, **161**, A1371-A1380 (2014)
11) E. S. Beh, D. De Porcellinis, R. L. Gracia, K. T. Xia, R. G. Gordon, and M. J. Aziz, *ACS Energy Lett.*, **2**, 639-644 (2017)
12) J. Winsberg, T. Hagemann, T. Janoschka, M. D. Hager, and U. S. Schubert, *Angew. Chem. Int. Ed.* **56**, 686-711 (2017)
13) J. Q. Chambers, "Electrochemistry of quinones" in The chemistry of the quinonoid compounds, S. Patai (Ed.), John Wiley & Sons, New York (1974)
14) K.J. Vetter, Electrochemical Kinetics, Academic Press, New York, p483-487 (1967)
15) J. H. Hale and R. Parsons, *Trans. Faraday Soc.*, **59**, 1429-1437 (1963)
16) A. T. Hubbard, *Chem. Rev.*, **88**, 663-656 (1998)
17) T. Sasaki, I. T. Bae, D. A. Scherson, B. G. Bravo, and M.P. Soriaga, *Langmuir*, **6**, 1237 (1990)
18) Y. Sato, M. Fujita, F. Mizutani, and K. Uosaki, *J. Electroanal. Chem.*, **409**, 145-154 (1996)
19) B. Uno, K. Kano, T. Konse, T. Kubota, S. Matsuzaki, and A. Kuboyama, *Chem. Pharmaceutical Bull.*, **33**, 5155-5166 (1985)
20) E. J. Son, J. H. Kim, K. Kim, and C. B. Park, *J. Mater. Chem. A*, **4**, 11179-11202 (2016)
21) T. Liu, X. Wei, Z. Nie, V. Sprenkle, and W. Wang, Adv. *Energy Mater.*, **6**, 1501449-1501457 (2016)
22) 米国エネルギー省（https://energy.gov）の報告 "Overview of the DOE VTO (Vehicle Technologies Office) Advanced Battery R&D Program, 2016"
23) T. Janoschka, S. Morgensternm H. Hiller, C. Friebe, K. Wolkersdorfer, B. Haupler, M. D. Hager, and U. S. Schubert, *Polym. Chem.*, **6**, 7801-7811 (2015)
24) K. Kano, Reviw of Polarography, **48**, 29-46 (2002)
25) Y. Sato, A. Narita, Y. Kaneko, A. Negishi, K. Nozaki, and T, Kato, *ECS Transactions*, **75**, 37-47 (2017)

# 第10章　スラリー型レドックスフロー電池/キャパシタ

笘居高明[*1], 本間　格[*2]

## 1　はじめに

スマートグリッド用蓄電デバイスの有力候補として，フロー型蓄電デバイスの研究開発が近年盛んに行われている。現行のレドックスフロー電池は，活物質となるイオンや分子を溶解させた電解液を電力貯蔵体として利用するため，そのエネルギー密度は，活物質の電解液への溶解度で規定される。更なるエネルギー密度向上を可能とする電解液や活物質の探索がなされている一方，溶解度に規定されない新たな方策として，「セミソリッド（スラリー型）フロー電池」の研究開発が進められている。

## 2　セミソリッドフロー電池

セミソリッドフロー電池は，レドックスフロー電池の「活物質が溶解した電解液」を「固体活物質が電解液中に分散したスラリー」に置き換え，これをフローさせながら充放電を行う蓄電デバイスである。レドックスフロー電池の特長である出力/容量の独立設計が可能であることに加え，レドックスフロー電池のエネルギー密度を規定していた溶解度の制約を超越できるため，高エネルギー密度の次世代フロー型蓄電デバイスとして期待を集めている。

セミソリッドフロー電池技術の先駆けとなったChaingらのグループの報告では，リチウムイオン電池材料系をベースとし，正極活物質である$LiCoO_2$，負極活物質である$Li_4Ti_5O_{12}$を，それぞれリチウム塩を含む有機電解液中に分散させ，これら電極スラリーを使用することで，エネルギー密度を従来のレッドクスフロー電池のエネルギー密度の約10倍である397 Wh $L^{-1}$まで増加できることを報告している[1]。さらに同グループでは，分散剤ポリビニルピロリドン（PVP）をスラリーに添加することで，スラリーに必要な流動性を維持しつつ，スラリー中の固体活物質比率を高めることに成功しており，更なるエネルギー密度向上に向けた指針も示している[2]。

一方でセミソリッドフロー電池は，電池と充放電メカニズムが同様であり，高入出力特性とサイクル寿命に課題を抱えている。また，リチウムイオン電池の材料系を利用する場合，有機電解液の発火リスクに注意を払う必要がある。定置用大型蓄電設備では，長期安定性と高い安全性は必須であり，さらには急速な充放電特性を兼ね備えていることが望ましいため，上記課題の改善

---

*1　Takaaki Tomai　東北大学　多元物質科学研究所　准教授
*2　Itaru Honma　東北大学　多元物質科学研究所　教授

が求められる。

## 3　電気化学フローキャパシタ

セミソリッドフロー電池の，長期安定性，高入出力特性の課題を解決する技術として，Gogotsiらのグループは「電気化学フローキャパシタ」という新規フロー型蓄電デバイスを提案している[3]。電気化学フローキャパシタは，レドックスフロー電池と電気二重層キャパシタを融合した蓄電デバイスであり，基本構造は，セミソリッドフロー電池と同様であるが，異なるのは，活物質に比表面積の大きいカーボン材料を利用し，充放電を活性炭表面へのイオンの物理吸着に伴う電気二重層形成により行う点である。電気二重層キャパシタと同様の原理でエネルギーを貯蔵するため，高出力特性，長寿命性を備えていることが大きな利点である一方，スラリー体積当たりのエネルギー密度が低いことがその課題である。安全性の高い水系電解液の場合1 Wh L$^{-1}$以下，有機系電解液の場合でも2.7 Wh L$^{-1}$に留まる。本章では，この電気化学フローキャパシタの高エネルギー密度化を目的とした近年の研究展開を①カーボン材料の高濃度化，②レドックス反応容量利用，に大別し紹介していく。

### 3.1　カーボン材料の高濃度化

電気化学フローキャパシタでは，エネルギー貯蔵能を有するスラリーをデバイス内で循環させて，蓄電を行うことが，まず最低限の要件であり，良好に稼働させるためには以下の特性を有するスラリーを作製する必要がある。
・デバイス内でフロー可能である流動性
・電極として充放電反応が進行可能である導電性

スラリー中のカーボン比率が低い場合，スラリーの流動性は良いが，カーボン間の接触頻度が低いために導電性が悪く，キャパシタとしての稼働が困難になる。カーボン比率を高めていくと，カーボン間の接触頻度が高くなり導電パスが形成されるため，スラリーの導電性は向上するが，スラリーの流動を担う液体成分比が低下することから流動性が損なわれてしまい，最終的にはデバイス内を流通させることが出来なくなってしまう（図1）。これらのことは，スラリーを

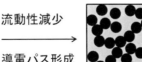

図1　固体成分比率増加に伴うスラリーの内部構造変化のイメージ図

電極として用いるフロー型蓄電デバイス一般の課題であり，流動性と導電性を両立可能なスラリー中固体成分比範囲が存在することを意味している。充放電容量は固体成分が担うため，高エネルギー密度を有する電極スラリー調整の際には，流動性を維持できる範囲で，固体成分比率を高めていくことが肝要となる。

　ここでは，我々の実験結果を紹介し，スラリー中カーボン材料濃度がスラリー特性に及ぼす影響について見ていく。電気化学フローキャパシタは，カーボン/電解液界面での電気二重層容量を利用してエネルギーを蓄えるため，比表面積が大きいほど電気二重層キャパシタの静電容量は増加する。さらに，形状が一定で，真球度が高い形状ほどスラリーの粘度が低下する[4]という知見から，これまで球状活性炭を使用した報告が多くなされてきた[3-5]。我々も，比表面積が大きく（3153 $m^2 g^{-1}$），平均粒径 6.9 $\mu$m の球状多孔質活性炭 BEAPS-AC0830（旭有機材工業）を採用している。この球状活性炭の細孔容積は 1.74 $cm^3 g^{-1}$，平均細孔径は 2.51 nm である。この球形多孔質活性炭を，0.5 M $H_2SO_4$ 水溶液中に，質量比 1-15 wt％となるように分散させ，スラリーを作製した。電解液は溶存酸素除去のため 2 時間 $N_2$ ガスによるバブリング処理を施してある。1-15 wt％スラリーの導電率評価として定電圧直流測定を行った。面積 1.9 $cm^2$ の 2 個の金箔電極が距離 2.5 cm で対向しているセルにスラリーを満たし，定電圧 0.1 V をかけて，1 時間経過後，一定となった電流値を測定した。式（1）から電子抵抗 $R$ を求め，式（2）から導電率を算出した。

$$V = RI \tag{1}$$
$$\sigma = 1RLA \tag{2}$$

　　$\sigma$：導電率，$R$：抵抗値，$L$：電極間距離，$A$：電極面積

　また，スラリーの流動性評価としてコーンプレート型粘度計を用いて粘度測定を行った。

　図 2 に活性炭質量比に対するスラリーの導電率と粘度を示す。まず導電率に関して，活性炭質量比 1-7 wt％では，スラリーの導電率が線形的に増加しているのに対し，7 wt％以上の濃度では，この線形性を外れ，導電率が大きく増加している。これは，パーコレーション理論で説明できる。導電体粒子が非導電性媒質中に特定濃度（パーコレーション閾値）以上で分散すると，系全体に連なる導電パスが形成され，飛躍的に導電性が向上する。今回作製したスラリーでは，質量比が低い 7 wt％までは，活性炭間での接触が少なく，系全体に広がる導電パスは形成されないが，7 wt％以上の濃度では導電性を有する球状活性炭粒子が連なり，スラリー内全体を通して導電パスが形成されるため，導電率が大きく増加したと考えられる。

　活性炭重量あたりの放電容量は，このスラリーの導電率に大きく依存する。5 wt％スラリーでは，キャパシタとして稼働可能な導電性を有していないため，放電容量をほぼ示さないが，7 wt％以上の濃度で放電容量を示し，活性炭質量比が高くなるにつれて，活性炭重量あたりの放電容量が増加した。活性炭重量あたりの放電容量は，導電パスが十分に確保されていれば，活性炭質量比に依らず一定値となるはずであるが，容量発現に十分な導電パス形成の影響が支配的で

第10章　スラリー型レドックスフロー電池/キャパシタ

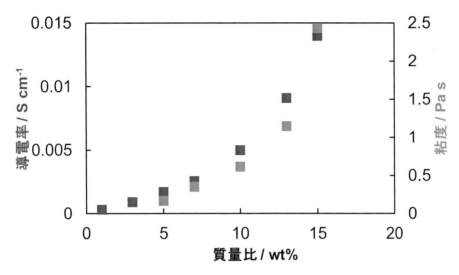

図2　活性炭質量比に対するスラリーの導電率と粘度（せん断速度 19 s$^{-1}$）

ある領域では，活性炭質量比が高くなるにつれて，活性炭当たりの比放電容量も大きくなる。

次に粘度に関して，全てのスラリーでせん断速度が大きくなるにつれて，粘度は低下する挙動を示した。また，同じせん断速度で撹拌を続けると，時間が経過するにつれて，粘度が低下することが確認された。これは多くの分散系溶液でみられるチクソトロピーと呼ばれる現象で，静止状態では分散体が安定な位置になり，凝集構造を形成しているが，撹拌することでこの凝集構造が壊れることで生じるものである。同一のせん断速度，測定時間において比較したところ，活性炭質量比が大きくなるにつれて粘度は増加していった。粒子分散系溶液の粘度は，最密充填の体積比 74％に近づくにつれて，急激に増加することが知られている。図1より，今回のスラリーでは，質量比 15 wt％の時に，体積比が最密充填構造に近づくため，その付近で粘度が急激に増加したと考える。

前述のように，電気化学フローキャパシタのエネルギー密度増加のためには，カーボン材料の濃度向上が必須ではあるが，同時に粘度の上昇を伴うため，電極スラリーとしての最適濃度を見極める必要がある。今回利用した球状活性炭では，活性炭質量比 15 wt％以下ではスラリーが液体状で流動性が見られたが，15 wt％以上でスラリーを作製すると，固体状になり流動性が失われるため，電気化学フローキャパシタとして応用可能な流動性と導電性を備えたスラリーは，7-13 wt％スラリーであった。

さて，ここまでの電極スラリーの調整に関しては，ほぼサイズの均一な球状活性炭のみを分散質とした例を中心に紹介してきたが，形状が異方性を持つ場合，サイズの異なるものを混合した多成分系の場合では，分散濃度変化に対する粘度・導電率の挙動は異なってくる。例えば，異方性を有する粒子の場合，より低濃度で電子伝導ネットワーク形成が可能となる。また，異なる粒径の材料を混合して分散させた場合，より高濃度充填が可能となる。このような展開の一例とし

て，球状活性炭を導電性カーボンナノシート材料であるグラフェンと混合（複合化）して分散させたスラリー系が報告されている[6]。柔軟なグラフェンシートが，球状活性炭の隙間に入り込み，導電パスを仲立ちすることで電子伝導ネットワークの効率的形成を実現するとともに，グラフェン自身の電気二重層容量も足しあわされることで，スラリーのカーボン重量当たりのエネルギー密度エネルギー密度は，球状活性炭，グラフェンをそれぞれ単独で使用したスラリーよりも向上する。

### 3.2 レドックス反応容量利用

カーボンスラリーに活物質を複合化することで，従来の電気二重層容量に加えて，活物質のレドックス反応に伴う擬似容量も活用しエネルギー密度の増加させる試みも盛んに進められている。擬似容量活物質として電気化学キャパシタに利用される酸化マンガン $MnO_2$ と導電性カーボンを分散したスラリーを正極に，活性炭を分散したスラリーを負極に用いることで，高エネルギー密度のハイブリッドフローキャパシタを開発したという報告がなされた[7]。$MnO_2$ は活性炭と比較して酸素過電圧が高く，活性炭電極と比較し水系電解質系での充電電圧を高めることができるため，エネルギー密度の向上が可能となる。充放電は，負極で活性炭/電解液界面の電気二重層反応，正極で $MnO_2$ への $Na^+$ 吸脱着に伴うレドックス反応により行われ，作動電圧 1.6 V，エネルギー密度 11 Wh/kg のハイブリッドフローキャパシタの開発に成功している。またバーネサイト型 $MnO_2$ ナノシートを正極スラリーに活用することで，作動電圧 1.8 V，エネルギー密度 12 Wh/kg のハイブリッドフローキャパシタを開発したという報告もなされている[8]。今後は，$MnO_2$ の結晶構造の最適化により，更なる高エネルギー密度化が可能と期待される。

このような無機系活物質以外にも，電気化学フローキャパシタの低コストで，出力特性に優れるという利点を維持できる大容量活物質として，有機材料に期待が寄せられている。次節でその詳細を述べる。

## 4 有機レドックスフローキャパシタ

資源制約が無く安価な有機材料は，将来の電池材料の有力候補としてみなされている。特に，芳香環に2つのカルボニル基を有する分子であるキノンは，電子が非局在化するために安定性が高く，Aziz らのグループにより，バナジウムに代わる活物質としてレドックスフロー電池に利用されたことから，フロー電池分野においても注目が集められている[9]。図3にキノン系有機材料の一種であるアントラキノンの水系電解液下での充放電反応を示す。

キノン系有機材料の電極活物質として，以下のような利点が挙げられる。

① 多電子レドックス反応による大容量化。キノン系有機材料は図3に示したように軽量な一分子中でカルボニル基へのカチオンが配位・脱配位に伴う2電子反応が可能であるため，多くの無機材料に比べ，理論容量が大きい。

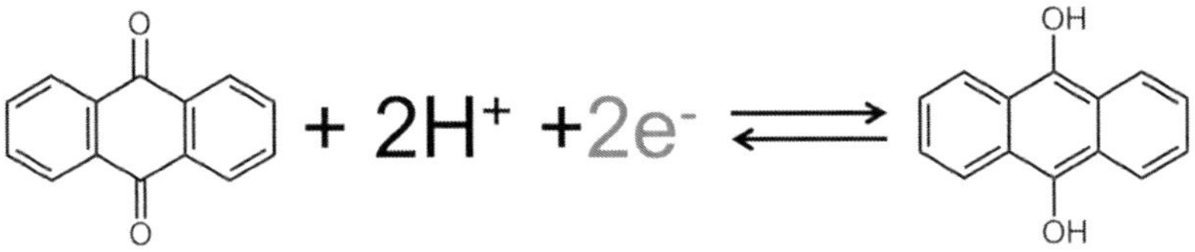

第 10 章　スラリー型レドックスフロー電池 / キャパシタ

**図3　充放電に利用されるアントラキノンへのプロトン配位・脱配位反応**

② 速いプロトンレドックス反応による高出力化。キノンへのカチオン配位・脱配位反応は高速であることが知られており，イオン吸脱着反応による電気二重層の形成速度に追随できるため，電気二重層キャパシタと同様の高い出力性を実現できる。

③ 分子設計の自在性。置換基等による分子設計により，活物質として用いる際に重要な反応電位の制御が可能である[10]。加えて後述する溶解性に対しても，制御が可能である[11]。

もっともシンプルなキノン系材料であるヒドロキノンのレドックス反応容量を電気化学フローキャパシタに適用し，スラリーのエネルギー密度の倍増に成功したという報告が近年なされている[12,13]。スラリーとの複合化には，スラリー中電解液への溶解，または，スラリー中カーボン材料への吸着担持，のどちらかの手法が取られるが，溶解法の場合，レドックスフロー電池と同じく，エネルギー密度が溶解度に制約されてしまうこと，高出力時にエネルギー密度が大きく低下してしまうことが課題として挙げられる。活物質を溶解したスラリーは，充放電過程に活物質の電極近傍への拡散過程が含まれるため，高出力時には活物質の拡散が追いつかず，レドックス反応容量を十分に活用できない。キノン材料とカーボンスラリーの複合化においては，エネルギー密度，出力特性両面で，固体状態での担持が有効であると言える。

ここから，我々のグループの結果を例に，キノン系活物質と活性炭の複合体化によるエネルギー密度の向上効果の現状とその将来的な可能性について述べていく。我々の研究グループでは過去に，導電性の活性炭細孔中にキノン系活物質を埋め込むことで，キャパシタデバイス中で安定的に擬似容量を有効活用し，さらに両極でキノン材料のレドックス反応容量を利用することでデバイスのエネルギー密度を向上させることに成功していた[14,15]。我々は，これらの知見を元に，両極スラリー中の活性炭に，反応電位の異なるキノン系活物質を担持させたキノン活性炭複合体を作製し，これらを利用することで電気化学フローキャパシタのエネルギー密度向上を試みた（図4）[16]。

キノンと活性炭の複合体（キノン/活性炭複合体），及びスラリーの作製法を示す。キノン系活物質としては，正極にジクロロアントラキノン（DCAQ）（理論容量 193 mAh/g），負極にテトラクロロヒドロキノン（TCHQ）（理論容量 216 mAh/g）を採用した。キノン系活物質を溶解させたアセトン溶液に前述の球状活性炭を加えた後，20分間の超音波処理にて分散させ吸着による活性炭細孔への担持を行った。このアセトン溶液を 70℃，100 rpm の条件で撹拌，乾燥処理を施すことで，キノン/活性炭複合体を得た。質量比は，キノン：活性炭 = 3：7 とした。さらに，導電助剤アセチレンブラック（AB, EX35-デンカブラック，電気化学工業）を加え，キノン/カー

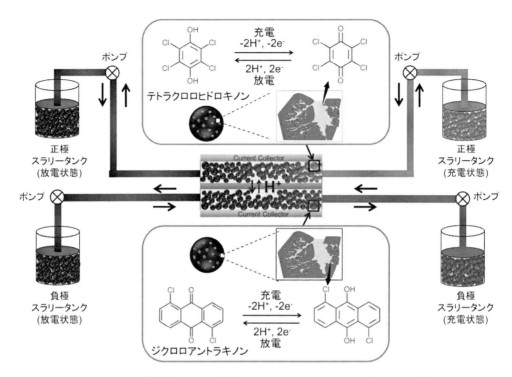

図4 キノン活性炭複合体を利用したレドックスフローキャパシタの模式図

ボン複合体を作製した。質量比は，キノン/活性炭複合体：AB = 9：1とした。

図5（a），（b），（c）に球状活性炭およびDCAQ/球状活性炭複合体のSEM像をそれぞれ示す。複合体の形状は，未処理の球状活性炭の形状と変化なく，その表面にDCAQの析出は見られなかった。図5（d）には，DCAQ/球状活性炭のCl原子に着目したEDXマッピング結果を示す。球状活性炭の存在部分と重なるように，DCAQ由来のClが確認できる。さらに，BET解析より，活性炭は比表面積 3200 $m^2\ g^{-1}$，細孔容積 2.23 $cm^3\ g^{-1}$ 共に，複合体では比表面積 1820 $m^2\ g^{-1}$，細孔容積 1.13 $cm^3\ g^{-1}$ と減少していたことから，DCAQが活性炭の細孔内部に吸着されていると判断される。

このキノン/カーボン複合体を，0.5 M $H_2SO_4$，0.05 M HCl 電解液中に分散させ，キノン/カーボン複合体を分散したスラリー（キノン/カーボンスラリー）を得た。ここで，図6にDCAQ/カーボン複合体を分散させたスラリー（DCAQ/カーボンスラリー），及び従来のカーボン材料のみ分散させたスラリー（カーボンスラリー）の粘度測定結果を示す。同じカーボン質量比で比較すると，DCAQ/カーボンスラリーは，カーボンスラリーよりも粘度が小さく，優れた流動性を示した。一般的に電極スラリーに用いる活性炭の細孔容積は大きく，多くの液体が細孔内に含浸する。細孔内の液体は流動性に寄与しないため，含浸する液体分だけ，スラリーの流動性は低下してしまう。一方で，DCAQ/カーボンスラリーの場合，DCAQが細孔内に埋め込まれたことで，細孔容積，細孔内に含浸する液体量が減少し，細孔外でスラリーの流動を担う液体体積が増

第 10 章　スラリー型レドックスフロー電池 / キャパシタ

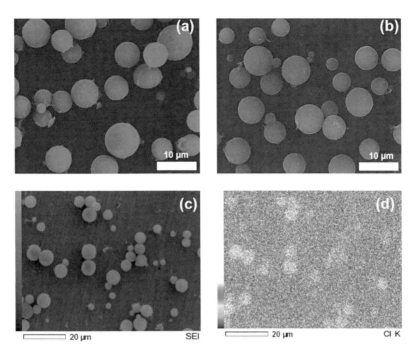

図5　(a) 球状活性炭と (b), (c) DCAQ/球状活性炭複合体の SEM 像 (d) DCAQ/球状活性炭の Cl 原子の EDX マッピング像 ((c) と同じ視野で測定)[16]

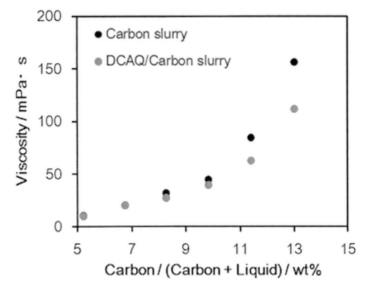

図6　DCAQ/カーボンスラリー及びカーボンスラリーにおけるカーボン質量比と粘度の関係 (せん断速度 76.8 $s^{-1}$)[16]

加していくため，スラリーの流動性が向上する。このことは，有機活物質と活性炭の複合体化は，スラリーの流動性向上にも有効であることを示唆している。

*237*

スラリーの充放電特性を評価するため，正極にTCHQ/カーボンスラリー，負極にDCAQ/カーボンスラリー，参照極にAg/AgCl電極を用いて，3極式セルを構成した。スラリー成分比は，カーボン質量比9.8 wt%を採用した。このセルを用いて，セル電圧0-1 V，の条件で充放電試験を行った。図7にフローさせていない状態での正極，負極，及びセル全体の充放電曲線を示す。電流値はDCAQの理論容量当たり5 Cである。0.44 V及び-0.12 V（vs Ag/AgCl）付近に，TCHQとDCAQの酸化還元反応由来のプラトーが確認された。活物質重量当たりの酸化還元反応容量は，TCHQが196 mAh/g（利用率89%），DCAQが179 mAh/g（利用率93%）であることから，両極のキノンの反応容量を有効活用できており，この容量付与により固体成分当たりのエネルギー密度は19.4 Wh/kgと，従来型カーボンスラリー（7.90 Wh/kg）と比べて大幅に向上している。

図8に各出力密度でのエネルギー密度を示す。1000 W/kg以上の急速充放電時においても，キノン/カーボンスラリーのエネルギー密度は，カーボンスラリーに比べて約2倍高い値を維持している。これは，キノンは高速充放電能を有すること，及び細孔内に担持することでキノン-カーボン間の電子輸送性が向上したことで，高入出力条件での動作時においてもキノンのレドックス容量が有効に取り出せていることを意味する。以上より，キノンと活性炭の複合体化により，出力特性，エネルギー密度共に優れたスラリーが作製可能であることが示された。

図9に断続的なフロー条件での充放電曲線を示す。充放電試験は，充電または放電が完了するとセル反応体積分のスラリーを交換する設定とし，反応体積の二倍量に相当するスラリーに対して行っている。図9内に各フロー段階でのセル充放電部の模式図を示す。まず，シリンジを用いて正極及び負極スラリーをセル内部に流入させ，充放電部をスラリーで満たし，1st Charge

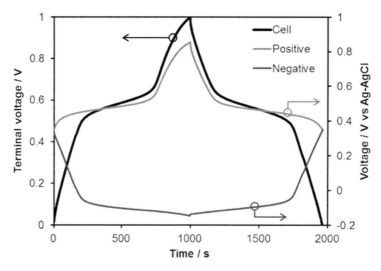

図7 充放電曲線，および，正極（TCHQ/カーボンスラリー），負極（DCAQ/カーボンスラリー）の電位変化[16]

第10章　スラリー型レドックスフロー電池/キャパシタ

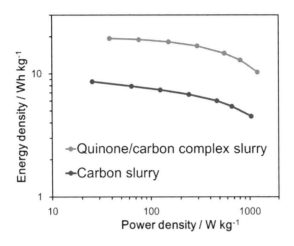

図8　キノン/カーボンスラリーとカーボンスラリーの各出力密度でのエネルギー密度[16]

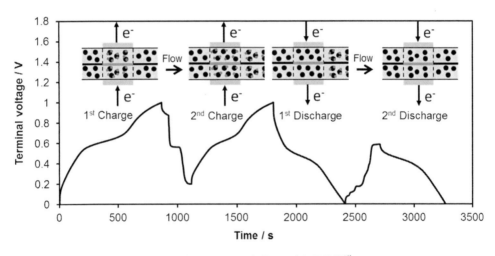

図9　断続的なフロー条件での充放電曲線[16]

を行う。次に，開回路状態で両電極スラリーをフローさせ，充放電部を 1st Charge と異なるスラリー部位で満たし，このスラリー部位に対し 2nd Charge を行う。2nd Charge をおこなった同じスラリー部位に対して 1st Discharge を行った後，スラリーを再び開回路状態でフローさせ，1st Charge を行ったスラリー部位を引き戻して 2nd Discharge を行う。1st Charge から 2nd Discharge までの全段階で，作動電圧 0.55 V 付近に各キノン由来のプラトーが観測されていることから，フロー有り条件でもキノンの反応容量を取り出せることが確認でき，本研究のキノン/カーボンスラリーが EFC の系において有効に機能することが分かる。

さて，ここまでの検討においては，スラリーの高エネルギー密度化を目的とし，有機活物質と活性炭の複合体化による，固体成分重量当たりのエネルギー密度向上方策を紹介してきたが，ス

239

ラリー全体としてのエネルギー密度向上には，スラリー中固体成分比率の向上も効果的である。前節で示したように，単純に固体成分比率を高めただけでは，フロー動作に必要な流動性が失われてしまうが，分散剤を添加し，固体成分の凝集を抑制することで，高い固体成分比率においてもスラリーの流動性を維持することが可能である[2,17]。そこで，我々の系においても，キノン/カーボンスラリーに分散剤を追加し，固体成分比率を高めた流動性スラリーを作製し，スラリー全体としての高エネルギー密度化を試みている。

立体障害の寄与により分散剤として機能するポリビニルピロリドン（PVP）を，質量比でスラリー：PVP = 100：0.5 でスラリー中に溶解させ，PVP-キノン/カーボンスラリーを作製した。PVP 添加により，スラリー中の固体成分の凝集が抑制されるため，流動可能スラリーのカーボン比率上限は 9.8 wt% から 15 wt% まで向上する。さらに充放電試験を行ったところ，分散剤添加前（9.06 mAh/g $_{slurry}$）と比べて，PVP 添加後では DCAQ/カーボンスラリーのスラリー重量当たりの容量は，1.4 倍程度向上したことを確認した（12.5 mAh/g $_{slurry}$）。

図 10 に，PVP-キノン/カーボンスラリー，キノン/カーボンスラリー，及びカーボンスラリーの各出力密度でのエネルギー密度を示す。縦軸はスラリー全体としてのエネルギー密度，横軸はスラリー固体成分当たりの出力密度を示している。100 Wh/kg 以下の低出力条件では，PVP-キノン/カーボンスラリーが最も高いエネルギー密度を有しており，PVP を加えることで，スラリー中の固体成分比率を高めつつ，キノン擬似容量を有効活用できていることが確認された。一方で高出力条件では，他 2 つのスラリーと比較して，PVP-キノン/カーボンスラリーのエネルギー密度は大きく低下する。これは，PVP 添加により，電子伝導パス形成を阻害され，スラリーの電子伝導性が $4.0 \times 10^{-3}$ S cm$^{-1}$ から $1.4 \times 10^{-3}$ S cm$^{-1}$ に低下したことに起因するものである。今後，PVP 量や導電助剤の種類を最適化し，スラリーの電子伝導率の低減を抑制すること

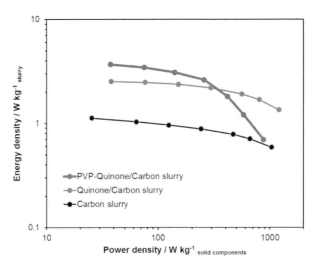

図10　PVP-キノン/カーボンスラリー，キノン/カーボンスラリー，及びカーボンスラリーの各出力密度でのエネルギー密度

で,改善可能と考えられる。

最後に,このレドックスフローキャパシタと近年注目を集めるキノン-レドックスフロー電池との比較を通して,スラリー型フロー電池の将来性について述べる。図11に,レドックスフロー電池用キノン電解液,及びキノン/カーボンスラリーの理論容量を試算した結果を示す。横軸にはスラリー中のキノン質量比をとっている。

キノンの限界溶解度が約1 Mであることから,キノンを溶解させて使用するレドックスフロー電池の容量は,40 mAh g$^{-1}$程度が限界値となる。一方で,我々の開発してきたキノン/カーボンスラリーは,キノンを固体状態で利用するため溶解度の制約を受けない。また,現状では活性炭細孔の全容積に占めるキノンの比率は13 vol%であるため,今後の埋め込み技術の改良により,活性炭の細孔容積全てにキノンを担持し,且つそれら全てを有効活用することができれば,スラリー容量はカーボン質量比10 wt%で約60 mAh g$^{-1}$,カーボン質量比15 wt%で,80 mAh g$^{-1}$（キノン電解液系の2倍）まで向上するはずである。このようにキノン/カーボンスラリーは,今後の埋め込み技術の改良によって,キノン電解液の容量を大幅に上回ることが可能であるため,フロー型蓄電デバイス用の電極材料として非常に有望だと言える。

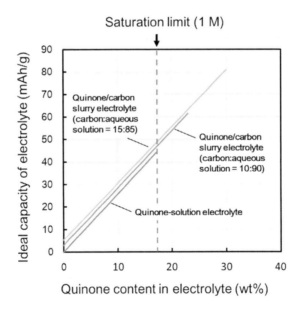

図11 キノン/カーボンスラリー,及びレドックスフロー電池用キノン-電解液の理論容量比較[16]

## 5 結言

本章では,スマートグリッド用蓄電デバイスとして期待されるフロー型蓄電デバイスの新潮流の一つであるスラリー型フロー電池・キャパシタに関して,近年の研究報告や我々の研究結果を

例に挙げながら，概説した．スラリー型フロー電池と，従来型フロー電池の一番の違いは，当然ながら，活物質が溶解した電解液が，固体活物質が電解液中に分散したスラリーに置き換わっている点である．本稿では，特に電気化学の知見を元にしたスラリーの調整指針を中心に紹介したが，実用化の際にはスラリーを詰まらせることなく定常的に流通するための，ポンプ設計や流路設計などが新たな開発要素として加わっていく．これらの開発は従来型フロー電池で蓄積された知見がそのまま転用できるものではなく，容易ではないことが予測されるが，最後に示したように，溶解度制約を超えたエネルギー密度の向上が可能であることがスラリー型フロー電池・キャパシタの最大の魅力であり，今後スラリーフロー型蓄電デバイスの開発が進み，次世代大型蓄電設備の選択肢となることを願い，本稿の結びとさせていただく．

## 文　　　献

1) M. Duduta, B. Ho, V. C. Wood, P. Limthongkul, V. E. Brunini, W. C. Carter, Y. M. Chiang, *Adv. Energy Mater.*, **1**, 511-516（2011）
2) T-S. Wei, F. Y. Fan, A. Helal, K. C. Smith, G. H. McKinley, Y-M. Chiang, J. A. Lewis, *Adv. Energy Mater.*, **5**, 500535（2015）
3) V. Presser, C. R. Dennison, J. Campos, K. W. Knehr, E. C. Kumbur, Y. Gogotsi, *Adv. Energy Mater.*, **2**, 895-902（2012）
4) J. W. Camposa, M. Beidaghia, K. B. Hatzella, C. R. Dennisona, B. Muscia, V. Presser, E. C. Kumburb, Y. Gogotsi, *Electrochimica Acta,* **98**, 123-130（2013）
5) C. Zhang, K. B. Hatzell, M. Boota, B. Dyatkin, M. Beidaghi, D. Long, W. Qiao, E. C. Kumbur, Y. Gogotsi, *Carbon,* **77**, 155-164（2014）
6) M. Boota, K. B. Hatzell, M. Alhabeb, E. C. Kumbur, Y. Gogotsi, *Carbon,* **92**, 142-149（2015）
7) K. B. Hatzel, L. Fan, M. Beidaghi, M. Boota, E. Pomerantseva, E. C. Kumbur, Y. Gogotsi, *ACS Appl. Mater. Interfaces,* **6**, 8886-8893（2014）
8) H. Liu, K. Zhao, *J. Mater. Sci.,* **51**, 9306-9313（2016）
9) B. Huskinson, M. P. Marshak, C. Suh, S. Er, M. R. Gerhardt, C. J. Galvin, X. Chen, A. Aspuru-Guzik, R. G. Gordon, M. J. Aziz, *Nature,* **505**, 195-198（2014）
10) Y. Liang, P. Zhang, J. Chen, *Chem. Sci.,* **4**, 1330-1337（2013）
11) A. Shimizu, H. Kuramoto, Y. Tsujii, T. Nokami, Y. Inatomi, N. Hojo, H. Suzuki, J. Yoshida, *J. Power Sources,* **260**, 211-217（2014）
12) H. Yoon, H.-J. Kim, J. J. Yoo, C.-Y. Yoo, J. H. Park, Y. A. Lee, W. K. Cho, Y.-H. Han, D. H. Kim, *J. Mater. Chem. A,* **3**, 23323-23332（2015）
13) M. Boota, K. B. Hatzel, E. C. Kumbur, Y. Gogotsi, *ChemSusChem.,* **8**, 835-843（2015）
14) T. Tomai, S. Mitani, D. Komatsu, Y. Kawaguchi, I. Honma, *Sci. Rep.,* **4**, 3591（2014）

15) D. Komatsu, T. Tomai, I. Honma, *J. Power Sources,* **274**, 412-416 (2015)
16) T. Tomai, H. Saito, I. Honma, *J. Mater. Chem. A,* **5**, 2188-2194 (2017)
17) J. Lee, D. Weingarth, I. Grobelsek, V. Presser, *Energy Technol.,* **4**, 75-84 (2016)

# 第11章 レドックスポリマー微粒子を活物質として用いたレドックスフロー電池

小柳津研一[*]

## 1 はじめに

　レドックス活性な有機ポリマーの微粒子を活物質として電解質水溶液に分散させて用いたレドックスフロー電池は，希少原料を原理的に一切使用せず，ありふれた元素のみで大容量蓄電を可能とする点で，高い拡張性もった環境合致の大規模蓄電技術としての潜在力を有している。有機レドックス活性種を対象とすることにより，有機物ならではの分子設計の自由度や，流動特性など化学工学的な観点からの設計性も期待できる。有機レドックス基を活性維持したまま微粒子の形態で電解液に分散させるべく，大規模化やコストの観点で優位な水系電解質（海水など）に加えて，高いエネルギー密度を可能とする有機電解液の利用も視野に入れながら，多様方法論が検討されている。レドックス活性分子のポリマーへの化学結合，ナノ粒子を与える自己組織化，カーボン粒子への包埋などは，その例である。これらの粒子を濃度高く分散させることにより，レドックス分子の溶解度限界に依らない高密度蓄電，電解質膜に替えて多孔膜でのクロスオーバー抑制，低粘度化によるフロー損失の低減やレート特性の向上などが期待されている。
　本章では，これまでレドックスフロー電池の活物質として検討されている分散微粒子について，蓄電機構と分子設計の基本的な考え方を述べ，最近の検討事例を紹介する。

## 2 有機レドックスフロー電池の構成

　レドックスフロー電池は，本書のこれまでの章で述べられている通り，2つの電極とセパレータからなる電気化学セルと，レドックス活性な活物質を貯蔵するタンクから構成されている。タンクに蓄えられた正極活物質および負極活物質は，ポンプによってセルに供給され，充放電深度によらず電解質（electrolyte）溶液に溶解または分散しているため，それぞれカソライト（catholyte）およびアノライト（anolyte）と呼ばれる。セパレータは支持電解質イオンを透過する一方，これらのレドックス活性物質に対しては不透過であることが求められる。
　有機レドックスフロー電池は，有機物質をカソライトまたはアノライト，あるいはその両方として用いたレドックスフロー電池である。レドックス活性な有機分子を繰り返し構造単位あたりに導入した高密度レドックスポリマーの微粒子は，電解質溶液に分散させた場合，その表面部位だけでなく内部まで粒子全体としてレドックス活性を発現することがある。これは無機酸化物や

---

[*] Kenichi Oyaizu　早稲田大学　理工学術院　教授

第11章　レドックスポリマー微粒子を活物質として用いたレドックスフロー電池

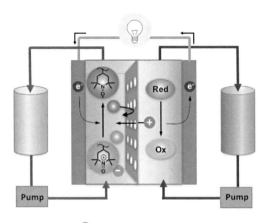

図1　ラジカルポリマー微粒子と多孔質セパレータを用いた有機レドックスフロー電池

金属のナノ粒子にはない有機物ならではの性質であり，高いエネルギー密度を達成するために有用である。また，微粒子のサイズ効果に基づいて，リチウムイオン電池のセパレータとして用いられている多孔膜によるクロスオーバー抑制がレドックスフロー電池においても原理的に可能となり，従前の高分子電解質膜を用いた場合に比べ顕著な内部抵抗低減が期待できる（図1）。迅速かつ繰り返し可能な充放電特性を得るには，電気化学的に可逆な酸化還元反応を行うレドックス活性分子と，電解液で膨潤し，対イオンによる電荷補償を妨げないポリマー骨格を選択する必要がある。このような性質を持ったポリマーとして，2,2,6,6-テトラメチルピペリジン-1-オキシ（TEMPO）などの有機安定ラジカル種を置換したポリメタクリレートに代表される「ラジカルポリマー」をはじめ，多様な高密度レドックスポリマーが検討されている。

## 3　高密度レドックスポリマーの電荷貯蔵特性

### 3.1　レドックス活性基

　電気化学的な可逆性を示すレドックス活性種には，可逆性を議論するときに最もよく引き合いに出されるフェロセンやトリス(2,2′-ビピリジル)ルテニウム(II)塩などの金属錯体のほかに，多様な有機分子があることが知られている。それらの中で，不対電子がNO上に存在するTEMPOなどのニトロキシドやニトロニルニトロキシド，酸素中心ラジカルであるフェノキシルやガルビノキシル，窒素原子上に不対電子が存在するフェルダジル，炭素ラジカルであるトリチルなどの有機安定ラジカル分子は，極めて興味あるレドックス特性を示す。これらは酸化・還元の両状態で化学的に安定でありながら，レドックス反応において際立って大きな電極反応速度定数を示し，有機ラジカルが内在する高い反応性が現れる。有機安定ラジカル種の中には電極反応の速度定数$k_0$が$10^1$ cm/sに達するものもあり，アスコルビン酸（$10^{-4}$），チオール／ジスル

フィド（$10^{-8}$），フェロセン（$10^{-2}$）に比べて著しく大きいことが特徴として挙げられる。これは，有機安定ラジカル種のレドックス反応が化学構造の大きな変化を伴わない単純な一電子授受によるからであり，ラジカルポリマーを電極活物質として用いた二次電池であるラジカル電池[1~3]の高速充放電を支える要因の一つとなっている。

有機安定ラジカル種の一電子授受は，酸化および還元体としてそれぞれ化学的に安定な有機カ

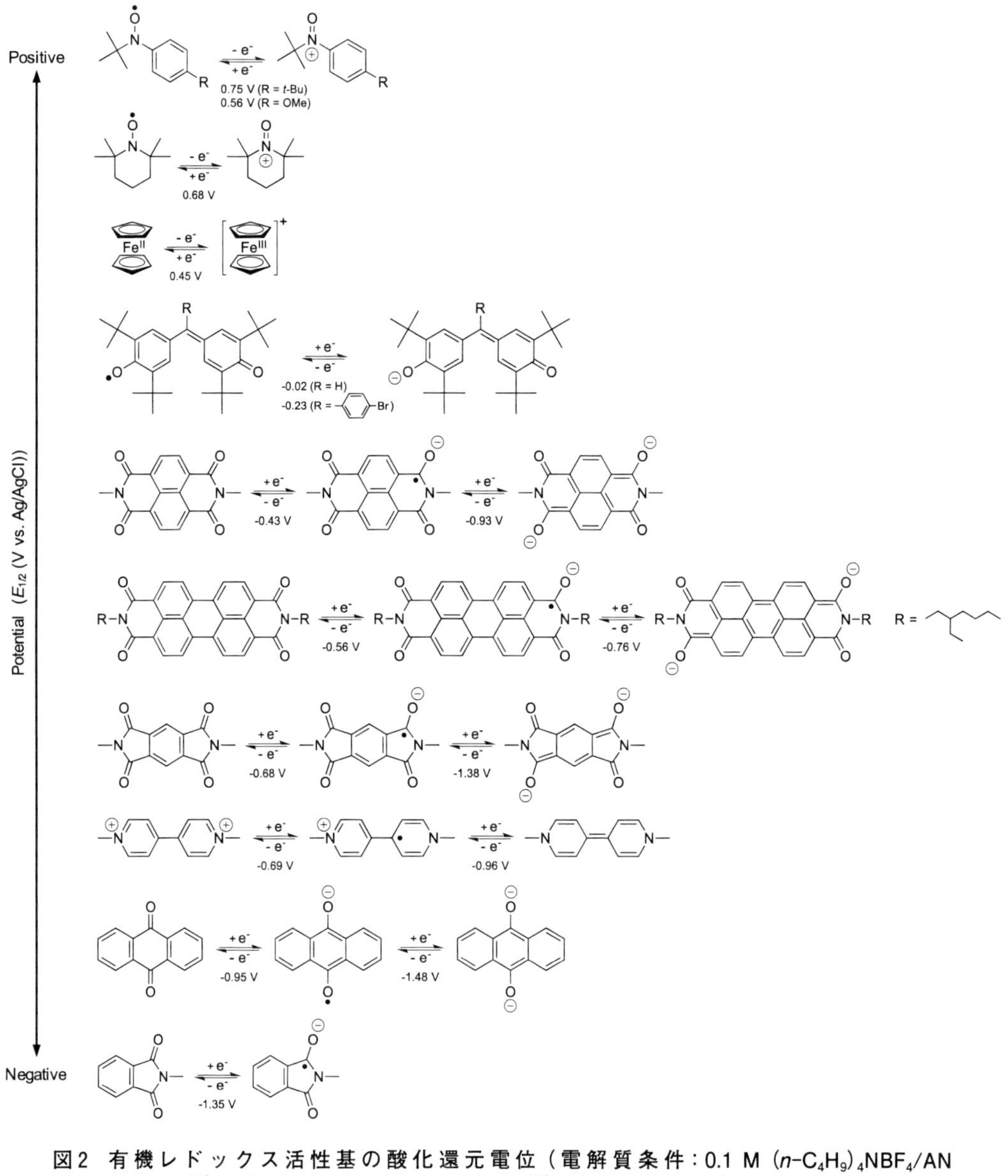

図2 有機レドックス活性基の酸化還元電位（電解質条件：0.1 M $(n\text{-}C_4H_9)_4NBF_4$/AN（TEMPO[20], $t$-ブチルフェニルニトロキシド[20]），0.1 M $(n\text{-}C_4H_9)_4NClO_4$/AN（フェロセン[21]），0.1 M $(n\text{-}C_4H_9)_4NClO_4$/$CH_2Cl_2$（ガルビノキシル，イミド，アントラキノン），0.1 M NaCl/$H_2O$（ビオロゲン））

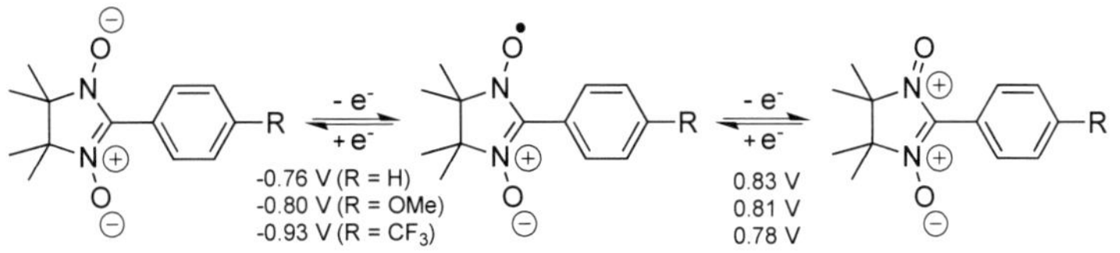

第 11 章　レドックスポリマー微粒子を活物質として用いたレドックスフロー電池

図3　アンバイポーラ型レドックス特性を示すニトロニルニトロキシドの酸化還元電位（電解質条件：0.1 M （$n$-C$_4$H$_9$）$_4$NClO$_4$/AN[22]）

チオンおよびアニオンを生成する。例えばTEMPOは一電子酸化されてオキソアンモニウムカチオンになり，還元によりラジカルが再生する。これは中性分子からカチオンを生成する意味において，ポリチオフェンやポリピロールなどの共役ポリマーにおけるp型ドーピング・脱ドーピングに擬えられる。一方，フェノキシルやガルビノキシルは，一電子還元されるとそれぞれ有機アニオンであるフェノラートおよびガルビノラートを生成し，酸化によりラジカルに戻る，いわゆるn型ドーピング・脱ドーピングに相当するレドックス反応を生起する。このような酸化，還元の両状態における化学的ロバスト性，すなわちレドックス反応の双安定性に着目して，安定ラジカル種以外でも蓄電を担うことのできるn型レドックス活性基として，アントラキノン[4-6]，ビオロゲン[7]，イミド類[8]などが報告されている（図2）。また，一分子でp型とn型のレドックス反応が共に可逆的に生起する，いわゆるアンバイポーラ性をもつものも知られており，ニトロニルニトロキシド（図3）やフェルダジルはその例である。

　有機レドックスフロー電池は，有機レドックス活性分子を活物質として電解液に溶解させて用いる。硫酸電解液を使用する現在のバナジウムレドックスフロー電池と比較して，有機レドックスフロー電池は中性電解質水溶液から有機系電解液まで幅広く選択できるため，安全性，環境適合性，拡張性の観点から注目され，最近研究例が急増している[9-19]。これらの有機レドックス活性分子は，ポリマーに置換するとメソスケールの活物質となり，図1に示した構成のレドックスフロー電池に適用できるようになる。

### 3.2　主鎖構造

　一般にレドックス活性基（R）を繰返し単位当りに置換した高密度レドックスポリマーでは，電極反応（R ± e$^-$ ⇄ R$^∓$）と自己電子交換反応（R$_1$ + R$_2^±$ ⇄ R$_1^±$ + R$_2$）が迅速かつポリマー内に密集した状態で起こる。このような化学反応に基づく電荷の輸送と貯蔵を，電極に接した表面だけでなくポリマー全体で進行させるには，ポリマーが電解質で可塑化され，対イオンの拡散がすみやかに追随していることが求められる。電荷輸送の駆動力はレドックス勾配であり，その過程は電荷拡散として記述される。このような対イオンによる電荷補償が迅速に行われる場を形成させるため，ポリメタクリレート，ポリアクリルアミド，ポリノルボルネン，ポリスチレン，ポリエーテルなどの非共役ポリマーが選択される。Rとして図1，2のような置換基を有するモノマーを分子量高く重合させるには，これらと干渉しない開始剤や生長種を選ぶ必要がある。電荷

蓄積容量の観点から，コンパクトな単位構造を持った多様なポリマーが合成されている[23～37]。

## 3.3 高密度レドックスポリマー層のレドックス応答

電解質で膨潤・可塑化したポリマーが集電極上に固定されている場合，電荷の輸送・蓄積過程は対イオンの電荷補償プロセスに支配される。ポリビニルフェロセンを始めとした多くのレドックスポリマーでは，対イオン移動に伴うポリマーの状態変化がレドックス反応の不可逆性をもたらすことが知られている[38,39]。これに対し，電荷補償が集電極の電位に応答して迅速かつ定量的に達成され，Rの自己電子交換を介して数ミクロン厚の膜が全体として単分子膜のような挙動を示した実例が報告されている。この場合，電荷輸送性は自己電子交換の二次反応速度定数 $k_{ex}$ で表され（電流密度 $J = -nF(k_{ex}\delta^2 c^*/6)(dc/dx)$），電極反応が速いと交換反応も速くなることが多くのRで確かめられている。ポリマー内でRの濃度 $c^*$ が高く（数M），かつ，ポリマーが均質な薄膜形成能（$10^{-4}$～$10^{-6}$ cm 厚）を有する場合，1 A/cm$^2$ 以上の大電流密度を媒介できることが，二次電池の活物質として用いた場合の高速レート特性を支えている。レドックス分子が電解液に溶出すると自己放電やサイクル特性の低下に繋がり，逆にまったく電解液となじまない場合は活性が失われる。適度な膨潤性と不溶性を両立させるには，高分子量化に加え適度な架橋を施すことが有用である。

ポリマー層のレドックス容量は，サイクリックボルタモグラムの積分値や，定電流電解における遷移時間などから得られた実測電気量（$Q$ (C)）を，ポリマーの重量（$m$ (g)）当りに換算して求められる（$Q/m$ (C/g) $= 1000Q/(3600m)$ (mAh/g)）。対イオンによる電荷補償が十分に行き亘る場合，レドックス容量はポリマーの繰り返し単位の分子量 $M$ (g/mol) に基づく計算容量（$nF/M$ (C/g) $= 1000nF/(3600M)$ (mAh/g)）と合致し，ポリマー層全体でレドックス応答することが，TEMPO置換ポリノルボルネンなどで確かめられている。

このような性質を持ったポリマー層（$[\text{Red/Ox}]_{\text{polym}}$）の電極反応は，レドックス容量に相応した量の電解質イオン（$C^+A^-$）と溶媒分子（S）の出入りを伴って進行する。電気的に中性な（つまり電荷を持たない）ポリマー層（$[\text{Ox}]_{\text{polym}}$）が還元されて，負電荷を持ったポリアニオン（$[\text{Red}^-]_{\text{polym}}$）を与えるn型レドックス反応の物質収支は，ポリアニオン内でレドックス活性基に対する電解質（$C^+A^-$）と溶媒分子Sの割合をそれぞれ $\alpha$, $x$ で表すと

$$[(C^+Red^-), \alpha(C^+A^-), xS]_{\text{polym}} + \beta A^- \\ \rightleftarrows [Ox, (\alpha+\beta)(C^+A^-), (x-\Delta x)S]_{\text{polym}} + (1-\beta)C^+ + e^- + \Delta xS \tag{1}$$

で表される。一方，還元体において中性のポリマー層（$[\text{Red}]_{\text{polym}}$）が酸化されポリカチオン（$[\text{Ox}^+]_{\text{polym}}$）を与えるp型反応の場合は，

$$[Red, \alpha(C^+A^-), xS]_{\text{polym}} + \beta A^- + \Delta xS \\ \rightleftarrows [(Ox^+A^-), (\alpha+\beta-1)(C^+A^-), (x+\Delta x)S]_{\text{polym}} + (1-\beta)C^+ + e^- \tag{2}$$

第11章 レドックスポリマー微粒子を活物質として用いたレドックスフロー電池

で表される。中性のポリマー層がレドックス反応によってポリアニオンやポリカチオンといった高分子電解質膜を生成する場合，膨潤度は一般に増加する（$\Delta x \geq 0$）。したがって，対イオンの透過選択度を高め（n型であれば$\beta \to 0$，p型であれば$\beta \to 1$），溶媒分子の移動量を抑制することによって（$\Delta x \to 0$），次式の単純な電荷補償系を実現することが高密度蓄電の要件である。

n型：$[(C^+Red^-)]_{polym} \rightleftarrows [Ox]_{polym} + C^+ + e^-$ (3)

p型：$[Red]_{polym} + A^- \rightleftarrows [(Ox^+A^-)]_{polym} + e^-$ (4)

対イオンの透過選択度や溶媒分子の移動量（膨潤度の変化）は，電気化学水晶振動子マイクロバランス（EQCM）を用いてレドックス反応に伴うポリマー層の共振周波数変化をSauerbrey式により重量変化に換算し，その値とレドックス容量の比（レドックス当重量）に対する電解質濃度の影響を調べることによって求められる。安定ラジカル種を置換したポリマーは，電解液条件を選べば，式3，4で表される透過選択性を持ったレドックス特性を発現しうることが明らかにされている[40]。これはポリビニルフェロセンにはない性質であり，ラジカルポリマーにおける際立った特徴の一つとなっている。

## 4 レドックス活性微粒子を用いたフロー電池

### 4.1 ポリマー微粒子のレドックス過程

ポリビニルフェロセンは，電解液中では分子量に依存した統計的広がりを持って溶存し，モノマーのフェロセンと同様に単一電位でレドックス応答する[41]。一方，ポリマーが電解液に溶解せず，膨潤した微粒子の形態で分散しているときは，レドックス反応を行うために電荷補償イオンの出入り（図4）が必要となる[42]。これは，ポリマーが集電極上に層状で存在する場合と同様である。

このようなポリマーが微粒子全体でレドックス反応を行うためには，電荷補償イオンの拡散が充分行き亘るとともに，微粒子の内部で自己電子交換反応が生起し，反応場が3次元的に拡がることが必要である（図5）。分散微粒子はポンプによる流動によって集電極まで輸送されるた

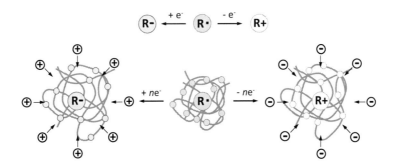

図4 安定ラジカル（R・）を置換したレドックス活性微粒子によるp型およびn型電荷貯蔵

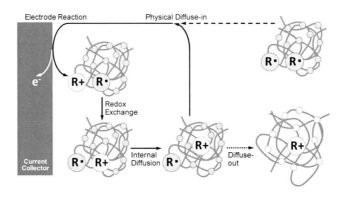

**図5** 電解液に分散したレドックス活性微粒子の物理拡散,電極反応,交換反応による電荷貯蔵過程

め,拡散項には微粒子の物理的拡散 ($D_{\text{phys}}$) と Dahms-Ruff 式に基づく交換反応による電荷拡散 ($D_{\text{CT}}$) の両方が寄与する (式5)。

$$D_{\text{total}} = D_{\text{phys}} + D_{\text{CT}} = D_{\text{phys}} + k_{\text{ex}}\delta^2 c^*/6 \tag{5}$$

一般に粒子の物理的拡散は,$R$ を球状粒子の半径,$\eta$ を溶液粘度として,Stokes-Einstein の式で表される (式6)。

$$D_{\text{phys}} = kT/6\pi R\eta \tag{6}$$

レドックス活性を有し,かつ,分子サイズが統計的分布を持たない「離散的」なコロイド粒子として最初に検討されたトリス(2,2′-ビピリジル)ルテニウム(II)デンドリマーは,粒径がナノサイズ ($R = 20$ nm) であったため,物理拡散 ($D_{\text{phys}}$) の寄与が大きく,交換反応に基づく粒子内の電荷拡散効果を求めることは不可能であった[43]。これに対し,最近の研究で $p$-クロロメチルスチレンとジビニルベンゼンの乳化重合により得られた微粒子にビオロゲンを高分子反応で導入した場合,粒径が大きいため ($R = 400$ nm) 交換反応の寄与が明確に現れ,動的光散乱 (DLS) で求められた拡散係数 ($D_{\text{phys}} = 1 \times 10^{-8}$ cm$^2$/s) よりも一桁大きい値 ($D_{\text{total}} = 2 \times 10^{-7}$ cm$^2$/s) が微粒子のレドックス反応において観測されている[44]。

## 4.2 レドックスフロー活物質として働く微粒子

明確な分子サイズを持った微粒子を与える高密度レドックスポリマーとして,TEMPO 置換ボトルブラシ (図6 (a)) が検討されている。$n$-ブチルリチウムとノルボルネン置換ジフェニルエテンを用いて TEMPO 置換メタクリレートをリビング重合し,得られたマクロモノマーの ROMP (grafting-through 法 (図7)) を経て合成されたボトルブラシ型ポリマーは,AFM 観察から明瞭な単分子像が得られ,DLS で求められた粒径分布とあわせ,図7のようにポリマー鎖が伸びきった構造を取っていることが分かった。このような明確な分子サイズを持った微粒子

# 第11章 レドックスポリマー微粒子を活物質として用いたレドックスフロー電池

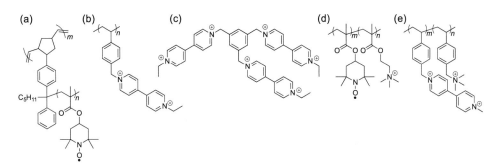

図6 多孔膜を用いたレドックスフロー電池の電極活物質として検討されている高密度レドックスポリマーの例

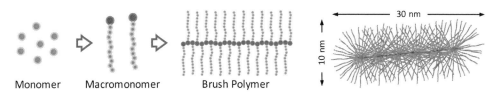

図7 Grafting-through 法により得られた高密度レドックスブラシ（図6（a））

は，多孔膜でのクロスオーバー抑制（図8）が容易であり，有機電解液（1 M LiPF$_6$ EC/DEC）に分散させた場合，孔径 30 nm の多孔膜を介して，理論容量比 95％以上で繰り返し充放電できることが確かめられた[45]。

一方，分子量が充分高い場合，統計的広がりを持った溶存高分子鎖でも排除体積効果に基づいて多孔膜によるクロスオーバー抑制が可能であることが，有機電解液中でのビオロゲン置換ポリスチレンのレドックス挙動から明らかにされている[46, 47]。さらに，多孔膜の孔径を分子レベル

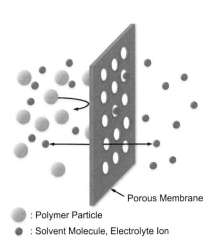

図8 ポリマー微粒子による多孔膜でのクロスオーバー抑制

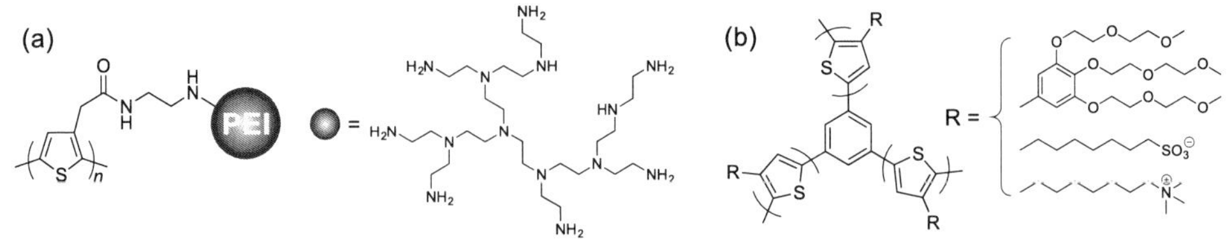

**図9 レドックス活性な共役ポリマー微粒子の検討例**

(1 nm径付近)まで小さくすると,図6(c)のような立体的に嵩高い分子が不透過になることが報告されている[48]。

水系電解質と多孔膜からなるレドックスフロー電池の動作実証は,アンモニウム塩を置換して親水性を高めたポリマー(図6(d),(e))を用いて行われ[49],粘度を抑えながら溶解度を高める工夫が続けられている。

レドックスフロー電池の活物質として働く微粒子には,上記のようなレドックスポリマー以外にも,キノン類を含浸させた炭素粒子[50]のほか,共役系のドーピング・脱ドーピングを利用したポリチオフェン(図9)やポリアニリンの微粒子[51]などが報告されている。

## 5 おわりに

酸化,還元の両状態で化学的に十分なロバスト性を持った,いわゆるレドックス双安定性を有する有機分子は,充電・放電時にその状態を保持できることから,レドックスフロー電池の新しい活物質としての潜在力を有する。有機物ならではの分子設計自由度に基づいて,酸化還元電位の調節や多様な電解液への適応が可能であるとともに,電解液に分散させた微粒子の形態で定量的蓄電を担うことが最近の研究で示され,これまでのレドックスフロー電池の既成概念に捉われない斬新な展開を期待した様々な検討が進められている。

**謝辞**

本稿をまとめるにあたり,ご指導賜りました早稲田大学の西出宏之教授,文献整理と図作成を手伝っていただいた早稲田大学高分子研究室の佐藤歓君をはじめ学生諸氏に感謝します。

## 文 献

1) K. Nakahara, K. Oyaizu, H. Nishide, *Chem. Lett.*, **40**, 222 (2011)
2) K. Oyaizu, H. Nishide, *Adv. Mater.*, **21**, 2339 (2009)

第11章　レドックスポリマー微粒子を活物質として用いたレドックスフロー電池

3) H. Nishide, K. Oyaizu, *Science*, **319**, 737 (2008)
4) W. Choi, D. Harada, K. Oyaizu, H. Nishide, *J. Am. Chem. Soc.*, **133**, 19839 (2011)
5) T. Kawai, K. Oyaizu, H. Nishide, *Macromolecules*, **48**, 2429 (2015)
6) K. Oyaizu, Y. Niibori, A. Takahashi, H. Nishide, *J. Inorg. Organomet. Polym.*, **23**, 243 (2013)
7) N. Sano, W. Tomita, S. Hara, C. -H. Min, J. -S. Lee, K. Oyaizu, H. Nishide, *ACS Appl. Mater. Interfaces*, **5**, 1355 (2013)
8) K. Oyaizu, A. Hatemata, W. Choi, H. Nishide, *J. Mater. Chem.*, **20**, 5404 (2010)
9) J. Winsberg, T. Hagemann, T. Janoschka, M. D. Hager, U. S. Schubert, *Angew. Chem. Int. Ed.*, **56**, 686 (2017)
10) J. Winsberg, C. Stolze, A. Schwenke, S. Muench, M. D. Hager, U. S. Schubert, *ACS Energy Lett.*, **2**, 411 (2017)
11) J. Winsberg, C. Stolze, S. Muench, F. Liedl, M. D. Hager, U. S. Schubert, *ACS Energy Lett.*, **1**, 976 (2017)
12) J.Winsberg, T. Hagemann, S. Muench, C. Friebe, B. Haüpler, T. Janoschka, S. Morgenstern, M. D. Hager, U. S. Schubert, *Chem. Mater.*, **28**, 3401 (2016)
13) X. Wei, W. Duan, J. Huang, L. Zhang, B. Li, D. Reed, W. Xu, V. Sprenkle, W. Wang, *ACS Energy Lett.*, **1**, 705 (2016)
14) K. Lin, Q. Chen, M. R. Gerhardt, L. Tong, S. B. Kim, L. Eisenach, A. W. Valle, D. Hardee, R. G. Gordon, M. J. Aziz, M. P. Marshak, *Science*, **349**, 1529 (2015)
15) B. Huskinson, M. P. Marshak, C. Suh, S. Er, M. R. Gerhardt, C. J. Galvin, X. Chen, A. Aspuru-Guzik, R. G. Gordon, M. J. Aziz, *Nature*, **505**, 195 (2014)
16) B. Hu, C. DeBruler, Z. Rhodes, T. L. Liu, *J. Am. Chem. Soc.*, **139**, 1207 (2017)
17) Q. Chen, M. R. Gerhardt, L. Hartle, M. J. Aziz, *J. Electrochem. Soc.*, **163**, A5010 (2016)
18) Q. Chen, L. Eisenach, M. J. Aziz, *J. Electrochem. Soc.*, **163**, A5057 (2016)
19) E. S. Beh, D. D. Porcellinis, R. L. Gracia, K. T. Xia, R. G. Gordon, M. J. Aziz, *ACS Energy Lett.*, **2**, 639 (2017)
20) T. Suga, Y. J. Pu, K. Oyaizu, H. Nishide, *Bull. Chem. Soc. Jpn.*, **77**, 2203 (2004)
21) 電気化学会編「電気化学測定マニュアル実践編」, 丸善 (2002)
22) T. Suga, S. Sugita, H. Ohshiro, K. Oyaizu, H. Nishide, *Adv. Mater.*, **23**, 751 (2011)
23) H. Tokue, T. Murata, H. Agatsuma, H. Nishide, K. Oyaizu, *Macromolecules*, **50**, 1950 (2017)
24) K. Oyaizu, H. Tatsuhira, H. Nishide, *Polym. J.*, **47**, 212 (2015)
25) H. Tokue, K. Oyaizu, T. Sukegawa, H. Nishide, *ACS Appl. Mater. Interfaces*, **6**, 4043 (2014)
26) T. Sukegawa, H. Omata, I. Masuko, K. Oyaizu, H. Nishide, *ACS Macro Lett.*, **3**, 240 (2014)
27) T. Sukegawa, A. Kai, K. Oyaizu, H. Nishide, *Macromolecules*, **46**, 1361 (2013)
28) W. Choi, S. Endo, K. Oyaizu, H. Nishide, K. E. Geckeler, *J. Mater. Chem. A*, **1**, 2999 (2013)

29) I. -S. Chae, M. Koyano, K. Oyaizu, H. Nishide, *J. Mater. Chem. A*, **1**, 1326 (2013)
30) W. Choi, S. Ohtani, K. Oyaizu, H. Nishide, K. E. Geckeler, *Adv. Mater.*, **23**, 4440 (2011)
31) K. Oyaizu, T. Sukegawa, H. Nishide, *Chem. Lett.*, **40**, 184 (2011)
32) K. Oyaizu, T. Kawamoto, T. Suga, H. Nishide, *Macromolecules*, **43**, 10382 (2010)
33) K. Koshika, N. Chikushi, N. Sano, K. Oyaizu, H. Nishide, *Green. Chem.*, **12**, 1573 (2010)
34) S. Yoshihara, H. Isozumi, M. Kasai, H. Yonehara, Y. Ando, K. Oyaizu, H. Nishide, *J. Phys. Chem. B*, **114**, 8335 (2010)
35) T. Suga, H. Ohshiro, S. Sugita, K. Oyaizu, H. Nishide, *Adv. Mater.*, **21**, 1627 (2009)
36) K. Koshika, N. Sano, K. Oyaizu, H. Nishide, *Chem. Commun.*, 836 (2009)
37) K. Oyaizu, T. Suga, K. Yoshimura, H. Nishide, *Macromolecules*, **41**, 6646 (2008)
38) G. Inzelt, J. Bácskai, *Electrochim. Acta*, **37**, 647 (1992)
39) C. Barbero, E.J. Calvo, R. Etchenique, G. M. Morales, M. Otero, *Electrochim. Acta*, **45** 3895 (2000)
40) K. Oyaizu, Y. Ando, H. Konishi, H. Nishide, *J. Am. Chem. Soc.*, **130**, 14459 (2008)
41) J. B. Flanagan, S. Margel, A. J. Bard, F. C. Anson, *J. Am. Chem. Soc.*, **100**, 4248 (1978)
42) K. Takada, D. J. Díaz, H. D. Abruña, I. Cuadrado, C. Casado, B. Alonso, M. Morán, J. Losada, *J. Am. Chem. Soc.*, **119**, 10763 (1997)
43) J. I. Goldsmith, K. Takada, H. D. Abruña, *J. Phys. Chem. B*, **106**, 8504 (2002)
44) E. C. Montoto, G. Nagarjuna, J. Hui, M. Burgess, N. M. Sekerak, K. Hernandez-Burgos, T.-S. Wei, M. Kneer, J. Grolman, K. J. Cheng, J. A. Lewis, J. S. Moore, J. Rodríguez-Lopez, *J. Am. Chem. Soc.*, **138**, 13230 (2016)
45) T. Sukegawa, I. Masuko, K. Oyaizu, H. Nishide, *Macromolecules*, **47**, 8611 (2014)
46) M. Burgess, J. S. Moore, J. Rodríguez-Lopez, *Acc. Chem. Res.*, **49**, 2649 (2016)
47) G. Nagarjuna, J. Hui, K. J. Cheng, T. Lichtenstein, M. Shen, J. S. Moore, J. Rodríguez-Lopez, *J. Am. Chem. Soc.*, **136**, 16309 (2014)
48) S. E. Doris, A. L. Ward, A. Baskin, P. D. Frischmann, N. Gavvalapalli, E. Chÿnard, C. S. Sevov, D. Prendergast, J. S. Moore, B. A. Helms, *Angew. Chem. Int. Ed.*, **56**, 1595 (2017)
49) T. Janoschka, N. Martin, U. Martin, C. Friebe, S. Morgenstern, H. Hiller, M. D. Hager, U. S. Schubert, *Nature*, **527**, 78 (2015)
50) T. Tomai, H. Saito, I. Honma, *J. Mater. Chem. A*, **5**, 2188 (2017)
51) E. Zanzola, C. R. Dennison, A. Battistel, P. Peljo, H. Vrubel, V. Amstutz, H. H. Girault, *Electrochim. Acta*, **235**, 664 (2017)

## レドックスフロー電池の開発動向

2017年9月29日　第1刷発行

| | | |
|---|---|---|
| 監　　修 | 野﨑　健，佐藤　縁 | （T1056） |
| 発行者 | 辻　賢司 | |
| 発行所 | 株式会社シーエムシー出版 | |
| | 東京都千代田区神田錦町1-17-1 | |
| | 電話 03（3293）7066 | |
| | 大阪市中央区内平野町1-3-12 | |
| | 電話 06（4794）8234 | |
| | http://www.cmcbooks.co.jp/ | |
| 編集担当 | 伊藤雅英／廣澤　文／仲田祐子 | |

〔印刷　日本ハイコム株式会社〕　　　© K. Nozaki, Y. Sato, 2017

落丁・乱丁本はお取替えいたします。

本書の内容の一部あるいは全部を無断で複写（コピー）することは，法律で認められた場合を除き，著作者および出版社の権利の侵害になります。

ISBN978-4-7813-1262-0　C3054　¥74000E